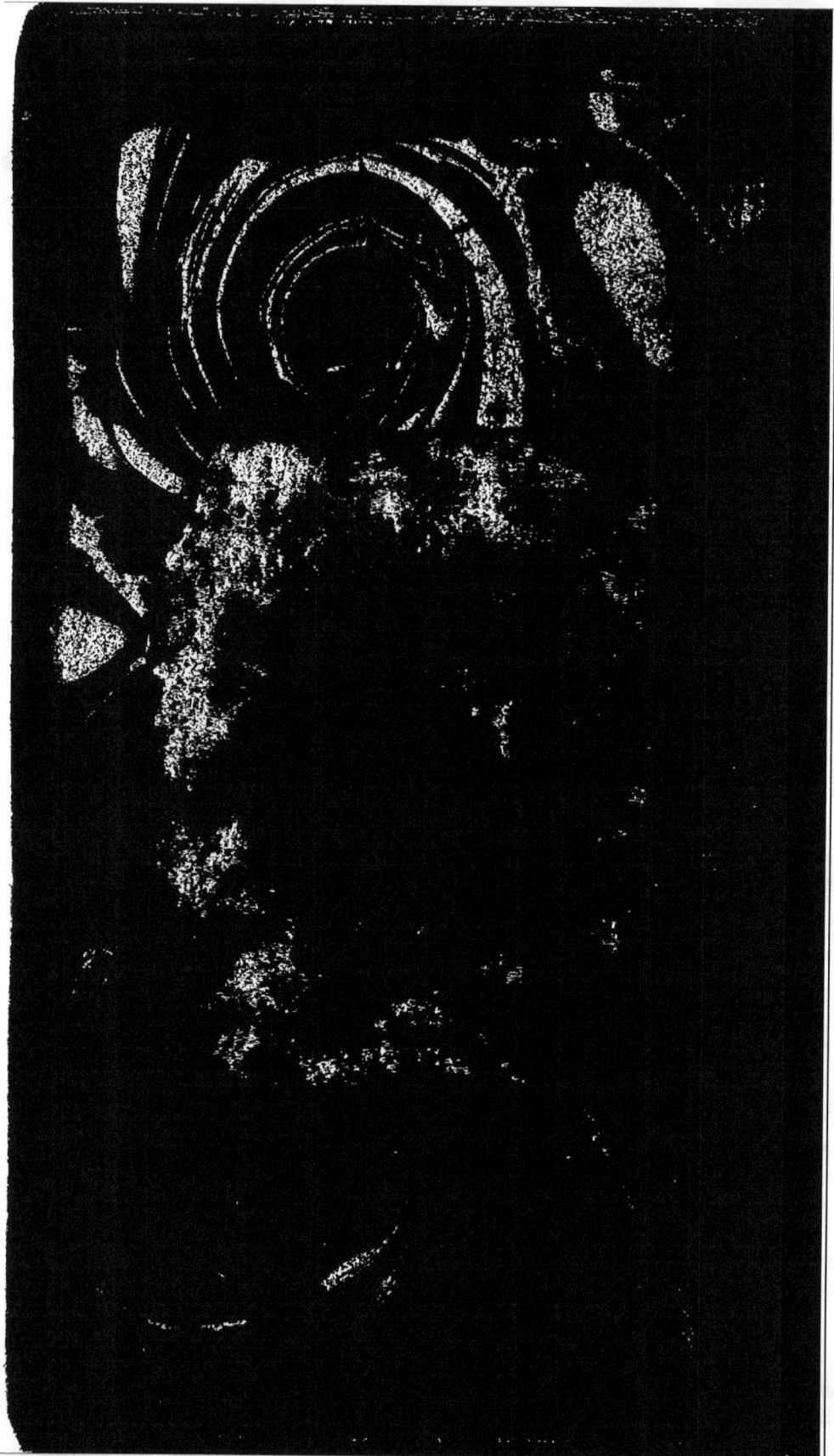

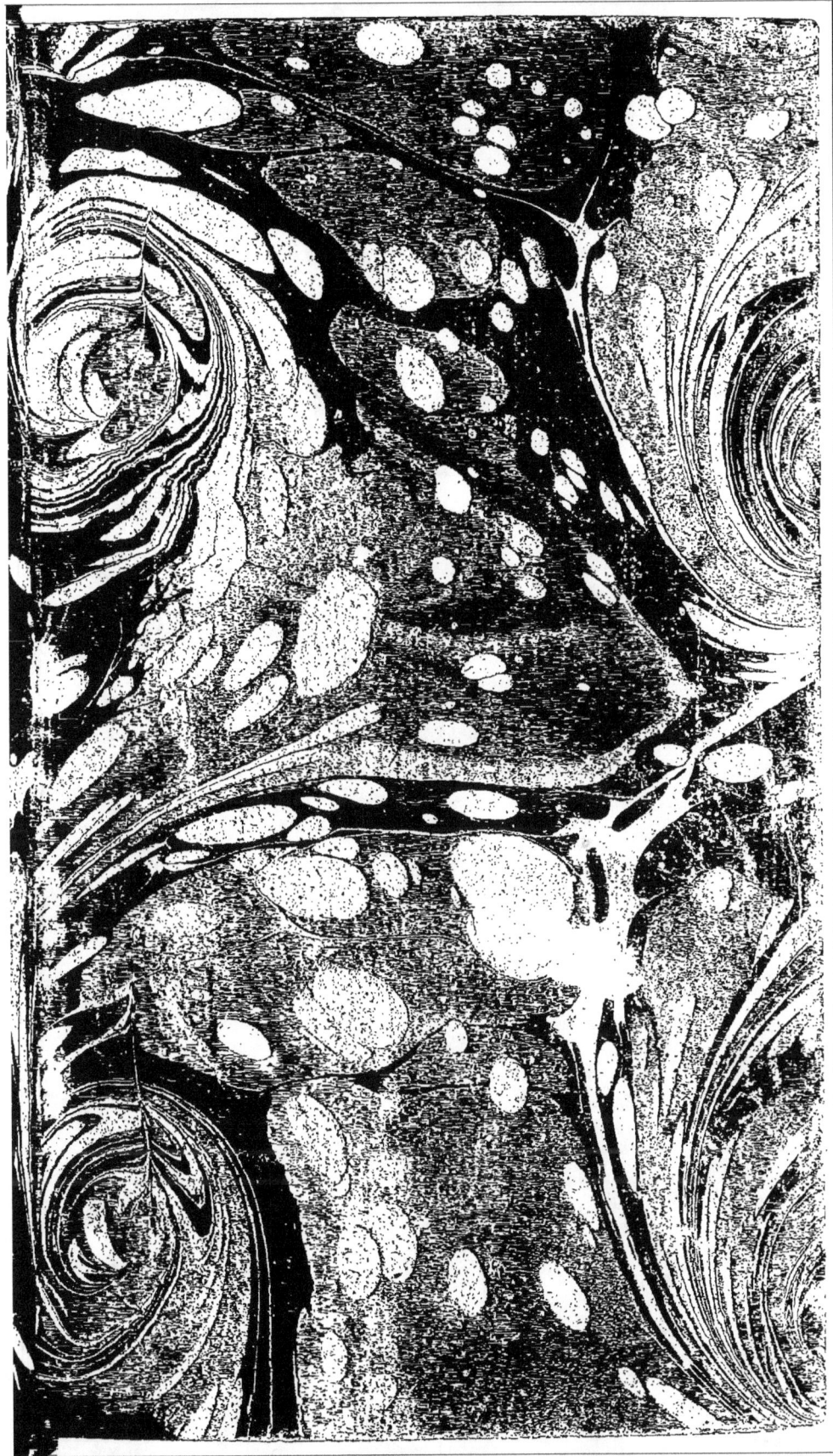

A 1840 — S.A

LEÇONS

DE PHYSIQUE

EXPÉRIMENTALE.

TOME PREMIER.

LEÇONS
DE PHYSIQUE
EXPÉRIMENTALE.

Par M. *l'Abbé* NOLLET, *de l'Académie Royale des Sciences, de la Société Royale de Londres, de l'Institut de Bologne, Maître de Physique des Enfans de France, Professeur Royal de Physique Expérimentale au Collège de Navarre, & à la nouvelle École d'Artillerie de la Fere.*

TOME PREMIER.

CINQUIEME ÉDITION.

A PARIS,

Chez HIPPOLYTE-LOUIS GUERIN , &
LOUIS-FRANÇOIS DELATOUR , rue
S. Jacques, à S. Thomas d'Aquin.

M. DCC. LIX.

Avec Approbation & Privilege du Roi

A

MONSEIGNEUR

LE DAUPHIN.

ONSEIGNEUR,

Ayant conçu le deſſein d'écrire
& de donner au Public les Leçons
de Phyſique expérimentale que je
fais de vivevoix depuis pluſieurs

Tome I.   a

EPITRE.

années, pourrois-je les lui offrir dans une circonstance plus heureuse que celle où Vous voulez bien les honorer de votre présence & de votre attention ? En mettant au jour cet Ouvrage, je suis dispensé maintenant de vanter l'utilité de son objet, & d'en faire connoître la dignité ; l'une & l'autre font prouvées, dès que cet objet est de votre goût, & qu'il a été approuvé par le sage Conseil qui régle vos études : un tel exemple apprendroit, si l'on ne le sçavoit pas, que la connoissance des effets naturels convient à tous les états ; on pourroit en conclure aussi qu'elle convient à tous les âges, si vous n'aviez fait que des progrès ordinaires dans les autres sciences, & si l'on ignoroit les preuves que

EPITRE.

vous avez données d'un génie pré-
maturé.

   Depuis dix ans que je travaille
à former & à perfectionner une
Ecole de Physique, ce qui a le
plus animé & soutenu mon zèle
dans cette laborieuse entreprise,
c'est, MONSEIGNEUR,
de m'être flatté que je pourrois un
jour vous en offrir les fruits ; je
touche enfin au terme de mes dé-
sirs & de mes espérances ; vos
ordres m'appellent. *

   Le Public qui apprendra mon
bonheur par cette Epître, verra
sans doute avec plaisir, qu'en
faisant usage de mes foibles ta-
lens, vous honorez de vos regards

---

* La premiere édition de cet Ouvrage fut
faite en 1743. lorsque l'Auteur fut appellé à
la Cour pour donner des Leçons de Physique
à Monsieur le Dauphin.

a ij

EPITRE.

& de vos faveurs un établiſſe-
ment auquel il a bien voulu ap-
plaudir ; & tout le monde ſen-
tira comme moi-même , combien
je ſuis heureux d'avoir une occaſion ſi favorable d'exercer mon
zèle , & de donner un témoignage public de l'attachement invio-
lable , & du profond reſpect
avec leſquels je dois & je veux
être toute ma vie ,

MONSEIGNEUR,

Votre très-humble , très-obéiſ-
ſant , & très-fidéle Serviteur,
J. A. NOLLET.

PREFACE.

UNE science qui n'embrasse que des questions frivoles, ou qui ne termine celles qui paroissent être de quelque importance que par des probabilités, & en s'appuyant sur des hypothèses, n'intéresse ordinairement qu'un petit nombre d'esprits; il est rare qu'on y prenne goût, & le tems ne peut guère en étendre les limites, s'il n'en réforme l'objet; parce que le désir de sçavoir, qui naît avec nous, & qui peut seul exciter notre attention, nous porte naturellement vers le vrai, & ne peut nous y fixer que quand nous y prenons quelque intérêt.

L'hiſtoire de la Phyſique, ſi l'on ſe rappelle les révolutions qu'elle a éprouvées, eſt très-capable de juſtifier cette réflexion.

Pendant près de vingt ſiécles, cette ſcience n'a été preſque autre choſe qu'un vain aſſemblage de ſyſtêmes appuyés les uns ſur les autres, & aſſez ſouvent oppoſés entre eux. Chaque Philoſophe ſe croyant en droit d'élever un pareil édifice à ſa mémoire, s'eſt efforcé de l'établir ſur les ruines de ceux qui l'avoient précédé; de tems en tems l'on a vu qu'une vraiſemblance en effaçoit cent autres.

Ces exemples tant de fois renouvellés, ne devoient pas donner beaucoup de crédit aux opinions philoſophiques; l'effet le plus naturel qu'on devoit en attendre, & qu'ils ont eu, c'étoit de tenir les hommes dans la dé- fiance fur la doctrine des Phyfi- ciens ; & l'on ne doit pas être furpris que leur curiofité n'ait été que médiocrement piquée par des connoiffances où ils voyoient régner tant d'incertitudes. L'obf- curité du langage a dû les rebu- ter encore plus. Dans ces tems de barbarie, comme fi les fcien- ces rougiffant de leur état, n'euf- fent ofé fe montrer à découvert, ceux qui faifoient profeffion de les pofféder, affectoient des ex- preffions qui n'offroient que des idées confufes, & dont la plû- part étoient abfolument inintelli- gibles pour quiconque n'étoit pas encore convenu de s'en conten- ter. On donnoit pour des expli- cations certains mots vuides de

fens, qui s'étoient introduits fous
les aufpices de quelque nom cé-
lébre, & qu'une docilité mal entendue avoit fait recevoir, mais
dont un efprit raifonnable ne pouvoit tirer aucune lumiére.

Enfin la Phyfique fi mal culti-
vée jufqu'alors, & fi peu connue,
parut au grand jour, & fe fit goûter lorfqu'elle offrit des découvertes utiles, des vérités éviden-
tes, lorfqu'elle put fe faire honneur d'être entendue de tout le
monde. Defcartes, fon premier
réformateur, après l'avoir tirée de
l'obfcurité des Ecoles, où elle
avoit vieilli fous l'autorité d'A-
riftote, ne lui laiffa, pour ainfi dire, que le nom qu'elle avoit coutume de porter, & la rendit telle
que les Ecoles réformées elles-
mêmes peu à peu, ont adopté

depuis ce qu'elle a reçu de nouveau, & l'enfeignent préfente-
ment en termes intelligibles.

Cette réforme porta principalement fur la maniére d'étudier
la Nature. Au lieu de la deviner,
comme on prétendoit l'avoir fait
jufqu'alors, en lui prêtant autant
d'intentions & de vertus particuliéres, qu'il fe préfentoit de phénoménes à expliquer; on prit le
parti de l'interroger par l'expérience, d'étudier fon fecret par
des obfervations affidues & bien
méditées, & l'on fe fit une loi de
n'admettre au rang des connoiffances, que ce qui paroîtroit évidemment vrai. La nouvelle méthode fit de véritables Sçavans;
& leurs découvertes excitant de
toutes parts l'attention & la curiofité, on vit naître des amateurs

de tout sexe & de toute condition.

Le goût de la Physique devenu presque général, fit souhaiter qu'on en mît les principes à la portée de tout le monde. Bientôt on vit paroître en différentes Langues des Traités élémentaires, qui remplirent à cet égard les désirs du Public. Mais la science dont ils traitent, se perfectionne tous les jours ; les découvertes se multiplient, les erreurs se corrigent, les doutes s'éclaircissent : les mêmes motifs qui ont fait écrire ces élémens, doivent porter à les renouveller de tems en tems, pour y faire entrer les augmentations, les corrections, les éclaircissemens qui intéressent nécessairement ceux qu'une louable curiosité rend attentifs aux progrès de cette science. D'ailleurs il eſt à propos que ces ſortes d'ouvrages ſoient proportionnés au génie & à la portée des perſonnes à qui on les deſtine : j'en connois d'excellens en ce genre qui réuſſiſſent en Angleterre, en Hollande, en Allemagne, & qui, s'ils étoient traduits dans notre Langue, n'auroient peut-être pas un auſſi grand nombre de Lecteurs en France, parce que les principes y ſont ſerrés, & qu'il faut, pour les entendre, une attention trop ſuivie de la part de ceux qui ne voudroient que s'amuſer utilement ; & parce qu'on y a employé plus de géométrie que les gens du monde n'en ſçavent communément.

Il y a environ cinq ans, que publiant le Programme de mon

Cours de Phyfique expérimentale, je rendis compte de la manière dont j'avois formé cet établif-
fement, & des progrès qu'il avoit
faits depuis fa naiffance. J'offris
alors ce petit volume au Public,
comme une Table * des matiéres
que je me propofois de raffembler
dans un Ouvrage plus confidérable, pour lui être préfenté, s'il
continuoit de m'accorder fes fuf-
frages, & fi j'avois lieu de me
flatter que mes leçons fuffent encore de fon goût. Cette condition a été remplie au-delà de mes
vœux: lorfque je la fis, c'étoit
un motif, & en même tems une
régle que je prefcrivois à mon
zèle; mais je ne regardois alors
qu'autour de moi; attentif au ju-

---

* Programme, ou idée générale d'un Cours
de Phyfique, *dans la Préf.* p. XXXIII.

gement qu'on porteroit de mes efforts & de leurs fuccès, je n'étendois pas mes vues plus loin que l'enceinte de Paris. Je ne préfumois pas que mes foibles talens fe feroient connoître au-delà des Alpes ; * & que j'aurois l'honneur de les aller exercer dans une Cour étrangère.

Je ne préfumois pas que mon Ecole feroit non-feulement applaudie, mais imitée dans nos Provinces * * par les Colléges,

* En 1739. je fus appellé à la Cour de Turin, où je reftai plus de fix mois pour donner des Leçons de Phyfique à S. A. R. Monfeigneur le Duc de Savoye. Après quoi le Roi de Sardaigne fit placer à l'Univerfité tous les inftrumens que j'avois portés, afin que les Profeffeurs puffent s'en fervir dans la fuite pour cultiver & pour enfeigner la Phyfique par voie d'expérience.

* * Depuis la publication de mon Programme, plufieurs Colléges des Jéfuites, des PP. de l'Oratoire, de la Doctrine Chrétienne, & de Saint Lazare, fe font mis dans l'ufage de repréfenter les preuves d'expérience dans

par les Univerſités, par les Aca-
démies même. Enfin je ne pré-
ſumois pas que nos Princes ho-
noreroient * mes Cours & de
leur préſence, & de leur attention ; qu'ils voudroient bien unir
leur voix à celle du Public, &
que l'épreuve qu'ils feroient de
ma maniére d'enſeigner, me vau-
droit enfin l'honneur de travailler
ſous les yeux & pour l'utilité de

les exercices publics.

L'Univerſité de Reims en uſe de même ; &
j'y ai envoyé une collection d'inſtrumens qui
eſt déja très-conſidérable.

L'Académie Royale des Sciences & Belles-
Lettres de Bordeaux, s'eſt auſſi meublé
depuis quelques années un beau Cabinet de
Machines & d'Inſtrumens de Phyſique, dont
elle m'a fait l'honneur de confier l'exécution à mes ſoins.

* En 1738. Monſeigneur le Duc de Pen-
thiévre voulut voir un de mes Cours de
Phyſique, auquel S. A. S. aſſiſta avec beaucoup d'aſſiduité & d'attention ; peu de tems
après j'eus l'honneur d'en faire un à Verſailles
pour S. A. S. Monſeigneur le Duc de Char-
tres, à la clôture de ſes études.

Monseigneur le Dauphin. Ce dernier avantage excitoit mon zèle ; mais je le désirois plus alors que je n'osois l'espérer.

Ces événemens que je ne rappelle point ici par un sentiment de vanité, quoiqu'ils soient bien capables d'en inspirer , m'assurent en quelque sorte du succès de mon entreprise , & de l'approbation que l'on veut bien lui continuer. C'est donc pour m'acquitter de la promesse que j'ai faite sous cette condition , que je publie aujourd'hui cet Ouvrage. Je ne m'excuserai pas d'en avoir différé cinq ans l'impression ; si j'ai quelque reproche à craindre , c'est peut-être de l'avoir donné trop tôt; car s'il est tel que je le souhaite, les personnes à qui je le destine, ne me sçauront pas

mauvais gré d'y avoir employé
tout le tems qu'il me falloit pour
le rendre digne d'elles.

Le titre de l'Ouvrage annonce ce qu'il eſt ; ce ſont mes Leçons telles que j'ai coutume de
les faire depuis neuf ans, à des
Compagnies qui s'aſſemblent
pour les prendre en commun. Je
ſuppoſe toujours que le plus
grand nombre n'eſt pas en état
d'entendre les expreſſions d'Algébre ou de Géométrie, & certains détails qui s'écartent trop
des premiers principes ; je penſe
auſſi que l'utilité qu'on en peut
attendre, ne ſeroit point apperçue par ceux qui ne font que s'i-
nitier, ou qui ont réſolu de ne
donner à cette étude que des momens de récréation, qui ne prennent rien ſur des occupations
plus.

plus nécessaires relativement à leur état ou à leur goût. C'est pourquoi, plus occupé du soin de me faire entendre, que du reproche qu'on me pourroit faire d'avoir abandonné le langage des Sciences dont il est assez ordinaire de se parer, je tâche de parler & d'écrire comme ont fait avant moi quantité d'Auteurs reconnus pour bons, & dont les Ouvrages pour la plûpart peuvent être mis entre les mains de tout le monde.

Ce n'est pas que je n'estime, comme on le doit, ces façons de s'exprimer qui sont certainement plus précises, plus abrégées, & qui mettent en état de suivre plus loin une grande partie des connoissances qui font l'objet de mes Leçons ; je m'en sers même fort utilement, lorsque je travaille en

particulier avec des perſonnes
qui veulent faire une étude plus
ſérieuſe de la Phyſique, & qui s'y
ſont préparées par celle des Mathématiques ; mais ayant égard
au plus grand nombre de mes
Lecteurs, je n'ai pas cru qu'il fût à
propos de faire entrer dans le même Ouvrage ces calculs & ces détails, dont ils pourront abſolument
ſe paſſer, & qui exigeroient d'eux
plus d'efforts & d'application
qu'on ne peut, ou qu'on ne doit
en attendre ; j'ai mieux aimé les
réſerver pour des volumes ſépa-
rés, que je pourrai donner dans
la ſuite par forme de Supplémens,
& ſous le titre d'*Annotations.*

Quoique je me ſois abſtenu
d'employer aucune expreſſion
d'Algébre, aucun ſigne de Géométrie, par ménagement pour le

Lecteur à qui ce langage ne seroit point affez familier; je n'ai pourtant point porté ces fortes d'égards jufqu'à m'interdire l'ufage des termes confacrés; j'ai conformé ma diction à celle qui eft généralement reçue, afin que la lecture de mon Ouvrage puiffe fervir d'introduction à celle des autres Livres de Phyfique; mais j'ai eu foin de diftinguer ces mots par le caractère italique, la premiere fois qu'ils font employés, de les définir & de les expliquer le plus nettement qu'il m'a été poffible. Et pour ne point interrompre auffi le difcours par des définitions trop fréquentes, & qui feroient inutiles pour quantité de perfonnes, j'ai mis à la tête de ce premier Volume un petit Dictionnaire & une Planche où les Com-

mençans trouveront l'explication
des termes qui se rencontrent fréquemment dans le cours de l'Ouvrage, & que j'ai supposé être
connus du plus grand nombre.

Je ne me présente ici sous les
auspices d'aucun Philosophe ; ce
n'est ni la Physique de Descartes,
ni celle de Newton, ni celle de
Leibnitz, que je me suis prescrit
de suivre particuliérement ; c'est,
sans aucune préférence person-
nelle, & sans distinction de nom,
celle qu'un accord général & des
faits suffisamment constatés me
paroissent avoir solidement établie. Pénétré de respect, & même
de reconnoissance pour les grands
hommes qui nous ont fait part de
leurs pensées, & qui nous ont en-
richis de leurs découvertes, de
quelque Nation qu'ils soient, &

dans quelque tems qu'ils aient vécu , j'admire leur génie jusques
dans leurs erreurs, & je me fais un
devoir de leur rendre l'honneur
qui leur est dû ; mais je n'admets
rien sur leur parole, s'il n'est frappé
au coin de l'expérience ou démontré selon les régles : en matiére de Physique, on ne doit point
être esclave de l'autorité ; on devroit l'être encore moins de ses
propres préjugés , reconnoître la
vérité par-tout où elle se montre, &
ne point affecter d'être Newtonien
à Paris , & Cartésien à Londres.

Pour me renfermer plus exactement dans les bornes de mon
Titre , je me suis dispensé de rapporter les différens systêmes qui
ont été proposés sur le méchanis-
me de l'Univers, & qui ont partagé les Philosophes tant anciens

que modernes. Quoiqu'on puiſſe abſolument ignorer tous ces efforts d'imagination , qui pour la plûpart, ne font point aſſez d'honneur à l'eſprit humain , & dont le plus beau ne peut paſſer que pour un ingénieux *peut-être;* cependant on ne peut guère ſe refuſer la connoiſſance de ceux qui ont eu le plus de crédit , & je rapporterois volontiers ici ce qu'ont penſé Deſcartes & Newton à cet égard , ſi je n'avois été prévenu par un Auteur , dont l'Ouvrage * eſt entre les mains de tout le monde , & qui a traité cette matiere avec le même agrément qu'on rencontre dans tous ſes écrits.

C'eſt encore pour ne point paſſer au-delà d'une Phyſique ſenſible & appuyée ſur des faits , que

---

* Hiſt. du Ciel , Liv. 2.

j'écarte foigneufement toutes les queftions métaphyfiques qui pourroient tenir en quelque forte aux matiéres que j'ai à traiter : fi l'on eft curieux de fuppléer à cette omiffion, que j'ai faite à deffein, on pourra lire avec beaucoup de fatisfaction les ouvrages du P. Malebranche, & fur-tout celui qui a pour titre, *la Recherche de la Vérité.*

J'ai fuivi, en écrivant mes Leçons, la même méthode que j'ai coutume d'employer quand je les fais de vive voix. Je choifis dans chaque matiére ce qu'il y a de plus intéreffant, de plus nouveau, & qui me paroît le plus propre à être prouvé par des expériences. J'explique, avec le plus de précifion & de netteté qu'il m'eft poffible, l'état de la queftion, j'en rappelle l'origine, & j'indique, autant que

je le fçais, les Auteurs qui paffent
pour l'avoir traitée avec le plus
de fuccès : je la prouve enfuite
par des opérations dont je fais
connoître le méchanifme, ayant
foin d'en écarter tout ce qui pourroit s'y mêler d'étranger, pour ne
point partager l'attention. Enfin
je raméne, foit à la queftion même, foit aux faits qui m'ont fervi
de preuves, tout ce qui peut y
avoir rapport dans les Phénoménes de la nature, dans les procédés des Arts, dans les machines
le plus en ufage pour les commodités de la vie civile. C'eft ainfi
que j'en ai toujours ufé depuis l'é-
tabliffement de mes Cours ; &
quoique j'aye étudié avec attention le goût du Public à cet égard,
je n'ai rien apperçu qui pût me
déterminer à changer cet ordre:
j'ai

J'ai cru voir au contraire qu'il avoit tout l'effet que je m'étois proposé qu'il eût. Il m'a semblé que des principes assez souvent abstraits, & que l'on ne pourroit apprendre de suite sans une application laborieuse, s'insinuoient plus aisément dans l'esprit, lorsqu'ils étoient ainsi entrecoupés par des expériences intéressantes, qui obligent d'en reconnoître & la vérité & l'utilité.

Dans la distribution des Matiéres qu'on doit regarder comme le fond de cet Ouvrage, je me suis attaché à rassembler, sous un même titre, celles qui sont nécessairement liées ensemble, & j'ai eu soin de faire précéder les propositions qui peuvent s'entendre plus facilement, & qui doivent servir comme de princi-

Tome I. c

pes pour l'intelligence des autres ; ainfi quoiqu'on puiffe à la rigueur prendre chaque Leçon féparément, & que la plûpart ayent entr'elles une efpece d'indépendance, je confeillerai toujours au Lecteur qui voudra les fuivre avec plus de facilité & de profit, de les voir dans l'ordre où elles font, parce qu'il trouvera dans les premieres des notions qui pourront l'aider pour la fuite.

Les faits dont je me fers pour prouver mes propofitions, ne font pas toujours ni auffi nombreux ni auffi nouveaux qu'ils pourroient l'être. Ceux qui ont vu l'appareil de mes Inftruments, en affiftant à mes Cours, feront peut-être furpris de ne retrouver dans les gravûres de cet Ouvrage, qu'une partie de ce qu'ils ont vu dans mes cabinets ; il eſt juſte d'expoſer les motifs qui m'ont fait ſupprimer ce qu'on pourroit peut-être deſirer de plus , ſi j'annonçois ces volumes comme un recueil de mes Démonſtrations.

Depuis que j'enſeigne la Phyſique expérimentale , j'ai eu tout lieu de reconnoître que le moyen le plus ſûr de captiver l'attention, & de faire naître promptement les idées , c'eſt de parler aux yeux par des opérations ſenſibles. En conſéquence de cette vérité , je me ſuis pourvu de certaines machines que j'ai imaginées pour faire entendre mes penſées aux perſonnes qui n'ont des Sciences qu'une teinture très-legere , & pour leur faire prendre plus facilement & en moins de temps, certaines notions ſans leſquelles on ne faifiroit pas bien l'état d'une queftion, ou les preuves qui en établiffent la théorie. Mais comme ces moyens n'ont de force que dans l'ufage même qu'on en fait, & que les pieces qui les compofent n'expriment rien, fi elles ne font en jeu, il eût été inutile d'en donner la figure ou la defcription; c'eût été multiplier, fans aucun avantage, des planches qui font déja affez nombreufes.

Une autre raifon pour laquelle je me fuis difpenfé de repréfenter dans cet Ouvrage tout ce qu'on voit dans mon Ecole, c'eft que je n'ai pas cru devoir y faire entrer plus d'expériences qu'il n'en faut pour prouver folidement la doctrine qu'il renferme. Je l'ai déja

dit ailleurs * ; je n'ai jamais prétendu faire de mes Leçons un
ſpectacle de pur amuſement, où
l'on vît répéter, ſans deſſein &
ſans choix, un grand nombre
d'expériences capables ſeulement
d'occuper les yeux. Je crois être
plus en état que perſonne en
France, de ſatisfaire les Curieux
par l'aſſortiment des machines
dont je ſuis muni : mais je ſerois
peu flatté qu'on ne vînt chez
moi que pour voir ; & je ſuppoſe toujours une curioſité plus
raiſonnable dans mes Auditeurs.
C'eſt pourquoi de tous les faits
que je ſuis en état de produire
pour prouver chaque propoſition,
je n'emploie jamais qu'un certain
nombre qui ſoit ſuffiſant ; & par

---

* Program. ou Idée gén. d'un Cours de
Phyſ. dans la Préf. p. x.

cette économie je gagne du temps
pour des chofes plus néceffaires,
& je me mets en état de varier
agréablement & utilement mes
preuves, pour des perfonnes qui
affiftent plufieurs fois à mes
Cours. J'ai eu la même attention
en écrivant ; je n'ai point voulu
que le Lecteur, ébloui d'un nombre fuperflu d'opérations , pût
perdre de vue les vérités qu'il s'a-
git d'établir : en lui rapportant des
faits dignes d'attention, j'ai compté mettre fous fes yeux des preuves qui affermiffent fes connoiffances. En un mot, foit en ouvrant mon Ecole au Public, foit
en lui offrant mes Leçons écri-
tes, mon intention a toujours été
qu'il y trouvât un cours de Phyfique expérimentale, & non pas
un cours d'expériences.

Par la defcription que j'ai donnée des inftruments fous le titre
de *Préparation*, je n'ai pas prétendu mettre fuffifamment au fait
de leur conftruction ceux qui
voudroient les imiter : il auroit
fallu entrer dans un détail de proportions, de choix de matieres,
de précautions à prendre, & bien
fouvent de connoiffances un peu
étrangeres à mon objet, qui auroit groffi confidérablement les
volumes, & cela en pure perte
pour la plûpart des Lecteurs, à
qui il fuffit de voir en gros, qu'un
tel effet peut être produit par une
certaine méchanique. Mais comme je fens de refte combien il feroit utile qu'il y eût de bonnes
inftructions fur le choix des Inftruments de Phyfique, & fur la
maniere de les conftruire, pour

aider le zele des Amateurs ou des Savants qui s'appliquent à cette Science, & dont le nombre s'accroît tous les jours ; j'ai résolu de raffembler, dans un Ouvrage féparé, ce qu'un long ufage aura pu m'apprendre touchant cette matiere. Ce deffein s'exécute actuellement, & l'on en peut voir quelques fragmens dans les Mémoires de l'Académie des Sciences pour les années 1740 & 1741, où j'ai feulement fupprimé les pratiques qui regardent l'Ouvrier.

Quant au choix des expériences, j'ai quelquefois préféré celles qui font connues depuis longtems, à d'autres plus récentes, parce que je leur ai trouvé un rapport plus direct aux propofitions que j'avois à prouver, ou parce qu'elles donnoient lieu à des applications plus intéreſſantes , ou bien enfin parce qu'elles m'ont paru trop belles pour être omiſes ; leur date alors m'a ſemblé d'autant plus indifférente , que , comme cet Ouvrage n'eſt point fait pour des Sçavans de profeſſion , la plûpart de ceux qui les y verront , leur trouveront encore tout l'agrément de la nouveauté : & d'ailleurs les choſes n'ont-elles de mérite qu'autant qu'elles ſont nouvelles ?

On me reprochera peut-être d'avoir fait entrer dans les *Applications* quelques remarques d'une mince utilité ; ſoit que l'objet en mérite peu la peine , ſoit qu'elles ſe préſentent d'elles-mêmes à tout le monde. Mais on doit faire attention que cet Ouvrage n'eſt pas fait ſeulement pour des

perſonnes qui ont déja vécu un
certain tems dans le monde, &
à qui l'uſage a donné quelques
idées obſcures & confuſes, à la
vérité, mais avec leſquelles on
peut ſentir les cauſes prochaines
de ces effets les plus communs.
Je le deſtine principalement aux
jeunes gens de l'un & de l'autre
ſexe, qui paſſent les premieres années de leur vie dans des Colléges oū dans des Penſions, pour
qui tout eſt nouveau dans la Nature, dont l'eſprit eſt naturellement avide de ces ſortes de connoiſſances, & qu'il convient d'ac-
coutumer, par des exemples faciles & familiers, à des idées claires & diſtinctes, & à des induc-
tions judicieuſes; car, c'eſt la
réflexion d'un Sçavant bien reſ-
pecté, & bien digne de l'être,

qu'il eft toujours utile de penfer jufte, même fur des fujets inutiles. *

Au refte il faut prendre garde de confondre l'effet avec fa caufe ; l'un pourroit être connu du Payfan le moins inftruit, pendant que l'autre ne le feroit pas du plus fçavant Philofophe. Quelqu'un ignore-t-il qu'une éponge, une pierre tendre, un morceau de fucre fe mouille entiérement avant que d'être tout-à-fait plongé ? mais fçait-on bien pourquoi cela fe fait ? D'ailleurs les phénoménes les plus communs ne le paroiffent pas toujours également, quand on les confidere par toutes les faces. Tout le monde fçait qu'une pierre tombe en

---

* M. de Fontenelle, Hift. de l'Acad. des Sciences, 1699, dans la Préf. p. XI.

vertu de fa pefanteur; mais tout le monde ne fçait pas qu'en tombant elle doit parcourir des efpaces qui répondent aux quarrés des teins de fa chûte. En faifant application de ce dernier effet, après l'avoir prouvé, fi je dis qu'une bouteille ou un verre peut fe caffer en tombant, affûrément je n'inftruis perfonne; fi je dis encore qu'en tombant de plus haut, les corps fragiles courent un plus grand rifque, cette vérité ne paroîtra pas plus neuve que la premiere : mais fi j'ajoute qu'un Corps grave en tombant fe brife en vertu de fa chûte accélérée, & qu'on peut prévoir l'effort qu'il fera capable de faire à la fin de cette chûte, en mefurant la hauteur du lieu d'où il tombe; je ne crois pas que cette obfervation ſoit inutile pour tous ceux à qui je la propoſe ; & ſi quelqu'un après l'avoir lue ſe plaignoit que j'aie voulu lui apprendre qu'un verre peut ſe caſſer en tombant, ou qu'il ſe briſe plus ſûrement en tombant de plus haut, il feroit voir qu'il a peu de diſcernement, ou beaucoup de mauvaiſe humeur.

Graces au bon goût qui regne dans notre ſiecle, je pourrois me diſpenſer de prouver que la Phyſique eſt utile, & qu'il n'y a perſonne qui ne puiſſe prendre part aux découvertes dont elle s'enrichit tous les jours. Quoique cette Science porte un nom Grec, on ſçait maintenant que ſon objet n'eſt point étranger ; que les connoiſſances qu'elle offre intéreſſent tout le monde, & que lorſqu'elle prononce par la voix de l'expérience, elle peut être entendue à tout âge & en tous lieux. L'étude de la Nature étoit encore, pour ainsi dire, au berceau ; la connoissance qu'on avoit de ses phénoménes & de leurs causes, méritoit à peine le nom de Science, qu'un des plus grands hommes de l'Antiquité la vantoit déja comme une ressource pour l'esprit humain, comme une occupation dont il pouvoit tirer avantage dans tous les tems & dans toutes les circonstances de la vie *. Avec combien plus de raison ne pourroit-on pas la recommander comme telle, à pré-

---

* *Hæc studia adolescentiam alunt, senectutem oblectant ; secundas res ornant, adversis perfugium ac solatium præbent ; delectant domi, non impediunt foris : pernoctant nobiscum, peregrinantur, rusticantur.* Cic. pro Archia Poet. n°. 16.

sent qu'elle occupe dans tous les états policés des compagnies de Sçavans, que les Princes honorent de leur protection, & qu'ils entretiennent par leurs libéralités; à présent, dis-je, que ses progrès s'annoncent tous les ans par des volumes, où chacun peut puiser selon son goût, ou selon ses besoins, des connoissances, dont le moindre avantage est d'orner l'esprit.

Quelque état que l'on prenne dans le monde, il est bien rare que l'on n'ait pas à réfléchir sur la force des Corps qui se meuvent par leur poids, ou autrement, sur celle des animaux, sur l'impulsion & le mouvement des fluides, sur l'action & sur les effets d'une infinité de machines, nouvelles ou anciennes, touchant le choix defquelles on a fouvent intérêt de fçavoir décider à propos. Eft-il poffible de voir ces effets admirables des téléfcopes, des lunettes, des microfcopes, dont l'ufage eft aujourd'hui fi commun, fans defirer d'en connoître la méchanique, & les propriétés fur lefquelles la conftruction de ces inftrumens eft fondée? A qui peut-il être inutile d'apprendre ce qu'il y a de nouveau dans une Science d'où dépendent nos amufemens les plus raifonnables, nos commodités, nos befoins ? A qui peut-il être indifférent de fçavoir ou d'ignorer des chofes qui peuvent occuper, au moins agréablement, dans des tems, dans des lieux où les douceurs de la fociété nous manquent ?

Mais

Mais l'avantage le plus précieux, & que toute ame bien née
ne manque pas de reffentir en
étudiant la Nature; c'eft la néceffité où l'on eft de reconnoître
par-tout l'Etre fuprême qui a formé ce vafte univers, & qui préfi-
de fans ceffe à fes propres œuvres. Plus on avance dans cette
étude, plus on eft convaincu que
ce qui en fait l'objet, n'eft point
une production du hazard; tout
y annonce une puiffance infinie
qui étonne, une fageffe profon-
de qu'on ne peut affez admirer,
des intentions & une bonté qui
méritent toute notre reconnoiffan-
ce. Ces merveilles que nous avons
fous les yeux parlent au cœur, autant qu'à l'efprit; en éclairant l'un
il eft naturel qu'elles touchent
l'autre : ce que nous en apprenons

Tome I. d

en nous rendant moins ignorans
que le vulgaire, peut aussi faire
naître en nous des sentimens plus
vifs, & nous rendre plus fideles
à nos devoirs.

Un illustre Prélat *, en faisant
l'Histoire de l'Education d'un
grand Prince, qui lui avoit été
confiée, me fournit un exemple
& une preuve bien authentique
des bons effets qu'on peut attendre de la Physique, lorsque les
principes de cette Science sont
enseignés avec dessein & avec
choix, & que celui qu'on en instruit est capable de réflexions. Je
finis cette Préface par la traduc-
tion de ses propres paroles, telle
qu'on la trouve dans celui de ses

* M. Bossuet, Evêque de Meaux, dans sa
Lettre Latine au Pape Innocent XI. touchant
l'éducation de feu Monseigneur le Dauphin,
p. 16.

Ouvrages qui a pour titre, *Politi-que tirée de l'Ecriture Sainte*, p. 41. * » Pour l'expérience des cho- » ses naturelles, dit-il, nous avons » fait faire devant le Prince les » plus néceſſaires & les plus bel- » les. Il n'y a pas moins trouvé » de profit que de divertiſſement; » elles lui ont fait connoître l'in- » duſtrie de l'eſprit humain & les » belles inventions des Arts, ſoit » pour découvrir les ſecrets de la » Nature, ou pour l'embellir, ou » pour l'aider. Mais ce qui eſt plus » conſidérable, il y a découvert » l'art de la Nature même, ou plû-

* *Experimenta verò rerum naturalium ſic exhibere fecimus, ut in his Princeps ludo ſua-viſſimo atque utiliſſimo, humanæ mentis hiſto-riam, præclaraque artium inventa, quibus na-turam & retegerent & ornarent, interdum ad-juvarent; ipſam denique naturæ artem, immò ſummi Opificis & patentiſſimam & occultiſſi-mam Providentiam miraretur.* Boſſuet, loco citato.

d ij

» tôt la Providence de Dieu , qui
» eſt tout à la fois ſi viſible & ſi
» cachée. »

DISCOURS*

Sur les dispositions & sur les qualités qu'il faut avoir pour faire du progrès dans l'étude de la Physique expérimentale.

ON peut dire des Esprits qui s'appliquent aux Sciences, ce qu'un Poëte célebre nous fait observer touchant les différentes terres que l'on cultive ; comme elles ne sont pas également propres à toutes sortes de productions (*a*), nous ne devons pas non plus nous attendre que chaque génie réussisse dans quelqu'étude qu'il s'engage : s'il en est d'assez heureusement nés pour pouvoir se flatter d'un succès universel, ce sont de ces exemples rares, qu'il faut moins attendre qu'admirer, quand ils se rencontrent : selon le cours ordinaire de la nature, nous naissons presque tous avec une

* Ce Discours a été prononcé le 16 Mai 1753 à l'ouverture de la nouvelle Ecole de Physique expérimentale établie par le Roi, & publié ensuite par ordre de l'Université.
(*a*) *Nec verò terræ ferre omnes omnia possunt.* Virg. Georg. lib. 2.

aptitude particuliere pour quelque objet : heureux celui qui n'en eſt pas détourné par un choix forcé, ou par des circonſtances contraires à ſon inclination ! Il eſt donc raiſonnable d'examiner d'une part dequelle ſorte d'application un homme eſt capable, & de l'autre, ce qu'exige de lui l'eſpece d'étude à laquelle on voudroit l'appliquer, afin d'aſſortir le travail au goût & au pouvoir de celui qui l'entreprend, & de ne point tomber dans le défaut d'un laboureur qui enſemenceroit de froment une terre deſtinée par la nature à porter une forêt.

C'eſt pour faciliter un tel examen, que je me ſuis propoſé de raſſembler dans ce Diſcours les différentes parties d'un Phyſicien qui s'applique à l'art des Expériences, & de faire comprendre par-là les diſpoſitions & les qualités avec leſquelles il peut eſpérer de réuſſir. Il entre dans mon deſſein de montrer les difficultés & les peines qui accompagnent cette étude ; mais je ne diſſimulerai pas les avantages, ni les agrémens qu'on y peut goûter : ce vaſte champ eſt parſemé de fleurs, comme il eſt hériſſé d'épines ; ſi j'en éloigne ceux qui ne ſeroient point propres à le par-

courir avec fruit , je desire plus que
personne qu'il ne soit point abandonné ,
que les richesses qu'il renferme, se découvrent de plus en plus , & qu'elles
soient recueillies de même.

L'objet de la Physique expérimentale
est de connoître les phénoménes de la
nature , & d'en montrer les causes par
des preuves de fait : elle differe de l'Histoire naturelle , en ce que celle-ci , sans
rendre raison des effets , a pour but
principal de nous donner en détail la
connoissance des corps dont l'univers
est composé , de nous en faire distinguer
les genres , les especes , les variétés in-
dividuelles , les rapports que ces êtres
ont entr'eux & leurs différentes propriétés. La premiere de ces deux Sciences
entreprend de nous dévoiler le mécha-
nisme de la nature ; la derniere nous
offre , pour ainsi dire , l'inventaire de
nos richesses : l'une & l'autre sont tellement liées ensemble, qu'il est presqu'impossible de les séparer : un Physicien qui
n'est point Naturaliste est un homme qui
raisonne au hasard & sur des objets
qu'il ne connoît point ; le Naturaliste ,
qui n'est pas Physicien, n'exerce que sa
mémoire. S'appliquer à la Physique ex-

périmentale, c'est donc s'engager à étudier la Nature , non-seulement dans ses effets , mais encore dans les différens matériaux qu'elle employe pour les produire ; c'est l'examiner dans tout ce qu'elle a fait , pour se mettre plus en état d'apprendre de quelle maniere elle agit.

Je vois principalement deux choses à faire pour quiconque voudra parvenir à cette double connoissance. La premiere , & par laquelle il faut commencer , est de se mettre bien au fait de certaines vérités qui sont reçues comme principes , & de s'instruire de toutes les découvertes qui ont été faites avant nous. La seconde , est de travailler à augmenter ce premier fond de connoissances , par ses propres recherches , ou en profitant de celles des contemporains. Nous n'osons prétendre , nous ne devons pas même desirer , que tous nos Auditeurs se fassent Physiciens de l'une & de l'autre maniere; l'intérêt commun des Sciences demande que les hommes se partagent pour les cultiver; la plûpart de ceux qui auront suivi nos Leçons , entraînés par d'autres goûts , ou privés des moyens nécessaires pour se livrer à de nouvelles

recherches,

recherches, s'en tiendront fans doute au premier degré d'inftruction, fe contentant de bien entendre & de fçavoir ce que le travail d'autrui leur aura offert. Mais en même-tems, nous nous flattons que dans le grand nombre, il s'en trouvera plufieurs à qui nous ferons naître le défir de porter plus loin cette étude, & qui s'y livreront dans la fuite entiérement, ou du moins dans les momens de loifir que leurs profeffions & leurs affaires leur pourront laiffer. Comme les uns & les autres doivent commencer de la même façon; je vais d'abord tracer la route que doivent fuivre ceux qui veulent s'initier en Phyfique.

Voulez-vous apprendre ce que l'on fçait aujourd'hui en Phyfique, vous mettre au fait des principes de cette Science, & en état de raifonner fenfément fur les effets naturels? Fréquentez les Ecoles; informez-vous de ce qui fe paffe dans les Compagnies de Sçavans qui étudient la Nature; foyez attentif aux découvertes particulieres qui viendront de bonne part; lifez les bons Auteurs; voilà les moyens: vous pourrez les employer avec fruit, fi vous êtes affidu, fi vous avez l'efprit libre de préjugés & une jufte défiance contre l'erreur & l'illufion.

Graces à la méthode introduite par Defcartes, & à la réforme qu'elle a mife dans notre maniere de philofopher, on peut dire que dans prefque toutes les Ecoles de Philofophie, il n'y a plus maintenant qu'à profiter pour la jeuneffe qui les fréquente : on ne l'affujettit plus à ce langage inintelligible, qui déshono- roit la raifon ; on lui donne pour regle de ne fe rendre qu'à l'évidence, & de ne croire que ce qu'elle comprend ; on ne lui offre pour expliquer les effets naturels que des caufes palpables & vraiment phyfiques : ou fi quelquefois on employe des conjectures pour deviner ce que l'on ne voit pas, on ne les préfente que comme des probabilités que l'autorité la plus grave & la plus refpectable ne défend pas contre un doute légitime.

Il eft certain que cette nouvelle façon de traiter & d'enfeigner la Philofophie, eft plus propre qu'aucune autre à éclairer l'efprit humain : maître abfolu de fes pen- fées fur des matieres abandonnées à la difpute des hommes, il peut d'autant plus compter fur les connoiffances qu'il acquiert en ce genre, que le choix de fes opinions a été plus libre : dès qu'il n'y a plus ni honneur ni mérite à fuivre avec une aveugle docilité des routes, dont la plûpart avoient été ouvertes par l'ignorance, & frayées par l'habitude, on doit beaucoup plus efpérer des efforts de la raifon ; les conceptions étant variées fuivant les différens degrés de lumiere que chacun a reçus, & la nouveauté n'é-tant plus un reproche que la vérité ait à craindre. Ainfi l'expérience nous prouve-t-elle que depuis cent ans ou environ que cette heureufe liberté regne dans les Eco-les, la Phyfique a fait beaucoup plus de progrès que dans les fiecles précédents ; quoique de tout tems il y ait eu des hom-mes occupés, ou par goût, ou par état, à dévoiler & à contempler les merveilles de la Nature.

La nouvelle méthode ayant donc ren-du les Ecoles profitables, on ne fçauroit mieux faire que de les fréquenter avant toutes chofes, pour y prendre les pre-mieres notions, pour fe former des prin-cipes, & pour y apprendre à traiter les matieres avec ordre.

Dans la Phyfique, comme dans toute autre fcience, les commencements font épineux ; les premieres idées ont peine à s'établir ; la nouveauté des termes,

autant que celle des objets, fatigue l'efprit par l'attention qu'elle demande : pour
applanir ces difficultés, les leçons qui fe
donnent de vive voix, ont un avantage
confidérable fur celles qu'on voudroit
prendre dans les livres ; un Maître qui
parle à fes Eleves, & qui fçait fe fouve-
nir à propos des peines qu'il a eues en
étudiant à leur âge, ou du foin qu'on a
pris de les lui épargner, cherche pour fe
faire entendre, les expreffions les plus
propres ; il les répete & les varie, jufqu'à
ce qu'il ait lieu de croire qu'il a été entendu : le ton, le gefte, un coup de
crayon, & plus encore que tout cela, la
liberté avec laquelle il permet, il recom-
mande qu'on le queftionne, font autant
de moyens qui fecondent fon zele, &
avec lefquels il parvient à faire prendre
des idées claires & diftinctes de ce qu'il
enfeigne.

Quelle facilité ne trouverez-vous pas
encore à vous initier, fi l'Ecole où vous
ferez admis a l'avantage de poffèder une
collection fuffifante d'Inftrumens, avec
lefquels on vous mette fous les yeux
prefque toutes les vérités qu'on fe propofe de vous faire entrer dans l'efprit?
Les idées peuvent-elles manquer de

naître & de fe perfectionner à la vue de
ces images fenfibles ? Soyez fûrs que ce
que vous verrez ainfi, avec intérêt, avec
attention, fera plus d'impreffion fur vous
que tous les difcours qui auront précédé ;
& que ce dernier moyen ne manquera
pas de diffiper vos doutes & d'affermir
vos connoiffances :

Segniùs irritant animos, demiffa per aurem,
Quàm quæ funt oculis fubjecta fidelibus...
Horat. de Arte Poët. 180.

Mais en vain notre maniere d'enfeigner feroit-elle devenue meilleure ; en
vain ferions-nous parvenus à rendre nos
Leçons plus inftructives & plus faciles,
fi ceux qui les y prennent n'y affiftoient
avec affiduité, & à deffein de fe rendre
Phyficiens, ou du moins de fe difpofer à
le devenir ; fi fe permettant des abfences
ils perdoient le fil des queftions que nous
avons à traiter ; ou fi ne fe rendant ici
que par la vaine curiofité de voir des Expériences, ils refufoient leur attention
aux connoiffances que nous avons en vue
de leur faire acquerir. Ces connoiffances
doivent être liées entr'elles comme les
parties d'un édifice ; les premieres fervent de fondement pour en établir d'autres fur lefquelles on continue de bâtir,

fi par les vuides qu'on aura laiffés, les appuis manquent, l'affemblage imparfait n'aura aucune folidité. Ce n'eft donc que par une application fuivie, qu'on peut fe flatter de mettre à profit ce que nous enfeignons dans nos Ecoles; ce n'eft auffi qu'à cette condition, que nous nous engageons à donner dans l'efpace d'un an, les principes d'une fcience qui embraffe tant d'objets, & dans laquelle il y a tant à apprendre.

Je dis les principes; car c'eft là feulement ce que les Commençans doivent chercher dans les Ecoles, c'eft-à-dire, ces vérités fondamentales qui font comme la fource des autres, & qui doivent les précéder, foit pour les faire défirer, foit pour les rendre intelligibles. Les connoiffances de détail ne doivent venir qu'après; quiconque s'en occuperoit avant que de s'être fuffifamment inftruit des principes généraux, travailleroit infructueufement; comme un homme qui voulant arracher un arbre le faifiroit par les feuilles, plutôt que de porter fes efforts fur les racines & fur le tronc.

C'eft encore dans les Ecoles qu'on apprend à traiter les queftions dans un ordre convenable, & à rappeller les matie-

res à certains chefs ; afin que ce que l'on
a étudié dans un tems puiffe faciliter les
autres Etudes qu'on fait après, & qu'ap-
percevant avec un peu de réflexion les
rapports que les objets ont entr'eux, on
foit plus en état de juger d'où l'on doit
partir pour les attaquer. Sans cela quelle
confufion dans les idées, & que de peines
inutiles ne fe donneroit-on pas ! Jugeons-
en par un exemple ; comment pourroit-
on comprendre le méchanifme de l'oüie
ou celui de la vifion, fi l'on n'avoit pas
appris auparavant les propriétés de l'air,
& celles de cette matiere dont l'action
nous éclaire ? De quelle maniere s'y
prendroit-on pour étudier ces effets, fi
l'on ignoroit que les fons & l'illumina-
tion des objets dérivent des mouvemens
de ces deux fluides ? C'eft donc par ces
connoiffances primitives, que nous fçavons rapporter les effets dont il s'agit à
leurs vraies caufes ; c'eft fur elles que
nous nous appuyons pour les expliquer.

Après la fréquentation des Ecoles,
rien ne convient mieux, rien n'eft plus
propre à perfectionner les connoiffances,
que de s'inftruire des découvertes qui fe
font faites & qui fe font tous les jours
dans ces Compagnies que l'amour des

Sciences a formées pour travailler en commun, que la faveur & la libéralité des Princes a mises en état de faire ce que des particuliers isolés ne pourroient pas même entreprendre. Heureusement nous vivons dans un siécle & dans un Royaume où ces secours ne manquent point à quiconque en veut profiter ; il n'y a presque pas de grande ville en France, où il n'y ait maintenant une Académie ; si la Physique n'en est pas toujours l'objet principal, le goût de cette Science est tellement répandu, qu'elle y entre comme accessoire : & parce que ces Aréopages ne comprennent pas tous ceux qui seroient dignes d'y être admis, on peut compter encore sur le travail d'un grand nombre de Sçavans dispersés, qui se font connoître tous les jours par des productions très-instructives. Les connoissances qu'on tire de pareilles sources, ont l'avantage d'être plus détaillées & plus approfondies que les autres, parce que ceux qui nous les offrent ont donné toute leur application à des sujets particuliers qu'ils ont choisis par goût, ou à la faveur de quelques circonstances, qui les mettoient à portée de travailler avec plus de succès.

Ce que vous aurez appris de nos contemporains, vous ferez très-bien de le comparer avec ce que nous tenons des Sçavans qui ont vêcu avant nous. La lecture bien réfléchie de leurs Ouvrages, vous apprendra les routes qu'ils ont frayées les premiers, & dans lesquelles nous ſommes entrés après eux ; les découvertes qu'ils ont, pour ainſi dire, ébauchées, & qui ſe ſont perfectionnées depuis ; les écarts dans leſquels ils avoient donné, & dont on eſt revenu dans la ſuite. En ſuivant ainſi la marche de l'eſprit humain, on s'inſtruit plus profondément & avec plus d'exactitude ; on voit d'où naiſſent les illuſions, & ce qui peut les diſſiper ; on apprend à douter à propos, & à ſuſpendre ſon jugement, juſqu'à ce que le tems & l'évidence nous autoriſent à croire.

La connoiſſance des langues eſt un moyen également commode & utile, pour s'inſtruire de tout ce qui ſe fait en Phyſique ; parce qu'il y a quantité de bons Ouvrages, dont les Auteurs ont employé l'idiôme du pays dans lequel ils ont écrit ; lorſqu'on ne l'entend pas, on ne peut s'en dédommager que par des traductions qui ne ſe font pas toujours, ou qui, ſi elles ſe font, ne ſup-

pléent prefque jamais parfaitement aux
originaux. Mais une Langue qu'il eft
indifpenfable d'apprendre, c'eft celle de
l'Algebre & de la Géométrie ; ces deux
Sciences fe font heureufement introdui-
tes dans la Phyfique ; par-tout où elles
peuvent s'appliquer, elles y portent l'exactitude & la précifion qui leur font propres, elles répandent la lumiere dans
l'efprit, elles le font raifonner jufte ;
avec leur fecours il chemine plus vîte,
plus fûrement, & peut aller plus loin ;
il faut de néceffité fe mettre en état de
fuivre les Auteurs qui marchent à la lueur
de ces flambeaux.

Mais dans quelque fource que l'on
cherche à puifer des connoiffances, foit
en étudiant les Auteurs, foit en recueil-
lant ce que les Sçavans nous offrent
chaque jour de nouveau, rien n'eft plus
néceffaire que de renoncer à tout préjugé ; car un efprit livré à la prévention,
ne manque guere de fuivre dans fes décifions le penchant fecret qui l'entraîne,
& le vrai ne fe trouve pas toujours du
côté vers lequel il fe laiffe aller ; femblable à l'œil malade dont les humeurs fe
font teintes, il voit rarement les objets
fous leurs vraies couleurs. Combien de

gens ne reconnoiſſent pas la vérité où
elle eſt, combien d'autres croyent la
voir où elle n'eſt pas, parce qu'ils ſe ſont
déclarés pour ou contre une Nation,
parce qu'ils entendent mal le reſpect &
la fidélité qu'on doit à la Religion, parce
qu'ils ont épouſé des haines ou des affections particulieres, parce qu'ils cedent
aux impreſſions invétérées d'une mauvaiſe éducation!

On ne peut donc apprendre de trop
bonne heure que tous ceux qui cultivent
les Sciences, dans quelque partie du
monde qu'ils vivent, ne forment qu'une
ſeule & même République; qu'il leur
convient de ſe traiter avec tous les égards
que des Concitoyens ſe doivent; que
travaillant à s'éclairer réciproquement,
ils ne peuvent ſe permettre qu'une hon-
nête émulation, qui leur faſſe déſirer de
ſe ſurpaſſer les uns les autres, ſans ſonger
à s'effacer ni à ſe confondre. Il faut con-
ſiderer de plus, que la vérité, de quelque
part qu'elle vienne, eſt un bien que nous
devons chérir, comme le diamant qui eſt
précieux par lui-même, & que nous eſ-
timons, ſans avoir égard à celui qui l'a
tiré de la terre : & s'il arrive qu'une vérité évidente nous ſemble ne pas s'ac-

corder avec une autre vérité qu'il nous
eft ordonné de croire, fouvenons-nous
qu'elles viennent toutes deux de la même
fource; que l'Etre fuprême qui a révélé
les articles de notre foi, eft auffi le Dieu,
le Légiflateur de toute la nature, & incapable de fe contredire en rien. En
pareille conjoncture, que la raifon reli-
gieufement foumife à la révélation, ne
fe refufe cependant pas au trait de lumiere naturelle qui l'éclaire; qu'elle ne
prenne pas le parti de regarder comme
faux, ce que l'évidence lui montre être
vrai; mais qu'elle rejette fur la foibleffe
de l'entendement humain & fur fa propre
ignorance, la contradiction apparente
qui l'embarraffe; qu'elle attende fans
impatience, que de nouveaux efforts &
une nouvelle lumiere lui découvrent ce
qui eft encore caché, & lui apprennent
à concilier ce qu'elle voit avec ce qu'elle
eft obligée de croire.

N'eft-ce pas s'impofer une gêne bien
peu raifonnable, & en même-tems bien
nuifible au progrès des connoiffances
humaines, que de vouloir tout rapporter aux penfées d'un Philofophe dont
on a époufé les principes, affez fouvent
fans les connoître, & prefque toujours

avant que d'être en état d'en juger ?
Hé! pourquoi vouloir être d'un ton dé-
cidé & en toute occafion, Cartefien,
Newtonien, Leibnitien, &c ? Quelqu'un de ces grands Hommes, dont
l'autorité à tant de poids, a-t-il eu l'in-
faillibilité en partage ? Ne peut-on pas
refpecter leur mémoire, admirer leur
génie, profiter de leurs découvertes,
fans s'attacher particuliérement à un feul,
fans s'interdire la liberté d'examiner
leurs opinions, de s'en écarter même,
lorfque de nouvelles lumieres viennent
nous éclairer fur ce qu'elles ont de défe-
ctueux? Pourquoi prendre indiftincte-
ment tout ce qui eft renfermé dans un
même tréfor, quand il nous eft permis
d'en ouvrir plufieurs, pour nous enrichir
avec choix ? Ces préférences dans lefquelles on s'engage, produifent encore
un mauvais effet dont nous n'avons que
trop d'exemples ; chacun voudroit que
le parti qu'il a embraffé fût fuivi du plus
grand nombre ; on parle, on agit en
conféquence ; il naît de-là des alterca-
tions, des plaintes, des injures, des ini-
mitiés ; & c'eft, felon moi, porter jufqu'à
la folie l'amour d'un Sage qu'on veut
élever au-deffus des autres.

Je ne parlerai point des préjugés qui viennent d'une éducation mal conduite; l'énumération en feroit trop longue, & prefque inutile : je dirai feulement que l'efprit humain, en fe livrant à l'étude de la Philofophie, doit commencer à ufer du droit qu'il a de penfer librement fur les effets de la nature ; que le premier acte de cette liberté doit être de s'élever au-deffus de toutes ces opinions vulgaires qu'il a reçues dans un tems où l'autorité & l'exemple lui tenoient lieu de raifon ; & que prenant pour regle de ne rien admettre que de certain ou de très-probable, il doit fe dépouiller générale-ment de ces premieres impreffions, qui portent prefque toutes un caractere de fauffeté.

C'eft déja beaucoup pour un Com-mençant d'avoir écarté les vieilles er-reurs dont il étoit préoccupé; mais ce n'eft point affez : à cette premiere pré-caution, il faut qu'il ajoute une jufte défiance qui le tienne en garde contre les nouvelles illufions qui pourroient le féduire ; & combien n'en a-t-il pas à craindre, tant de fa part, que de celle des autres! L'amour du merveilleux eft un poifon féduifant dont les meilleurs esprits ont peine à se garantir ; il fait peut-être autant de mauvais Physiciens, que l'étude & les plus heureuses dispositions en forment de bons : & ce qu'il y a de plus fâcheux, c'est que, si l'on aime à produire des découvertes d'éclat, ceux qui les apprennent, les reçoivent aussi avec beacoup d'avidité; de sorte que si quelqu'un a la foiblesse de mentir ou d'exagerer, en annonçant des nouveautés singulieres, il est presque sûr qu'on n'aura pas le courage d'en douter. Il est donc d'un homme sage d'examiner de sang froid ce qu'on lui présente d'extraordinaire, d'attendre que les faits ayent été vérifiés dans toutes leurs circonstances, de peser les raisons sur lesquelles on appuie ses jugemens, & de n'y adhérer qu'après une mûre réflexion & une pleine connoissance.

Défions-nous sur-tout des Auteurs qui ont des systêmes à soutenir; défions-nous de nous-mêmes, si nous les avons adoptés. Nos pas se tournent naturellement vers l'endroit où nous serions bien aises d'arriver; si nous n'y prenons garde de fort près, nous courons risque d'interpréter en faveur d'une opinion favorite, des effets, des observations, des senti-

mens qui, mieux examinés, la détrui-
roient peut-être plutôt que de l'appuyer:
nous nous diffimulerons des difficultés,
qui nous feroient revenir de nos erreurs,
fi nous y étions moins attachés; nous
abandonnerons légérement des vérités
bien fondées, parce qu'elles nous paroîtront incompatibles avec une doctrine
que nous aurons goûtée.

Ayons donc de la défiance autant qu'il
en faut pour ne point donner dans l'illufion; mais d'un autre côté, n'oublions
pas que, fi nous en avons trop, nos foup-
çons feront injure à ceux qui travaillent
à nous inftruire, & que notre obftination à douter nous remplira l'efprit d'incertitude. Oui, c'eft un abus & une in-
gratitude, que de fe montrer toujours
incrédule, & de fe perfuader que toutes
les découvertes que les Phyficiens nous
vantent, ne produifent aucune connoiffance nouvelle de la Nature, aucune explication de fes effets. Ce langage eft
celui d'une ignorance ou d'une pareffe
orgueilleufe, qui méprife ce qu'elle ne
connoît pas, & qui trouve plus commode de le nier, que de prendre la peine
de s'en inftruire. On entend rarement
parler ainfi des gens raifonnables & initiés

tiés dans les Sciences ; il eſt plus ordinaire d'en trouver qui reconnoiſſant les
avantages de la Phyſique en général,
affectent de révoquer en doute tout ce
qui ne vient pas d'eux ou de leurs
amis. Ce Pyrrhoniſme marque de l'humeur, ou quelque intérêt particulier ;
mais quelle qu'en ſoit la cauſe, on ne
peut s'appliquer ni trop tôt, ni avec
trop de ſoin, à s'en défaire : car tant
qu'il ſubſiſtera, il rendra ſuſpectes les
vérités les mieux prouvées ; l'eſprit frappé
de cette maladie flottera ſans ceſſe
entre le oui & le non, & ne ſera jamais
fixé par aucune connoiſſance certaine ;
il travaillera beaucoup, ſans jamais rien
ſçavoir de ce qu'il aura appris, il ne fera
tout au plus que s'en douter.

Il coûtera ſans doute & du tems &
des peines pour entrer dans ces diſpoſitions, ſi l'on ne les a pas naturellement,
& pour employer avec fruit les moyens
dont j'ai parlé : mais eſt-il une ſcience
qui n'en exige de la part de ceux qui s'y
appliquent ? & de toutes celles que l'eſprit humain cultive, n'auroit-on pas
raiſon de dire que la Phyſique expérimentale eſt la plus propre à le dédommager de ſes fatigues & de tout ce qu'il

Tome I. f

auroit pû lui facrifier. En fe mettant en état d'étudier la Nature & de la fuivre dans fes opérations, que de reffources agréables & utiles ne peut-on pas fe flatter de trouver, dans des tems & dans des lieux où l'on feroit privé des douceurs de la fociété ! Le Phyficien trouve par-tout l'objet de fes recherches & de fes amufemens ; la campagne & la ville, les élémens, les faifons, ce qui refpire, ce qui végéte, ce qui naît, ce qui périt, &c. tout lui offre de quoi méditer, de quoi s'inftruire, de quoi profiter. Compterons - nous pour rien l'avantage qu'il a fur les autres hommes, de ne point fe livrer comme eux à de frivoles efpérances, à de vaines terreurs, à de fuperftitieufes pratiques, & d'ad-mirer tranquillement des phénomenes ou des êtres que le vulgaire ne voit qu'avec émotion, & toujours en raifon-nant d'une maniere fort étrange? S'il eft bon citoyen, ne fera-ce pas pour lui une grande fatisfaction, de pouvoir tourner au profit de la fociété des décou-vertes dont il aura pris connoiffance, ou les remarques qu'il aura faites lui-même? Tels feront les avantages d'un homme qui fera devenu Phyficien en profitant

ſeulement des inſtructions d'autrui : nous
en promettons de plus grands à celui qui
le deviendra par ſon propre travail ; mais
il aura plus à faire pour les mériter.

L'obſervation & l'expérience ſont les
moyens les plus ſûrs, je dirois preſque
les ſeuls que puiſſe employer un Sçavant
qui s'applique à étendre les progrès de
la Phyſique. Par la premiere on épie,
pour ainſi dire, la Nature à deſſein de
lui ſurprendre ſon ſecret ; par la ſeconde,
on lui fait violence pour la forcer à le
dire : mais, ſoit que l'on faſſe l'un ou
l'autre, il y a maniere de s'y prendre ;
& c'eſt un Art aſſez difficile à exercer,
pour lequel il faut des diſpoſitions naturelles, des qualités & des attentions
particulieres, des ſecours qu'on n'eſt pas
toujours en état de ſe procurer.

Un obſervateur, dans quelque partie
que ce ſoit de la Phyſique, doit avoir
une patience à toute épreuve, une attention à laquelle il n'échappe aucune
circonſtance, une prompte & vive pénétration, une imagination ſage & modérée, beaucoup de réſerve & de cir-
conſpection dans ſes jugemens.

Quel courage ne faut-il pas pour ſurmonter les ennuis, les difficultés, les

dégoûts de tant d'entreprises qui trompent nos espérances par un mauvais succès, ou qui les flattent long-tems sans jamais répondre à nos désirs ! Le Physicien Botaniste obtient avec peine & après une longue attente, des Plantes exotiques qu'il est curieux de voir & d'examiner dans tous leurs états ; elles ont résisté aux fatigues du transport ; à force de soins & d'attentions, on a empêché que la différence du climat ne leur fût nuisible ; elles alloient fleurir enfin, lorsqu'un insecte en vient ronger les racines, & les fait périr sans ressource. Un Astronome zélé se fait un plaisir singulier de voir une éclipse qu'il attend depuis dix ans : le jour tant désiré approche, il fait deux ou trois cens lieues pour aller observer ce phénomene dans l'endroit où il doit être visible, il prépare ses instrumens ; mais quelle fatalité ! au moment même où les deux astres vont se joindre, le ciel se couvre, & les nuages qui l'ont obscurci ne se dissipent que quand il n'y a plus rien à voir (*a*).

(*a*) Tel fut le sort de M. Delisle, lorsqu'il alla de Pétersbourg à Berezou, ville de la Sybérie, près l'embouchure de l'Oby, pour voir le passage de Mercure sur le Soleil, le 2 Mai 1740.

A combien de pareilles difgraces les Anatomiftes & les Chymiftes ne font-ils point expofés, les uns, par l'extrême délicateffe des préparations, ou par les progrès trop rapides de la putréfaction ; les autres, par l'infidélité des drogues, par la fragilité des vaiffeaux, & par la plus légere inattention ! Si de tels accidens peuvent dégoûter, nous en avertiffons dès-à-préfent ceux qui ne fe fentiroient pas le courage de les fupporter, ils y feront fouvent expofés : encore n'eft-ce point-là ce qu'ils auront de plus dur à fouffrir ; la jaloufie de leurs rivaux exercera bien autrement leur patience.

Si quelqu'un eft affez heureux pour faire une découverte, l'honneur qui s'y trouve attaché eft une récompenfe qui lui eft légitimement dûe, & rarement doit-il en efpérer d'autres : mais qu'il ne s'attende pas à l'obtenir de fon vivant ; ou s'il l'obtient, en jouira-t-il en paix ? Ceux qui auront fait la même recherche que lui, & qui ne feront pas arrivés au même but, s'efforceront de

---

M. le Monnier eut autant de courage, mais plus de bonheur, en allant obferver en Ecoffe l'éclipfe annulaire du Soleil, qui arriva le 25 Juillet 1748.

dire & de faire croire, qu'il n'a pas rencontré juste ; & parmi ceux-là même
qui ne cherchent rien, & qui ne font pas
en état de juger de la question, il s'en
trouvera qui prendront parti contre lui,
& qui lui difputeront le fuccès de fon travail. Que fera l'homme fage ? il fe fou-
viendra qu'un Phyficien doit être Philofophe : fans méprifer fes Critiques, fans
fe chagriner de leurs déclamations, il
examinera de fang froid tout ce qu'on lui
oppofe ; il y répondra fans aigreur ; &
s'il a lieu de croire que la raifon foit de
fon côté, il attendra tranquillement que
la vérité qu'il a trouvée, diffipe par fon
éclat les mauvaifes difficultés par lefquelles on a tâché de l'obfcurcir : comme
c'eft pour elle plutôt que pour lui-même
qu'il a travaillé, il ne s'affligera que médiocrement, s'il prévoit qu'il ne fera jamais témoin de ce triomphe.

Sans une attention fcrupuleufe, l'Obfervateur le plus affidu, le plus dévoué
à la Phyfique, ne voit qu'imparfaite-
ment fon objet ; tout ce qu'il en pourra
dire n'inftruira pas fuffifamment, in-
duira même en erreur ceux qui en juge-
ront d'après lui : le tems, le lieu, l'é-
tat actuel de l'Atmofphere, la quantité,

la durée, la forme, la couleur, l'odeur
& les autres qualités fensibles, font autant de circonftances aufquelles il faut
avoir égard, & dont on doit tenir
compte, à moins que l'on n'en voye
évidemment l'inutilité. Combien de
connoiffances nous ont échappé! combien d'autres ont été retardées, parce
qu'on s'eft contenté de voir les chofes en
gros, & qu'on a négligé d'en examiner
les particularités, ou d'en faire mention!
Aurions-nous été fi long-tems, par
exemple, fans fçavoir que ces lumieres
aëriennes appelleés *Caftor* & *Pollux* par
les Anciens, *Feux Saint Elme* par les
Modernes, étoient des phénomenes d'E-
lectricité, fi la plûpart de ceux qui en
ont parlé, nous les euffent repréfentées
comme *des aigrettes lumineufes*, qui paroiffent en tems d'orage à l'extremité
d'une vergue ou d'un mât de vaiffeau,
& qui y font entendre un bruit femblable à
celui de la poudre qu'on allume après
qu'elle a été mouillée? Un entre mille (*a*)
fait cette remarque, & lui feul nous met
en état de juger fainement de la nature
de ces feux. Voilà comme de nouvelles

(*a*) Mém. du C. de Forbin, ann. 1696.
Edition d'Amfterdam, 1740.

attentions produifent de nouvelles connoiffances : celui qui obferve ne doit
quitter fon objet, que quand il en a
confidéré toutes les faces, tout ce qu'il
renferme, tout ce qui l'environne.

Avec une grande attention, il faut
encore dans l'efprit une certaine activité
qui le faffe aller, pour ainfi dire, au-devant de la Nature, lorfqu'elle ne fait
que la moitié du chemin vers lui; l'Obfervateur le plus attentif, qui ne fçait
point la pénétrer en entrant dans fes
vûes, fera dans bien des occafions comme un œil mort, qui eft ouvert fur quantité d'objets, fans en voir aucun. Jugeons-en par un exemple. Le Fontai-
nier qui apprit à Galilée que les Pompes afpirantes n'élevoient jamais l'eau au-
deffus d'un certain terme, avoit vû ce
phénomene toute fa vie, fans en être
touché, fans en tirer d'autre conféquence, que celle d'affujettir fon art à un fait
que l'ufage lui avoit montré. Il n'en fut
pas de même du Philofophe; l'action
limitée par la Nature même, lui fit foup-
çonner une caufe méchanique à laquelle
perfonne n'avoit encore penfé; & To-
ricelli fon Difciple eut l'honneur de la
mettre en évidence. Ce fut par cet heureux

reux événement que *l'horreur du vuide* disparut pour toujours de la Physique, & qu'un grand nombre d'effets qu'on faisoit venir de ce principe chimérique, ont été attribués depuis avec raison à la pression de l'Atmosphere.

C'est au hasard, dit-on, que nous devons une grande partie de nos découvertes ; j'avoue que cela est vrai jusqu'à un certain point : mais quoique le hasard se montre indifféremment à tout le monde, ce qu'il y a de bien sûr, c'est qu'il ne produit rien, si l'on n'a pas l'attention de le saisir à propos, & l'adresse d'en profiter : la vertu qui dirige les pôles de l'aiman, celle qu'il a de communiquer ses propriétés au fer & à l'acier, s'étoient peut-être montrées mille fois avant qu'on les eût remarquées ; & quand elles l'eussent été plutôt, quel profit en eussions-nous tiré, si les Physiciens qui firent ces observations, se reposant sur leurs premieres découvertes, n'eussent pensé qu'il en pouvoit naître un instrument propre à diriger la Navigation ? Ces petits animaux que nous nommons des Insectes, & que le vulgaire méprise, parce qu'il ignore ce qu'ils ont d'admirable, ne se cachent pas

Tome I.   g

plus d'un ignorant que d'un sçavant; mais celui-ci les suit d'un œil curieux, par-tout où l'autre les écrase avec une froide indifférence: l'illustre Auteur qui nous a déja donné six volumes de leur histoire, sans avoir épuisé ce que l'on peut sçavoir de leurs structures, de leurs mœurs, de leurs industries, &c. prouve, on ne peut pas mieux, par son exemple, ce que peuvent valoir les heureuses rencontres aux Observateurs attentifs & pénétrans; quiconque a parcouru son excellent Ouvrage, a dû remarquer dans bien des endroits, que quand le hasard lui a parlé, il n'a été instructif que parce qu'il parloit à qui sçavoit l'entendre.

Cette vive pénétration que je regarde comme une qualité désirable dans un Observateur, touche de fort près à un défaut dans lequel on doit bien prendre garde de tomber : en allant au-devant de ce que l'on ne voit point encore, il est dangereux de se livrer à son imagination, & de se laisser emporter au-delà des bornes d'un sage soupçon, d'un soupçon fondé sur une grande vraisemblance. De grands hommes ont donné dans cet écueil; & ce n'est pas sans regret que nous voyons dans leurs Ouvra-

ges des opinions fort douteufes, ou vifiblement fauffes, mêlées avec les vérités
les plus folides & les plus intéreffantes.
Un Sçavant qui eft parvenu à fe faire une
réputation brillante, peut rifquer bien
des chofes, parce qu'on n'ofe le contredire de fon vivant. Il abufe quelquefois de cette efpece d'impunité; mais
qu'il fe fouvienne qu'elle n'aura qu'un
tems, & que la poftérité moins indul-
gente que fes contemporains, fe vengera
fur fa mémoire des licences qu'il aura pri-
fes : cet avis regarde principalement les
Phyficiens confommés; mais il eft bon de
le faire goûter à ceux qui commencent.

S'il eft avantageux de pénfer promptement, d'avoir une vive imagination,
parce qu'ordinairement elle accelere &
multiplie les connoiffances; il n'eft pas
moins néceffaire d'être circonfpect dans
fes décifions; de ne fe fixer à rien, que
l'ont n'ait examiné auparavant le pour &
le contre, & que l'on n'ait pris tout le
tems qu'il faut pour péfer les raifons fur
lefquelles on veut fonder fes jugemens;
imitant en cela la prudence d'un homme, à qui une excellente vûe fait appercevoir dans un grand éloignement, des
objets qu'il ne diftingue pas bien encore;

& qui, pour en parler avec sûreté, attend qu'il les ait vûs plus long-tems & de plus près ; la grande portée de sa vûe fait qu'il découvre ce qui est absolument invisible pour d'autres yeux ; mais cette qualité, bien-loin d'être un avantage pour lui, ne seroit qu'une occasion d'erreur, s'il jugeoit avec précipitation de tout ce qu'il commence à appercevoir.

Les jugemens précipités ne tireroient point tant à conséquence, si ceux qui les portent avoient le courage de les réformer quand ils s'apperçoivent qu'ils se sont trompés, ou de convenir au moins de leurs méprises, quand on les leur fait remarquer. Mais l'amour propre rend opiniâtre ; souvent pour soutenir ses erreurs, on employe un tems & un travail dont on pourroit faire un meilleur usage : les mauvaises raisons qu'on s'efforce de faire valoir, séduisent toujours quelqu'un. L'honneur des sciences & la vérité ne peuvent que souffrir de cette malheureuse obstination.

Toutes les qualités dont j'ai parlé, & qui font, selon mon avis, le bon Observateur, me paroissent également nécessaires au Physicien qui s'applique aux Experiences : car il n'entreprend rien qu'il n'ait des vûes ; toutes ſes tentatives demandent à être conduites avec intelligence : les inſtructions qu'il cherche dépendent des réſultats de ſes opérations, & des conſéquences qu'il en ſçaura tirer : dans quel Art faut-il plus de patience, plus d'attention, plus de diſcernement, plus d'imagination, plus de prudence ?

Je dis qu'on a des vûes, & qu'on doit en avoir quand on entreprend de nouvelles Experiences ; mais ces vûes ne doivent nous permettre que de ſimples ſoupçons, ou tout au plus des ſuppoſitions, pour leſquelles il ne faut prendre aucun attachement, aucune prédilection, afin qu'on ſoit toujours prêt à les abandonner, ſi les faits ne concourent point à les vérifier, ou du moins à les rendre très-plauſibles. Cependant aujourd'hui que la Phyſique Syſtématique eſt tombée dans un grand diſcrédit, parce qu'on a reconnu qu'il y avoit beaucoup d'abus, je crois qu'on blâme auſſi d'une maniere trop générale & trop ſévere ce qui s'appelle hypotheſe : j'oſe dire qu'on peut & que l'on doit s'en permettre, ſi l'on ſe contente de concevoir des poſſibilités, pour les ſoumettre à l'expérience, & apprendre par cette voie

ce qu'elles peuvent avoir de réel. Si l'on
me contefte cette regle de conduite, je
puis l'autorifer fur l'exemple des plus
grands Maîtres : je demande avec l'illuf-
tre Auteur du *Traité fur la Glace*, (a)
fi Newton n'avoit point une hypothefe
dans la tête, lorfqu'il mettoit les rayons
folaires à toutes fortes d'épreuves ; & s'il
n'avoit pas conçu que les couleurs pouvoient être des propriétés de la lumiere,
lorfque, le prifme à la main, il cherchoit
à s'en affûrer ?

Je porte plus loin encore mon indul-
gence pour les conjectures : comme on
ne peut pas toujours fuivre par des épreuves, ce que l'on a imaginé qui pourroit
être, parce que l'on manque de tems,
d'occafions, ou de commodités, je ne
voudrois pas qu'on enfevelît dans le
filence & dans l'oubli, des penfées ingé-
nieufes qu'on auroit rencontrées : en ne
les donnant que pour ce qu'elles font, en
les laiffant dans la claffe des vraifem-
blances, on ne fait aucun tort aux vérités
bien conftatées, & l'on infpire fouvent à
d'autres qui en ont & le loifir & le pou-

(a) Voyez dans un excellent Difcours, qui
fert de Préface à cet Ouvrage réimprimé en
1749. ce que l'on doit penfer des Syftêmes.

voir, la volonté de les examiner & d'en faire connoître la jufte valeur. Si M. Franklin fe fût contenté de penfer qu'on pourroit peut-être tirer du Feu Electrique d'un nuage orageux par le moyen d'une verge de fer dreffée en l'air, & qu'il n'en eût rien dit, comme il n'en a rien fait, felon toute apparence, nous en ferions encore réduits au fimple foupçon que nous avions formé avant lui fur l'identité de la Matiere électrique avec celle du Tonnerre, au lieu que nous en fommes fûrs maintenant ; parce qu'en entrant dans la penfée de cet ingénieux Phyficien, on a pris la peine d'exécuter ce qu'il n'avoit fait que propofer.

Mais après ces ménagemens pour les hypothefes raifonnables, je paffe condamnation pour toutes celles qu'une imagination trop hardie prend plaifir à fabriquer & à multiplier de fa pleine autorité, pour en former un corps de doctrine, avant que de fçavoir comment elles quadreront avec les faits que pourront fournir l'Obfervation & l'Experience. Pour l'ordinaire ceux qui nous offrent de pareils fyftêmes, s'expriment d'une maniere impérieufe, qui nous laiffe à peine la liberté de douter, comme fi la force des mots pouvoit procurer aux penfées la jufteffe & la folidité qu'elles n'ont pas : le ton & les expreffions peuvent en impofer au vulgaire ; mais aux yeux des connoiffeurs on n'en eft que plus ridicule. Que ces exemples, quand il s'en trouvera, nous fervent de leçons ; qu'ils nous apprennent à ne rien imaginer, ni gratuitement, ni trop légerement, & s'il nous arrive de mêler des probabilités avec des certitudes, ne parlons pas des unes & des autres avec une égale confiance.

Les mêmes intentions qu'on avoit en commençant les Expériences, doivent fubfifter pendant tout le tems qu'elles durent ; autrement il eft impoffible de bien conduire fon travail. Ayez donc conftamment votre objet en vûe ; écartez de vos manipulations tout ce qui peut les rendre inutilement plus difficiles, plus embarraffantes, plus difpendieufes, ou vous donner des réfultats équivoques. Sur-tout ne vous rebutez pas de la longueur, de la délicateffe des opérations, de l'affiduité qu'elles exigent, des accidens & des doutes qui vous obligeront à les recommencer.

Il arrive fouvent qu'une Expérience

entrepriſe dans certaines vûes, donne occaſion à des remarques d'un autre genre; ſi nous nous arrêtions à tout ce qui ſe rencontre ainſi, jamais nous n'arriverions à aucune des connoiſſances que nous nous propoſons d'acquérir, parce que dans ces recherches incidentes, comme dans les premieres, il ſe trouveroit encore des cauſes de diverſion; nous changerions perpétuellement d'objets, ſans jamais en ſuivre aucun. Il eſt bon de remarquer en paſſant ce qui mérite attention, pour y revenir une autre fois; mais on doit de préference aller à ſon premier but.

Toutes les fois qu'une Expérience peut s'exécuter ſimplement: & à peu de frais, c'eſt de cette maniere qu'il la faut faire. Un appareil pompeux peut être admis pour repréſenter avec éclat des effets déja connus; j'approuve beaucoup l'élégance des inſtrumens, dont on meuble aujourd'hui nos Ecoles & les Cabinets des amateurs: quoique les faits qu'on y démontre ne doivent rien de leur certitude, ni de leur utilité, à la décoration qu'on y met; cependant lorſqu'on les preſente avec plus de grace, on peut eſperer qu'ils intéreſſeront davantage. Mais je parle ici des Expériences que l'on tente dans son particulier, & dont on ignore encore quel sera le succès ; plus on y fera entrer de préparations & de moyens, plus on aura à craindre de prendre le change sur la vraie cause des effets. En multipliant les circonstances, on s'engage à partager entre un grand nombre d'objets son attention, qui en devient d'autant plus foible pour chacun d'eux. Si l'on employe une grande quantité de matieres, lorsqu'une moindre suffit ; si l'on fait les frais de vaisseaux précieux, de machines bien fines, avant que d'avoir fait des essais qui en garentissent l'utilité, on se jette dans des dépenses superflues, & souvent on se met par-là hors d'état d'en faire d'autres qui seroient nécessaires, ou bien on en perd tout-à-fait le goût.

S'il faut beaucoup de patience pour observer, en faut-il moins pour faire des Expériences, lorsqu'elles demandent à être exécutées avec lenteur, & que leur réussite dépend d'une certaine dose, d'une mesure bien exacte, d'un dégré de feu toujours égal, ou de quelqu'autre précision incommode ou difficile à saisir ? La préparation du Phosphore d'urine se trouvoit décrite depuis long-tems dans presque tous les Livres de Physique ; malgré cela, cette opération, il y a vingt ans, étoit encore un secret réservé à deux ou trois Artistes, quoique nos plus habiles Maîtres eussent entrepris bien des fois de les imiter : c'est que ce travail est très-long, & qu'il exige les attentions les plus fines de l'Art, & celles qu'on nomme des *tours de main* parce qu'elles viennent moins de la réflexion que du hasard, de la dextérité, ou de l'habitude (*a*). Depuis Borrichius l'inflammation des huiles essentielles par l'esprit de nitre passoit pour une Expérience aussi difficile que curieuse ; il paroît même que ceux qui réussissoient à la faire, ne se renfermoient pas rigoureusement dans les termes du Problême, puisqu'ils mêloient l'acide vitriolique avec l'acide nitreux : à force de réflexions & d'essais, un de nos meilleurs Chymistes (*b*) nous a appris depuis quatre ans, que pour opérer à

(*a*) Voyez un Mémoire de M. Hellot, dans le Vol. de l'Académie Royale des Sciences, pour l'année 1737.

(*b*) Consultez un Mémoire de M. Rouelle, dans le Vol. de l'Académie Royale des Sciences, pour l'année 1747.

coup fûr, il fuffit de verfer l'efprit de nitre à plufieurs reprifes. Il faut avouer que le fuccès de cette Expérience tient à bien peu de chofe, & que ceux qui l'ont manquée, pour avoir verfé tout d'une fois, ont effuyé une difgrace un peu forte pour une faute fi légere. Le dégoût eft encore plus grand & moins mérité, lorf-qu'ayant furmonté toutes les difficultés qui fe rencontrent dans le cours d'une opération, le Phyficien la voit manquer par un accident imprévû qui la rend nul-le, & qui oblige à la recommencer.

Mais je fuppofe qu'avec beaucoup de patience, d'attention & d'adreffe nous ayons le bonheur d'arriver au but que nous nous étions propofé, nous en tien-drons-nous à une feule épreuve? Quel-que certain que nous paroiffe un premier réfultat, il ne doit pas nous fuffire pour former une décifion de quelque impor-tance : lorfqu'on veut être bien inftruit d'une affaire, fe contente-t-on d'enten-dre un feul témoin, s'il y en a plufieurs qui puiffent dépofer du même fait? Nous répéterons donc plufieurs fois la même Expérience, pour voir fi l'effet qu'elle a montré d'abord fe foutient conftam-ment; & nous varierons nos procédés,

pour fçavoir fi ce que nous croyons avoir
appris, réfulte unanimement des uns &
des autres, imitant en cela l'inftinct de
la Nature, qui fait agir plufieurs de nos
fens enfemble, pour nous faire mieux
juger des objets qu'il nous importe de
connoître.

La vie & les facultés d'un homme ne
fuffiroient pas pour répéter généralement
toutes les Expériences qui viennent à fa
connoiffance : on eft fouvent obligé de
s'en repofer fur la foi d'autrui : mais,
pour ne point donner fa confiance au hafard & trop légérement, il faut la régler
fuivant le mérite des Auteurs, & le foin
qu'ils ont pris de nous motiver ce qu'ils
nous propofent à croire. Il n'eft pas pru-
dent de fe rendre au premier mot de ceux
qui ne fe font point encore fait connoître ;
& quant aux Maîtres de l'Art qui pourroient en impofer par leur réputation, ce
feroit en quelque façon en abufer, s'ils
fe difpenfoient de dire comment ils font
arrivés à tel ou tel réfultat. Tout Phyficien qui veut faire part de fes découvertes, doit donc expofer en détail de quelle maniere il a conduit fes Expériences,
dans quelles circonftances il les a faites,
& tous les effets qu'il a apperçus, avec

leur nombre, leur grandeur, leurs différences, &c. & n'en supprimer que ce qui
est visiblement inutile & capable de produire une fastidieuse prolixité.

Si ce n'est qu'à ce prix qu'on peut se
faire croire en Physique, on doit sentir
combien il est important de ne souffrir
dans son travail aucune négligence, aucune manipulation vicieuse, qui puisse le
rendre suspect. Ne nous mettons jamais
dans le cas de dire, que nous n'avons
pas vû par nous-mêmes les effets que
nous annonçons : si nous nous faisons aider, soyons témoins de tout ; qu'une ré-
vision bien exacte nous mette en droit de
parler avec certitude de ce que l'on aura
découvert en suivant nos vûes & sous
notre direction ; ne nous fions pas à notre mémoire, encore moins à celle des autres : dans une suite d'opérations, il y a
tant à observer, tant à retenir, que le
parti le plus sûr & le plus commode, est
d'en tenir compte par écrit.

Après avoir exposé les principaux devoirs d'un Observateur & ceux d'un
Physicien qui étudie la Nature par la
voie des Expériences, je ne dois pas laisser ignorer qu'il faut à l'un & à l'autre,
avec beaucoup de loisir & de santé, une

main adroite, un coup d'œil ſûr, une grande connoiſſance des machines, & des reſſources pour s'en procurer. La dépenſe qu'exige l'acquiſition des Inſtrumens néceſſaires, & la difficulté de les faire conſtruire dans les lieux où l'on manque d'Ouvriers capables, eſt ſans doute un des plus grands obſtacles que l'on ait à ſurmonter dans la Phyſique expérimentale; mais leur choix, leur uſage, leur entretien cauſent un tourment perpétuel à quiconque ne les connoît pas auſſi-bien, je devrois dire, mieux que l'Artiſte qui les a faits. Tous ces organes ont été imaginés par des Phyſiciens qui ont vécu en différens tems, & qui ont eu différentes vûes; chacun d'eux y a fait les changemens qu'il a jugé les plus convenables, ſuivant ſes lumieres. Il faut donc ſçavoir peſer les raiſons qui ont déterminé ces Auteurs, pour ſe fixer à telle ou telle conſtruction; il faut juger qui eſt celui d'entre eux qui a le mieux penſé.

Ce n'eſt point aſſez qu'une machine ſoit exacte quand on la reçoit; il faut qu'elle ſoit conſtruite de maniere à conſerver ſa juſteſſe dans l'uſage qu'on en fait. La meilleure balance devient fauſſe,

fi le fléau trop foible ou trop chargé ;
vient à plier fous les poids qu'on lui fait
porter, parce qu'il eft comme impoffible que quand il fe courbe, les deux
points de fufpenfion, en fe rapprochant
du centre de leur mouvement, confervent avec lui une parfaite égalité de diftance ; un excellent Thermométre devient inutile ou trompeur dans un froid
exceffif, qui fait fortir l'air contenu dans
les pores de la liqueur ; cet accident en
dérange tout-à-fait la marche. Le Phyficien intelligent ne fe contentera donc
pas du bon choix qu'il aura fait de ces
inftrumens ; il aura foin de ne péfer avec
le premier, que des quantités de matiere
proportionnées à fa force, & de ne porter l'autre que dans des refroidiffemens
incapables de le déranger : ou bien il en
aura plufieurs du même genre, mais
d'efpeces ou de grandeurs différentes,
pour les affortir aux ufages aufquels ils
feront propres. Les deux exemples que
je viens de citer doivent faire comprendre dans combien de cas de pareilles
précautions font néceffaires.

Mais ce que l'on trouvera peut-être
de plus pénible & de plus embarraffant
dans l'Art des Expériences, c'est l'entretien

tretien & la réparation des Machines.
Les unes font extrêmement fragiles, à
cause de la transparence qu'on est bien-
aise qu'elles ayent. Quand elles périssent
il faut attendre long-tems pour en tirer
d'autres de la Verrerie ; heureux celui
qui sçait assujettir son Expérience à ce
qu'il trouve tout fait dans le magasin
d'un Fayancier, & adapter à la Phyfique des vaisseaux préparés pour un
usage plus commun. Les autres font d'u-
ne construction délicate qui demande
beaucoup de ménagement : celles-ci font
tellement compliquées, qu'il est difficile
d'appercevoir par où elles manquent ;
celles-là doivent leur exactitude à des
cuirs gras ou mouillés qui se desséchent ;
enfin la rouille, le vert de gris, l'action
même des matieres qu'on employe, ou
fur lesquelles on travaille, font autant
de dangers contre lesquels il faut sçavoir
être continuellement en garde : de forte
que pour n'être pas rebuté des difficultés
qui se rencontrent dans la Physique expérimentale, il faut être presqu'autant
initié dans les Arts méchaniques que
dans la connoissance des effets naturels.

Comme il est à souhaiter que les
Commençans qui cherchent à s'instruire

Tome I.   b

par la lecture des Ouvrages de Physique, entendent les expressions de Géométrie & d'Algebre, qu'on y employe très-communément aujourd'hui; nous devons regarder aussi comme une chose nécessaire à celui qui veut étendre les progrès de la Physique, de posséder assez ces deux Sciences, pour s'en aider dans ses recherches, & pour évaluer ses découvertes: il y aura sans doute bien des occasions où il sera réduit au regret de n'en pouvoir faire usage; mais dans celles-là mêmes l'Esprit géométrique l'empêchera de s'écarter du vrai, en suivant des routes détournées, & lui fera voir les *à peu près* avec plus de justesse. Partout ailleurs les combinaisons, la mesure & le calcul, lui apprendront d'avance ce qu'il peut attendre de son travail, lui ouvriront de nouvelles vûes, & l'empêcheront de prendre de fausses apparences pour des réalités.

Après avoir recommandé de très-bonne-foi l'application de la Géométrie à la Physique, après avoir reconnu de même que l'étude de la Nature n'a commencé que depuis cette heureuse union à faire de véritables progrès, oserois-je dire qu'il est dangereux pour un

Physicien, de prendre beaucoup de
goût à la Géométrie ? On ne manquera
pas de m'oppofer des exemples vivans,
qui me prouveront fans replique qu'on
peut être en même tems excellent Géo-
metre & très-habile Phyficien; mais ces
bons modéles font-ils toujours imités ?
Pour un petit nombre de ces Génies
fages, à qui la gloire d'exceller dans une
Science exacte, n'a pas fait perdre le
goût d'une étude, où l'on ne trouve
prefque jamais, ni précifion, ni certitude complette, & qui n'ont recours aux
calculs, & aux expreffions Géométri-
ques, que quand l'importance des queftions, la nature & la néceffité des preuves le demandent : combien n'en
voyons-nous pas qui ne peuvent plus
defcendre des hautes fpéculations où ils
fe font élevés, qui dédaignent tout ce qui
eft au-deffous! Combien d'autres qui
n'ont pas tant de chemin à faire pour fe
mettre au niveau du commun, fe plaifent à rendre en caracteres Algébriques,
des vérités qui ne perdroient rien de
leur valeur, quand elles feroient expri-
mées d'une manière intelligible à tout le
monde ! De tels Ecrits bien apprétiés
montrent affez clairement, que le peu

de Phyfique qui s'y trouve a fervi de prétexte à une autre Science, dont on a voulu faire parade.

Qu'il me foit permis, en finiffant ce Difcours, de faire des vœux pour certaines qualités du cœur, d'où dépendent, felon moi, le principal mérite & la plus folide fatisfaction du Phyficien. Je voudrois qu'il aimât la vérité par deffus tout, & que dans fes études, il eût toujours en vûe l'utilité publique : animé par ces deux motifs il ne produira rien qu'il ne l'ait examiné avec la plus grande févérité ; jamais une baffe jaloufie ne lui fera nier ou combattre ce que les autres auront fait de bien : la vanité de paroître inventeur ne l'empêchera pas de fuivre ce qui aura été commencé avant lui ; & ne le portera pas à s'occuper de frivolités brillantes, plutôt que de s'abaiffer à des recherches utiles qui auroient moins d'éclat aux yeux du vulgaire.

Oui, je fais mille fois plus de cas de ces zélés Citoyens qui appliquent leurs lumieres & leurs talens à rendre potable l'eau qui ne l'eft pas, à maintenir dans fon état naturel celle qu'on embarque par provifion, à purifier l'air dans les lieux où il eſt ordinairement mal ſain, à rendre la Bouſſole d'un ſervice plus ſûr, à perfectionner la culture des terres, à conſerver le produit des moiſſons, quoique tous ces objets ayent été entamés ; que de ces Sçavans orgueilleux, qui cherchent à nous éblouir par la grandeur apparente, mais ſouvent imaginaire, ou par la ſingularité des ſujets qu'ils entreprennent de traiter. Eſt-il un homme ſenſé qui puiſſe voir ſans admiration, ſans reconnoiſſance, un Philoſophe illuſtré par les travaux les plus applaudis, & jouiſſant depuis long-tems de la réputation la plus grande & la mieux méritée, appliquer une partie de ſes connoiſſances & de ſes talens aux ſoins d'une ménagerie, quand il croit y voir un nouveau moyen de procurer l'abondance ? Au riſque de paſſer pour un ſimple imitateur dans l'eſprit des gens mal inſtruits, il conſacre généreuſement à ces utiles recherches, des années de méditations & d'eſſais, pendant leſquelles il eût pû ſe flatter de pénétrer les ſecrets de la Nature qui piquent le plus la curioſité des hommes.

C'eſt ſur ces grands exemples que je voudrois voir les nouveaux Phyſiciens se former ; si les forces nous manquent pour atteindre à cette supériorité de lumieres qui distingue ces hommes rares, allons aussi loin que nous le pourrons en marchant sur leurs traces, & surtout ayons la noble émulation de les égaler dans leurs vertus.

Fin du Discours.

EXPLICATIONS

*De quelques termes de Géométrie
employés dans cet Ouvrage.*

AIRE, superficie ou espace enfermé dans une figure quelconque ;
l'aire du cercle, par exemple, est l'étendue qui est terminée par la circonférence.

ANGLE, ouverture de deux lignes qui se rencontrent en un point comme *AC*, *BC*, *fig.* 1. le point de concours se nomme le *sommet* ou la *pointe* de l'angle. On distingue principalement trois sortes d'angles : sçavoir, l'angle *aigu*, l'angle *droit*, & l'angle *obtus* : l'angle aigu est celui dont l'ouverture embrasse moins que le quart d'un cercle qui auroit pour centre le sommet de l'angle, comme *ACB*, *fig.* 1. l'angle droit est celui dont l'ouverture embrasse justement un quart de cercle, comme *ACD*; & l'angle obtus est celui dont l'ouverture est plus grande qu'un quart de cercle, comme *ACE*.

ANGULAIRE, qui a un ou plusieurs angles.

ANGULEUX, ce terme eſt quelquefois employé pour ſignifier qu'un corps
eſt tranchant par pluſieurs endroits.

ARC, partie de la circonférence d'un
cercle. Comme toute cette ligne eſt diviſée en 360 parties égales, les arcs ſe
diſtinguent entre eux par le nombre de
ces parties ou dégrés qu'ils contiennent;
ainſi l'on dit, un arc de 10, de 30, de
50 dégrés. Celui qui en contient juſtement 90, ſe nomme plus ordinairement
quart de cercle; comme lorſqu'il en a
180, on l'appelle communément *demi-
cercle* : tels ſont les arcs, *ABD, ADF,*
fig. 1. On donne auſſi le nom d'arc aux
parties de toutes les autres courbes qui
ne ſont point circulaires : on dit l'arc
d'une parabole, d'une ellipſe, &c.

ATMOSPHERE, vapeurs, ou exha-
laiſons qui ſortent d'un corps, & qui
l'entourent uniformément juſqu'à une
certaine étendue; ce mot s'entend communément de la maſſe d'air qui enveloppe le globe terreſtre, & qui reçoit tout
ce qui s'exhale continuellement de la
terre.

AXE, ligne droite qu'on ſuppoſe
immobile pendant que le corps qu'elle
traverſe fait ſa révolution autour d'elle.
L'axe

L'axe d'une fphère ou d'un globe, eft une ligne droite qui paffe au centre, & qui aboutit à deux points oppofés de la furface, qu'on nomme *pôles*. L'axe d'un cône eft auffi une ligne droite qui commence au fommet, & qui aboutit au centre de la bafe, comme *I K*, *fig.* 2.

BASE, ce qui fert de fondement & d'appui à quelque corps ou à quelque machine; on appelle la bafe d'un cône ou d'une pyramide, le plan le plus bas qui les termine, comme le cercle repréfenté par *L M K*, *fig.* 2.

CENTRE, milieu, ou l'endroit qui eft également diftant de toutes les parties oppofées & correfpondantes d'un même corps. Le centre du cercle eft un point également éloigné de tous ceux qui compofent la circonférence, comme *C*, *fig.* 1. Le centre d'une fphère ou d'un globe, eft le point qui eft également diftant de toute la fuperficie. On donne quelquefois le nom de centre à un point qui n'eft pas également diftant de tous ceux qui terminent la figure; il fuffit qu'il partage en deux parties égales tous fes diamétres: ainfi *P* peut être regardé comme le centre de l'ellipfe repréfentée par la *fig.* 3.

Tome I.   i

CERCLE, figure terminée par une ligne courbe, dont tous les points *A*, *D*, *F*, *G*, &c. font également diftans d'un autre point *C*, qu'on nomme *le centre*, *fig.* 1. On eft convenu de divifer tout cercle, petit ou grand, en 360 parties égales, qu'on nomme *dégrés*; de forte que ces parties font toujours proportionnelles, c'eft-à-dire, plus grandes dans les grands cercles, plus petites dans les plus petits, mais toujours en même nombre dans les uns & dans les autres. Chaque dégré fe fubdivife en 60 *minutes*, chaque minute en 60 *fecondes*, & chaque feconde en 60 *tierces*. Dans la fphère on diftingue deux fortes de cercles, les grands & les petits. Les premiers font ceux dont le diamétre paffe au centre même de la fphère, tels font l'Equateur, l'Horizon, le Zodiaque, &c. On appelle petits cercles, ceux dont le plan ne partage pas la fphère en deux parties égales; ou, ce qui eft la même chofe, dont le centre n'eft pas le même que celui de la fphère: tels font les cercles polaires, & les deux tropiques.

CIRCONFERENCE, ligne courbe qui rentre fur elle-même, qui termine & renferme un certain efpace; telle eft la ligne *QTRS, fig. 3.* ou *ADFG, fig. 1.* On confond affez fouvent le cercle avec fa circonférence ; cependant, à parler exactement, la circonférence eft une ligne qui termine, & le cercle eft l'efpace terminé.

CIRCULAIRE, qui a la forme d'un cercle, ou qui fe fait en tournant autour d'un centre : le mouvement d'une fronde eft circulaire.

CONCAVE, qui eft creux & rond : le dedans d'une calote ou d'un chapeau eft concave.

CONCENTRIQUE, qui a le même centre ; le cercle *n o h, fig.* 4 eft concentrique à *NOH*, parce que le centre *C* eft commun aux deux.

CONE, corps folide formé par la révolution d'une ligne droite fixée par un bout, & qui décrit par l'autre un cercle dont le rayon eft plus petit qu'elle, c'eft la forme qu'on donne communément aux pains de fucre ; *voycz la fig.* 2. le point *I* fe nomme le *fommet* ou la *pointe* du cône ; la ligne *IK*, fon *axe* ; & le cercle *LMK*, fa *bafe*.

CONIQUE, qui a la figure d'un cône, ou qui appartient au cône ; les différentes figures qui naiffent de la coupe d'un cône, se nomment *sections coniques.*

CONVERGENTS, se dit de deux rayons de lumiére qui tendent à se réunir en un point. Si *A C, B C, figure* 1. étoient deux rayons de lumiére qui partissent des points *A* & *B*, leur *convergence* seroit en *C*, & le degré de cette convergence seroit exprimé par la valeur de l'angle *A C B*.

CONVEXE, courbé ou cintré comme la surface extérieure d'un globe.

CORDE, en terme de Géométrie, est une ligne droite dont les extrémités terminent un arc de cercle comme *N O*, *fig.* 4. Cette ligne se nomme aussi *soutendante*. Si l'arc qu'elle mesure étoit la moitié de la circonférence, ou bien si elle passoit au centre du cercle, alors elle se nommeroit *diametre*.

COURBE, se dit d'une ligne dont toutes les parties ne sont pas dans la même direction, telle que l'arc *ABD*, *fig.* 1. On appelle aussi surface courbe, celle dont toutes les parties ne sont pas dans le même plan ; telle est celle d'un globe, d'un cylindre, &c.

CUBE, corps solide régulier, terminé par six faces quarrées & égales : les dez à jouer sont de petits cubes : *voyez la fig.* 5.

CUBIQUE, qui a les dimenſions d'un cube ; un pied cubique exprime une quantité de matiére contenue ſous ſix faces, dont chacune eſt d'un pied en quarré.

CURVILIGNE, qui eſt compoſé de lignes courbes.

CYLINDRE, eſt un ſolide compoſé de pluſieurs plans circulaires, égaux & concentriques : le premier & le dernier de ces cercles prennent le nom de *baſe*, & la ligne *A B* qui paſſe par tous les centres, ſe nomme l'*axe* du cylindre. *Voyez la fig.* 7.

CYLINDRIQUE, qui a la forme ou les dimenſions d'un cylindre ; ce qui doit s'entendre d'une cavité, comme d'un corps ſolide. Un corps de pompe doit être intérieurement bien cylindrique.

DIAGONALE, ligne droite qui va d'un angle à l'autre oppoſé, dans une figure à pluſieurs côtés ; telle eſt *V X*, *fig.* 6.

DIAMETRE, ligne droite qui partage un cercle en deux parties égales, comme *G D*, *fig.* 1. On appelle auſſi de ce nom les lignes qui paſſent par le centre des autres figures ; comme *S T*, *fig.* 3. ou *V X*, *fig.* 6. On meſure les cercles par leurs diamétres, comme auſſi toutes les figures, & tous les corps réguliers qui ſont compoſés de cercles ; ainſi l'on compare les cylindres & les ſphères par leurs diamétres.

DIVERGENTS, ſe dit de deux rayons de lumiére qui partent d'un même point & qui vont en s'écartant l'un de l'autre, comme CA, CB, partant du point C, *fig*. 1. la *divergence* ſe meſure par la valeur de l'angle que font les rayons en s'écartant.

EQUILATERAL, qui a ſes côtés égaux, tel eſt le triangle CDF, *fig*. 8. compoſé de trois lignes égales ; celui des côtés ſur lequel le triangle eſt poſé, ſe nomme ſa *baſe*, & l'angle qui eſt oppoſé, s'appelle le *ſommet*.

EXAGONE, qui a ſix côtés ou ſix faces : on dit un plan exagone, une pyramide exagone.

EXCENTRIQUE, qui n'a pas le même centre ; le cercle ohi, *fig*. 4. eſt excentrique aux deux autres de la même figure, parce que ſon centre D n'eſt pas le même que le leur qui eſt en C ; & la diſtance qui eſt entre C & D, eſt la meſure de cette *excentricité*.

GLOBE, eſt un ſolide régulier,

dont tous les points de la furface font
également diftans d'un centre commun,
fig. 9.

GLOBULE, petit globe : on fe fert
fouvent de ce mot pour fignifier un
petit corps rond dans tous les fens ; le
mercure en fe divifant fe met en globules ; les petites parties d'air paroiffent
dans l'eau en forme de globules.

HEMISPHERE, moitié de fphère ou
de globe : on entend affez fouvent par
ce mot, cette partie de la terre qui eft
bornée par l'horizon rationel ; le Soleil
éclaire tous les jours notre hémifphère.

HORIZONTAL, paralléle à l'horizon :
ce mot défigne la pofition d'un plan ou
d'une ligne.

INCIDENCE, fignifie la chûte ou
la direction d'une ligne fur une autre ligne ou fur un plan : on appelle *angle d'incidence*, celui qui eft formé par cette
rencontre.

LIGNE, eft une fuite de points qui
fe touchent : s'ils font dans la même direction, ils forment une *ligne droite*,
comme *E F*, *fig.* 10. finon ils font une
ligne courbe, comme *E G F*. On conçoit
toutes les lignes courbes comme des affemblages de lignes droites infiniment

petites, inclinées les unes aux autres;
Ef,*fg*,*gh*,*ik*, &c. *fig.* 10. en ce sens il n'y
a point de ligne courbe proprement dite.

OBTUS, se dit d'un angle qui a plus
de 90 degrés. *Voyez* ANGLE.

PARALLELE, se dit d'une surface ou
d'une ligne qui, dans toute son étendue, est également distante d'une autre
ligne ou d'une autre surface. Les lignes
Xx & *Vu*, de la *fig.* 6. sont parallèles
entr'elles.

PARALLELOGRAMME, figure plane
dont les côtés opposés sont parallèles
entr'eux : telle est la *fig.* 6.

PENTAGONE, figure plane, terminée par cinq côtés.

PERPENDICULAIRE, en parlant d'u-
ne ligne ou d'une superficie, signifie
qu'elle se présente à une autre ligne ou
surface, de maniére qu'elle fait avec elle
deux angles droits, ou au moins un; la
ligne *HI*, *fig.* 11. est perpendiculaire à
LM.

PLAN, étendue ou superficie droite
& unie, terminée par une ou par plusieurs lignes droites ou courbes : la *fig.*
1. représente un plan circulaire, la *fig.*
6. représente un plan quarré.

POINT, étendue fort petite, dont

on confond les dimensions.

POLE, l'une des extrémités de l'axe autour duquel se font des révolutions. Les pôles du Monde sont les deux points immobiles autour desquels se fait le mouvement de toute la sphère.

POLYGONE, figure qui a plusieurs côtés; c'est le nom générique dont les espéces sont, le triangle, le quarré, le pentagone, l'exagone, &c.

PRISME, corps solide terminé aux deux bouts par des plans polygones, égaux, semblables & paralléles, & dans sa longueur, par autant de parallélogrammes qu'il y a de côtés aux deux polygones qu'on nomme les *bases*. Quand ces deux bases font des triangles, le prisme se nomme *triangulaire*, tel est celui qui est représenté par la *fig.* 12.

PRISMATIQUE, qui a la figure d'un prisme, ou qui a quelque rapport au prisme : on appelle *verres prismatiques*, ceux dont on se sert pour séparer les rayons de la lumiére : on appelle aussi quelquefois *couleurs prismatiques*, les rayons colorés de lumiére, qu'un prisme de verre fait appercevoir.

PYRAMIDE, corps solide qui a plusieurs faces, & qui s'éléve en diminuant, *fig.* 13. Le cône peut être regardé comme une pyramide ronde.

QUADRILATÈRE, figure terminée par quatre lignes droites. La *figure 6.* eſt un quadrilatère régulier.

QUARRÉ, figure à quatre côtés, qui a les quatre angles droits : ſi les quatre côtés ſont égaux, elle ſe nomme *quarré parfait ;* s'il y en a deux longs & deux courts, qui ſoient oppoſés entr'eux, elle ſe nomme *quarré long ;* la *fig.* 6. eſt de la premiére eſpéce.

RAYON, en parlant d'un cercle, eſt une ligne droite tirée du centre à la circonférence ; telle eſt *CB* ou *CD*, *fig.* 1. le rayon du cercle s'apppelle auſſi *demidiamétre.*

RECTANGLE, ſe dit d'une figure qui a un ou pluſieurs angles droits : le triangle *VXu*, *fig.* 6. eſt rectangle, parce que l'un de ſes angles *u* eſt droit.

RECTILIGNE, qui eſt compoſé de lignes droites ; les deux triangles, ou le quarré de la *fig.* 6. ſont des figures rectilignes.

SECTEUR, eſt un triangle formé par un arc & par deux rayons : tel eſt *ABC*, *fig.* 1. Le ſecteur d'une ſphère eſt un cône droit, dont la baſe aboutit au plan d'un ſegment.

SEGMENT, est une portion d'une figure curviligne, terminée par un arc & par une corde; *OZN*, *fig.* 1. est un segment de cercle. On dit aussi *segment de sphère*, pour exprimer la partie qui est contenue sous une portion de la surface convexe, & sous un plan qui ne passe point par le centre; c'est en quoi le segment différe de l'hémisphère.

SINUS, est une ligne droite qu'on tire de la pointe d'un arc de cercle, perpendiculairement sur le diamétre qui passe par l'autre bout du même arc, & celui-là s'appelle *sinus droit*: comme *HK*, *fig.* 1. mais la partie du diamétre coupé par le sinus droit jusqu'à la circonférence, s'appelle *sinus verse*, ou *fléche*, *KG*; & le rayon entier, ou demi-diamétre, est le *sinus total*, ou le plus grand de tous les sinus.

SPHERE. Voyez GLOBE.

SPHERIQUE, qui a la figure d'une sphère, comme une balle parfaitement ronde de toutes parts.

SPHEROÏDE, corps solide qui approche beaucoup de la figure sphérique, mais qui n'est pas parfaitement rond de toutes parts, n'ayant point tous ses diamétres égaux; telle est la figure qu'on attribue maintenant à la Terre.

TRIANGLE, figure comprise sous trois lignes qui forment trois angles, *CDE*, *fig.* 8. Les triangles reçoivent différens noms, suivant la nature des lignes & des angles qui les composent. Ainsi l'on appelle triangle *rectiligne* celui qui est composé de lignes droites; *curviligne*, celui qui est formé par des lignes courbes; *mixte*, celui dont les côtés sont en partie droits & en partie courbes; *rectangle*, celui qui a un angle droit; *équilatéral*, celui dont les trois côtés sont égaux, &c.

VERTICAL, se dit de ce point du Ciel qui répond directement au-dessus de notre tête, ce que l'on nomme autrement *Zénith*: une ligne qui tombe à plomb de ce point, est nécessairement perpendiculaire à l'horizon; c'est pourquoi l'on se sert quelquefois de ce mot pour exprimer une direction qui tombe à angles droits sur un plan horizontal.

LEÇONS

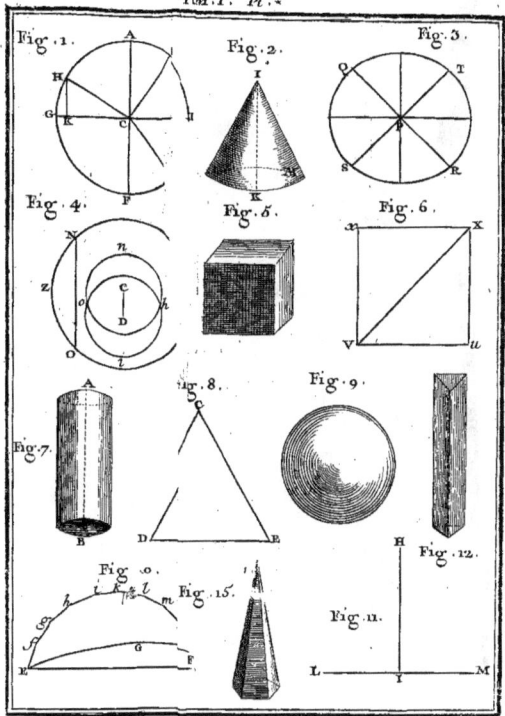

TOM. I. Pl.

Fig. 1.   Fig. 2.   Fig. 3.

Fig. 4.   Fig. 5.   Fig. 6.

Fig. 7.   Fig. 8.   Fig. 9.

Fig. 10.   Fig. 15.   Fig. 11.   Fig. 12.

LEÇONS
DE PHYSIQUE
EXPÉRIMENTALE.

✶✶✶✶✶✶✶✶✶✶✶✶✶✶✶✶✶✶✶✶✶✶✶✶

PREMIERE LEÇON.

PRÉLIMINAIRE.

L A Physique est la science des corps : son objet est de les connoître par leurs propriétés, par les effets qu'ils présentent à nos sens, & par les loix selon lesquelles s'exercent leurs actions réciproques. C'est en quoi principalement elle diffère de l'Histoire Naturelle, qui nous apprend seulement quelles sont les productions de la nature, & les différences sensibles qui les carac-

Tome I.   A

térifent felon leurs genres & leurs efpéces.

Nous appellons *Corps naturels* toutes les fubftances matérielles dont
l'affemblage compofe l'univers. Ce
que nous remarquons en elles d'uniforme & de conftant dont nous n'appercevons pas les caufes, nous le
nommons *propriété* ; & nous partons
de-là comme d'un point fixe, pour
expliquer les différens phénoménes,
fans ofer affûrer que ce que nous donnons pour premiere caufe phyfique,
ne foit l'effet d'un autre principe qui
nous eft inconnu.

Si nous étions certains d'avoir entiérement pénétré la nature des corps;
fi nous fçavions, à n'en point douter,
qu'ils n'ont point d'autres propriétés
que celles qui font déja parvenues à
notre connoiffance, nous pourrions
nous flatter avec raifon d'en avoir
une idée complette, & nous n'aurions plus que des applications à faire
pour rendre raifon des effets naturels, qui font l'objet de notre étude.
Mais il s'en faut bien que nous puiffions le préfumer ; rien ne nous met
en droit de faire une pareille fuppofi-

tion ; l'expérience qui nous a appris
ce que nous fçavons de ces propriétés des corps, bien loin de nous dire
qu'elle n'a plus rien à nous faire
connoître, femble au contraire nous
annoncer une fource intariffable de
nouvelles découvertes , par celles
mêmes que nous faifons tous les
jours.

Quoique la Phyfique ne puiffe pas
fe vanter de fçavoir tout ce que les
corps ont de commun entre eux , ou
tout ce qu'il y a de particulier en
chacun ; elle connoît cependant un
certain nombre d'attributs , qu'elle
regarde comme primitifs jufqu'à ce
qu'elle apperçoive une caufe premiere dont ils foient les effets , & qui
fe trouve généralement & d'une maniére abfolue dans tout ce qui eft matiére. *Telles font*, par exemple, *l'étendue actuelle* , *la figure* en général, *la
mobilité* , &c. qui accompagnent
tous les corps d'une maniere infé-
parable , dans quelque état ou dans
quelque circonftance qu'ils puiffent
être.

Il eft des propriétés d'un ordre inférieur, qui ne conviennent à tous

A ij

les corps qu'autant qu'ils font dans certains états ou dans certaines circonstances : celles-ci pour l'ordinaire ne font que des combinaisons des premieres, & forment une seconde classe. Telle est, par exemple, la *liquidité*, qui dépend probablement de la mobilité respective des parties, de leur figure, de leur grandeur, &c. elle ne convient qu'aux matiéres qui font dans cet état qui les fait nommer *liqueurs* : elle appartient à l'eau qui peut couler, & point à la glace, quoique ce soit le même corps.

Enfin, ces propriétés du premier & du second ordre, se combinent de plus en plus, & conviennent à un nombre de corps d'autant moindre : alors elles ne s'étendent plus à tous comme les premieres ; elles n'embrassent point certains états comme les secondes ; elles se bornent à des genres, à des espéces, aux individus même. Telles font plusieurs propriétés de l'air, du feu, de la lumiere, des métaux, de l'aimant, &c. Nous allons traiter d'abord des propriétés les plus générales ; & nous descendrons ensuite dans le détail de celles qui font particulieres à certains corps.

PREMIERE SECTION.

De l'étendue & de la divisibilité des Corps.

CE qui se préfente le premier à nos idées, ou du moins à nos fens, quand nous examinons les corps qui nous environnent; c'eft leur *étendue*; c'eft-à-dire, une grandeur limitée d'une façon quelconque, à laquelle on conçoit des parties diftinguées les unes des autres.

L'étendue matérielle dont il s'agit ici, a trois dimenfions, *longueur, largeur, & profondeur*, que les Géométres confidérent & mefurent féparément l'une de l'autre, mais qui font inféparables en Phyfique; car le plus petit corps eft folide; il a au moins deux furfaces réellement diftinguées; & comme la profondeur eft compofée de furfaces, & que les furfaces réfultent d'un affemblage de lignes,

A iij

il s'enfuit que le moindre de tous les corps eſt long, large, & profond.

Tous les grands corps, je veux dire ceux dont l'étendue eſt aſſez grande pour être viſible ou palpable, peuvent ſe partager en pluſieurs portions, qui décroiſſent toujours de grandeur, à proportion que la diviſion augmente, juſqu'à ce qu'enfin chacune d'elles échappe à nos ſens. C'eſt ainſi que la lime réduit comme en poudre, un morceau de métal que le ciſeau a ſéparé d'une plus groſſe maſſe.

Quelque petites que nous paroiſſent alors ces portioncules de matiére, on ſe perſuade aiſément qu'elles ſont encore diviſibles: les Arts nous font connoître par mille procédés différens, que ces petits corps ſont euxmêmes des aſſemblages de *molécules* ou petites maſſes ſéparables les unes des autres ; le grain de froment que la meule met en farine, ſe ſubdiviſe encore bien davantage dans l'eau qui l'aide à fermenter.

Ces molécules elles-mêmes qui ne ſont ſenſibles que lorſqu'elles ſont pluſieurs enſembles, & que nos yeux peuvent à peine diſtinguer les unes

des autres avec le meilleur microfcope, fe décompofent encore en bien
des occafions, & nous font connoître
d'une maniere évidente, qu'elles ont
des *parties* qui peuvent être féparées
les unes des autres, & qui bien fouvent ne fe reffemblent pas. Un morceau de bois mis au feu, ceffe bien-
tôt d'être du bois : non-feulement les
molécules qui compofent fa maffe, fe
défuniffent ; mais les parties même
que la nature avoit liées enfemble
pour former ces molécules, cédent
auffi à l'action du feu, & paroiffent
féparément fous la forme de fumée,
de flamme, de cendres, &c.

Enfin, ces dernieres parties, fouvent différentes entre elles, mais
dont l'union formoit de petites maffes femblables dans un même tout ;
ces parties, dis-je, ne font point encore des êtres que nous puiffions regarder comme abfolument infécables. Quoiqu'on leur donne quelquefois le nom de *principes*, c'eft plutôt
une dénomination d'ufage, qu'un titre fur lequel on puiffe s'appuyer
pour leur attribuer l'indivifibilité
phyfique. On a raifon de croire que

dans l'état où elles se présentent ordinairement, elles n'ont point acquis
le dernier dégré possible de petitesse;
elles ont leurs *Elémens*, & ces Elémens
sont encore de nature différente dans
plusieurs: tel est, par exemple, le soufre qu'on regardoit autrefois comme
une de ces substances inaltérables,
employées par la nature dans la composition des corps, & qu'une Physique
plus éclairée trouve encore le moyen
de décomposer, & même d'imiter.

*Mem. de
l'Ac. 1704.
p. 278.*

Mais quand nous avons épuisé tous
nos efforts pour diviser une matiére,
que les procédés nous manquent, &
que l'expérience refuse de nous éclairer ; que devons-nous penser de la divisibilité des corps ? & quelle doit
être la régle de nos conjectures ? devons-nous croire que tout est fait ;
que nous avons poussé la nature jusques dans ses derniers retranche-
mens, & que nous sommes arrivés à
ces petits corps simples, avec lesquels
on peut croire qu'elle a commencé
l'ouvrage que nous avions entrepris
de décomposer ?

Il y auroit de la présomption à le
penser ; & les difficultés même que

nous avons trouvées dans nos tentatives, doivent au moins nous faire
soupçonner le contraire. Quand nous
entreprenons de diviser un corps,
l'exécution en devient de plus en plus
difficile, à mesure que les parties divisées décroissent de grandeur : c'est
que nous ne pouvons les séparer,
qu'en faisant agir entre elles une matiere étrangere qui les désunisse, ou
en les saisissant extérieurement pour
les forcer à se séparer : plus elles deviennent minces, moins elles donnent
de prise aux moyens qu'on employe ;
& leur désunion est d'autant plus difficile, qu'elles se ressemblent davantage, ou qu'elles approchent plus de
la premiere simplicité, soit qu'elles se
touchent alors par des surfaces plus
analogues, soit qu'il se trouve peu de
corps plus durs & plus petits qu'elles
pour les entamer. Il est donc tout naturel de croire que quand une matiére ne se divise plus, c'est bien moins
parce qu'elle n'a plus de parties à diviser, que parce qu'il n'y a plus rien
d'assez subtil pour interrompre sa
continuité.

    La matiere est-elle donc divisible
à l'infini ?

Ce que nous avons dit jusqu'ici, n'engage point à le conclure ; & cette question qui fait tant de bruit dans les Ecoles, paroît se réduire à peu de chose, quand on veut s'entendre. Car s'il s'agit d'une divisibilité purement idéale, il est évident qu'on peut répondre par l'affirmative ; puisqu'alors tout se réduit à sçavoir si l'on conçoit toujours comme divisible un corps, quelque divisé qu'il puisse être : or il est certain qu'on le conçoit ainsi ; on imagine encore deux moitiés dans la plus petite particule : les surfaces qui la renferment, quoiqu'infiniment rapprochées, ne se confondent jamais ; & l'on pourra toujours dire la même chose à chaque nouvelle division qu'on voudra feindre. Cette divisibilité imaginaire n'a donc point de bornes ; de sorte que si l'art & la nature s'entendoient pour exécuter tout ce que nous pouvons penser, on pourroit trouver dans l'aîle de la plus petite mouche un nombre de parties qui égaleroit enfin celui des grains de sable qui se rencontrent sur les bords de tout l'Océan : proportion qui ne peut paroître paradoxe qu'à ceux qui confondroient la comparaison de nombres (qui est la seule dont il s'agit ici) avec celle des grandeurs matérielles.

Mais la nature est-elle aussi féconde que notre imagination ? Ce que nous concevons comme possible , a-t-il lieu dans le réel ? Ces petites portions d'étendue qui se touchent sans se confondre , pour être réellement distinguées l'une de l'autre , sont-elles pour cela actuellement divisibles ? Ont-elles jamais existé,ou est-il même de leur nature de pouvoir exister séparément l'une de l'autre ! C'est sur quoi l'expérience n'a rien prononcé de certain ; & comme en matiere de Physique les preuves tirées des faits sont les seules qui éclairent, on peut dire que cette question est indécise.

Cependant plusieurs Philosophes en supposant des bornes à cette divisibilité physique, ont pris le parti de dire que les Elémens des Corps étoient absolument *infécables* , & que la nature même en les formant, s'étoit imposé comme une loi de ne les jamais diviser. Ils citent pour preuve une expérience de six mille ans ; c'est pour cela, difent-ils, que l'état naturel des chofes a toujours fubfifté le même depuis fa premiere origine ; un chêne eft toujours un chêne ; un cheval eft aujourd'hui ce qu'il étoit au commencement ; fi les germes, ou ce qui conftitue chaque nature en particulier, étoit quelque chofe de divifible, la nature en général n'auroit-elle pas changé de face, par les différentes mutations qu'auroient foufferte les efpéces particuliéres ?

Quoique j'aie plus de penchant pour admettte les *Atomes* ou Corpufcules infécables, que pour fuppofer la matiére phyfiquement divifible à l'infini ; je ne puis diffimuler cependant que l'argument que je viens de citer, tout fpécieux qu'il eft, n'a point affez de force pour décider la queftion, & qu'on y peut répondre validement. Car, quand bien même ces petits Etres, production immédiate de la création, ne feroient point infécables, comme on le fuppofe, l'Auteur de la nature n'auroit-il pas pourvû fuffifamment à la durée de fes œuvres, en ne laiffant dans le monde que des moyens impuiffans pour en dé-

ranger l'œconomie ? Que l'on prouve donc que l'indivisibilité absolue
des parties primordiales est la seule
voie qu'ait dû prendre la sagesse du
Créateur, pour rendre chaque espéce
inaltérable. Mais si cette admirable
uniformité avec laquelle nous voyons
que la nature se reproduit tous les
jours, n'est point une preuve invincible de l'existence des Atomes ; elle
doit au moins faire penser que nous
ne devons pas nous promettre si légérement de changer, selon notre gré,
une matiére en une autre ; tous les
moyens que l'art pourroit nous fournir pour de semblables opérations, ne
seroient que de foibles imitations de
la nature, des digestions, des fer-
mentations, des calcinations, &c. &
si la nature elle-même depuis son origine s'est conservée constamment, &
sans aucun changement, malgré tous
les mouvemens qui se font opérés &
qui s'opérent tous les jours dans son
propre sein ; devons-nous nous fla-
ter de faire des miracles dans nos La-
boratoires ? La Chymie plus sçavante
aujourd'hui qu'elle n'a jamais été,
abandonne par cette raison même,

I.
Leçon.

de plus en plus ces sortes de préten-tions chimériques, pour s'attacher à des opérations d'une utilité plus réel-le. Elle décompose, le plus qu'elle peut, les productions naturelles, pour en connoître les propriétés ; elle en fait des Extraits qu'elle tourne à nos usages ; & si elle cherche à imiter la nature, ce n'est plus en essayant de composer des matiéres qu'elle ne se flatte pas même de bien connoître.

De ce que nous venons de dire touchant la divisibilité des Corps, il résulte, 1°. qu'il n'y a point de bor-nes à cette division mentale, qui n'exi-ge dans la matiére qu'une distinc-tion réelle de parties ; 2°. que la divisi-bilité physiquement possible ou non possible à l'infini, n'est qu'une affaire de systême, où l'on trouve des pro-babilités pour & contre ; 3°. qu'on ne peut nier au moins une multiplicité de parties actuellement séparables, & si petites, que leur nombre & leur té-nuité surpassent de beaucoup les idées communes.

La derniére de ces trois proposi-tions est la seule qui soit susceptible de ce genre de preuves auquel nous

nous bornons dans cet ouvrage J'en
appelle donc à l'expérience, & j'en-
treprens de faire connoître par des
faits dignes de curiofité, ce que l'on
doit penfer de la prodigïeufe divifibilité des Corps.

PREMIERE EXPERIENCE.

PREPARATION.

QUE l'on établiffe fur trois petits
cloux, ou d'une maniere équivalente, une piéce mince de monnoie,
de cuivre, ou d'argent : & qu'on allume deffous & deffus de la fleur de
Soufre, ainfi qu'il eft repréfenté par
la *Figure* I.

EFFETS.

PAR cette opération dont on dit
que certaines gens abufent pour altérer la monnoie, la piéce fe fépare en
deux felon fon plan ; & fort fouvent
l'une des deux parties plus mince &
plus caffante, laiffe encore l'autre
affez bien marquée pour ne paroître
pas fenfiblement diminuée.

EXPLICATIONS.

Un Corps est divisé, quand la liaison de ses parties est interrompue par une matiére étrangére, & qui n'est pas propre à s'unir avec elle : c'est ainsi qu'une lame de coûteau sépare un morceau de bois en deux. La partie la plus subtile du Soufre qui se développe en brûlant, & qui s'insinue de part & d'autre entre les parties du métal dilaté par le feu, forme dans l'intérieur de la piéce, & selon son plan, une couche de matiére étrangére au métal, qui cause la division, & qu'on apperçoit, quand les parties sont séparées.

APPLICATIONS.

La même cause qui désunit les surfaces liées, les empêche aussi de se joindre, quand bien même elles auroient pour cela toutes les dispositions nécessaires : c'est donc par cette raison, qu'on employe les huiles & les graisses pour tenir séparées des matiéres dont on veut empêcher l'union ou le mêlange ; quelque chose d'humide, pour prévenir l'adhérence de

celles

celles qui font graffes ; des poudres
abforbantes, quand il régne fur les fuperficies une fluidité qui les feroit
s'attacher. Ainfi , pour nous fervir de
quelques exemples familiers , nous
ferons remarquer qu'on employe le
beurre à froid & par couches dans les
pâtes qui doivent être feuilletées ; que
l'on enduit de quelque matiére liquide l'intérieur des moules où l'on
doit couler la cire, le foufre, &c. &
que l'on pofe fur du fable fec les vaiffeaux nouvellement formés dans les
manufactures de porcelaines ou de
fayance. C'eft auffi pour cette raifon,
que dans les Arts on a grand foin de
bien nétoyer les furfaces qu'on veut
affembler à demeure.

L'ufage des colles & des foudures
n'eft point un argument qui démente
cette propofition ; quoique ce foit in-
terpofer une matiére étrangére entre
les parties qu'on veut joindre.

Ce qui fait principalement qu'une
couche d'eau interpofée , par exemple , entre deux morceaux de cire entretient ordinairement leur défunion,
c'eft que l'eau n'étant point propre à
pénétrer dans les Corps gras , & ne

Tome I. B

s'y appliquant même qu'imparfaite-
ment, son interposition ne peut point
leur servir de lien commun. Mais il
n'en est pas de même d'une colle qui
peut pénétrer tant soit peu dans les
piéces qu'elle doit attacher ensemble;
c'est un Corps fluide, quand on l'employe, & qui par cette raison se moule
de part & d'autre dans les creux insensibles des surfaces ; mais bien-tôt il
devient solide, parce que son humide
l'abandonne , & qu'il pénétre plus
avant; alors ces petits liens multipliés
presqu'autant de fois qu'il y a de petits
vuides entre les parties solides des
surfaces, font une adhérence très-con-
sidérable. C'est par le même principe,
quoiqu'un peu différemment, que les
soudures servent à lier les métaux ;
un mêlange de plomb & d'étain, par
exemple, mis en fusion par l'attou-
chement d'un fer chaud, pénétre dans
les premieres surfaces du métal dilaté
par la même chaleur ; un prompt refroi-
dissement donne lieu à ses parties de
se rapprocher; la soudure qui perd en
même tems sa fluidité , se trouve ad-
hérente de part & d'autre , sert de
lien commun aux piéces , & les joint,

II. EXPERIENCE.

PRÉPARATION.

DANS un verre à boire on met des petites feuilles de cuivre : dans un autre verre femblable on met un peu de limaille de fer ou d'acier ; on verfe dans l'un & dans l'autre une demi-once d'eau-forte. Voyez *les Figures* 2. *&* 3.

EFFETS.

DANS le premier vaiffeau il fe fait un petit bouillonement ; le métal paroît agité ; fon volume diminue en apparence ; la liqueur s'échauffe ; elle prend une couleur verte ; les feuilles difparoiffent enfin ; & l'on apperçoit une vapeur qui s'éleve au-deffus du verre. Dans l'autre vafe on remarque des effets à peu près femblables, mais plus prompts, plus violens, & la couleur approche du rouge.

EXPLICATIONS.

LES parties de l'eau-forte qu'on

B ij

peut confidérer comme autant de petits tranchans, ou de petites pointes
fort aiguës, font portées entre les
parties du cuivre & du fer, par une
force dont la connoiffance partage
encore les Phyficiens, & fur laquelle
l'expérience n'a point encore prononcé d'une maniere décifive ; chaque
petite maffe pénétrée de toutes parts,
difparoît peu à peu par la divifion
de fes parties qui nâgent indépendamment l'une de l'autre dans la
liqueur qui les a défunies, & qui, par
leur mêlange, paroît fous une couleur qu'elle n'avoit pas avant l'opération. La chaleur qui naît pendant la
diffolution eft une fuite naturelle du
mouvement des parties & de l'action
d'une matiére fur l'autre : comme
auffi la vapeur qui s'éléve fenfiblement, eft un effet de la chaleur augmentée.

La même chofe s'opére dans l'autre verre avec plus de promptitude,
& avec plus de violence ; la principale raifon de cette différence, c'eft
que l'eau-forte dont on fe fert dans
ces deux opérations pour divifer les
maffes, a plus lieu d'exercer fon ac-

tion fur le fer réduit en limailles, que
fur le cuivre qu'on a laiffé en feuilles;
elle agit d'autant plus qu'elle eft appliquée en même tems à plus de furfaces ; or les quantités de matiéres
étant égales, celle-là préfente plus
de fuperficie, qui eft plus divifée. Suppofons, par exemple, une once de
fer raffemblée en une petite maffe
fphérique ; fi l'on coupe ce petit
globe par fon diamétre, on augmen-
tera fa furface ; car il n'aura pas moins
qu'auparavant ceile de fes deux hé-
mifphéres ; mais il aura de plus celle
qu'on aura fait naître par fa coupe
diamétrale : & fi l'on multiplie les
coupes, il eft aifé de voir qu'on aug-
mentera de plus en plus fa fuperficie.

Une raifon qu'on peut ajouter,
c'eft que le cuivre, à volume égal,
eft plus pefant que le fer ; il y a donc
plus de vuide dans le dernier de ces
deux métaux, & par conféquent plus
d'accès à l'eau-forte ; toutes chofes
étant égales d'ailleurs.

Quant aux couleurs que prend la
liqueur par ces diffolutions, ce n'eft
point ici le lieu d'en parler ; nous

expliquerons ces fortes d'effets en traitant de la lumiere.

§ *APPLICATIONS.*

L'EAU commune fait à l'égard d'un grand nombre de corps, ce que l'eau forte opére fur les métaux ; elle divife les terres, les fels, les fucs des plantes, &c. elle fe charge de leurs parties divifées, & elle les tient féparées, tant qu'elle eft en quantité fuffifante pour empêcher qu'elles ne fe rejoignent. Les riviéres ne paroiffent troubles après les pluies ou après les fontes de neiges, que parce qu'elles reçoivent alors dans leurs lits des eaux qui font chargées de fable & de terre. Les fources minérales prennent leurs différentes qualités des matiéres qu'elles contiennent en particules fi fubtiles, que leur tranfparence n'en eft point altérée ; & la mer eft falée, felon l'opinion commune & la plus vraifemblable, parce qu'elle diffout des mines de fels qui fe rencontrent dans fon lit, comme il s'en trouve dans les autres parties de la terre.

Ces fortes de diffolutions ne dé-

composent point les corps ; elles ne
font rien autre chose que diviser leurs
masses, & rendre indépendantes les
unes des autres leurs molécules ainsi
désunies. L'art nous fournit même
des moyens très-faciles pour les remettre dans leur premier état ; il suffit le plus souvent d'évaporer la liqueur qui les tient en dissolution :
& c'est la voie la plus simple, quand
leurs parties sont moins évaporables
que celles du dissolvant. Cette pratique est en usage pour séparer le sel
de l'eau dans les Salines, pour tirer le
salpêtre des lessives qui le contiennent, pour rafiner les sucres, pour
augmenter la force des bouillons
qu'on nomme consommés, & généralement pour épaissir toutes les matiéres, où la partie liquide est trop
abondante.

On peut encore rassembler ce qui
est dissous en le précipitant ; ce qui
ne manque pas d'arriver toutes les
fois qu'on présente au dissolvant une
matiere plus pénétrable pour lui, que
celle dont il est chargé ; car alors en
entrant dans la nouvelle masse, il dé-
pose les autres parties que leur pro-

pre poids raffemble au fond du vafe :
c'eft ce qu'on voit arriver, par exemple, quand on verfe de l'efprit-de-vin
fur de l'eau qu'on avoit raffafiée de
fucre ; parce que l'un de ces deux liquides pénétre l'autre, & abandonne
les parties de fucre dont il étoit
chargé.

Quand on précipite ainfi les métaux, on le peut faire d'une façon
curieufe, & qui n'eft que trop capable d'en impofer à ceux qui ne font
point inftruits de ces fortes de faits.
Si, par exemple, on trempe une lame
de fer dans une diffolution de cuivre
ou de vitriol bleu avec l'eau-forte ;
le diffolvant agira par préférence fur
le fer, & dépofera des parties de
cuivre en la place de celles qu'il dé-
tachera de la maffe de fer, de forte
qu'à la fin de l'opération on pourra
tirer du vaiffeau une lame de véritable cuivre : mais c'eft abufer de cette
expérience, que de la propofer comme un procédé pour convertir le fer
en cuivre ; puifqu'on ne retire jamais
de ce dernier métal, que ce qu'on en
avoit fait entrer dans la première diffolution.

Les

Les infusions à proprement parler, ne font encore que des diſſolutions ordinairement plus lentes, avec cette différence qu'au lieu de faire difparoître toute la maſſe, elles en détachent ſeulement une certaine portion.

Les corps qu'on fait infuſer ſont pour l'ordinaire compoſés de parties de différentes natures : la liqueur qui les pénétre, ſe charge de celles qui cédent à ſon action ; & les autres qui s'y refuſent, demeurent liées ſous un volume qui différe peu de celui qu'elles avoient. Le bois d'Inde, celui de Bréſil, &c. trempés dans l'eau commune, lui abandonnent un certain ſuc que la nature a placé entre les fibres de ces ſortes de bois ; cet extrait qui fait une teinture, ne laiſſe point appercevoir de diminution ſenſible quant au volume, dans les morceaux qui en ſont dépouillés.

Les infuſions deviennent bien plus promptes & plus chargées avec l'eau chaude : la chaleur augmente la liquidité de l'eau, & la rend plus pénétrante; elle dilate les ſolides qu'on y plonge, & les rend plus pénétrables ; ces deux raiſons concourent au mê-

C

me effet. Les racines & les fruits qu'on fait cuire pour fervir d'alimens, ne fe dépouilleroient point dans l'eau froide des fucs acres & des autres parties défagréables, qu'on leur ôte en les faifant bouillir.

Quoique les diffolutions & les infufions qui ne font que divifer ou extraire, ne changent rien à la nature des parties qu'elles féparent & qu'elles détachent, cependant elles les rendent propres à des effets, pour lefquels on les appliqueroit en vain fans l'une ou l'autre de ces préparations. Quels fecours pourroit-on attendre de la plûpart des minéraux ou des végétaux qu'on emploie dans la Médecine, fi une divifion beaucoup plus grande qu'on ne peut la faire avec aucun tranchant ordinaire, ne procuroit à ces mêmes corps une quantité de furface fuffifante, des grandeurs & des figures convenables aux parties intérieures du corps animé fur lequel ils doivent agir ? Cette agréable variété de couleurs qu'on admire dans les étoffes & dans toutes les matieres fufceptibles de teinture, ne vient-elle pas des infu-

fions en plus grande partie ? Des fucs
qui fe font épaiffis dans les plantes
mêmes où la nature les a préparés ,
& qui y refteroient en pure perte pour
nous, fe ramolliffent & s'étendent
dans l'eau qui les pénétre ; ils s'im-
priment avec elle fur une furface préparée ; l'eau s'évapore, & l'impreffion
refte.

III. EXPERIENCE.

PRÉPARATION.

LA quatriéme figure repréfente une
petite caffolette de verre , en partie
pleine d'une liqueur odorante, comme
de l'eau de fleurs d'orange, ou de l'efprit-de-vin chargé de l'odeur de lavande , & pofée fur une petite lampe
allumée.

EFFETS.

QUAND la liqueur commence à
bouillir, il fort par le bec de la caffolette une vapeur fort abondante qui
fe répand dans toute la chambre, &
qui s'y fait fentir d'une extrémité à
l'autre , fans cependant qu'il paroiffe
une diminution fenfible dans le volume de la liqueur, lorfque l'expérience ceffe après deux ou trois minutes.

C ij

EXPLICATION.

La vapeur qui porte son odeur dans toute la chambre, n'est rien autre chose que la partie la plus évaporable de la liqueur, que le feu a séparée de la masse, & qu'il a extrêmement divisée : ces petits corps, nonobstant le peu de diminution qu'ils causent au volume qu'ils ont quitté, se trouvent en assez grand nombre pour se répandre également, & se faire sentir dans un très-grand espace.

Si l'on veut connoître de plus près ce nombre prodigieux de particules odorantes, & se représenter d'une maniere plus précise la division surprenante qu'a dû souffrir la petite quantité de liqueur évaporée ; il suffit de la comparer au volume d'air contenu dans une chambre qui peut avoir 12 pieds en quarré sur 10 de hauteur. Quand ce peu de liqueur dont il s'agit, égaleroit deux lignes cubiques avant l'expérience, & qu'après l'évaporation, il ne se trouveroit que 4 particules dans chaque ligne cubique d'air ; (supposition qu'on peut faire en mettant les choses au pis ;) que de millions de parties n'appercevra-t-on pas par cette comparaison , & par ce calcul qu'on peut faire facilement ? Mais ces millions de parties, de combien ne seront-ils pas encore augmentés, si l'on fait attention que ce qui fait ici l'odeur sensiblement répandue, n'est que la moindre partie de ce qui s'est évaporé? Car dans une liqueur ou dans une vapeur odorante on doit distinguer les parties propres du liquide de celles dont il est parfumé.

Applications.

Les odeurs considérées par rapport à nos sens, sont des impressions faites sur l'organe par les Corpuscules qui s'exhalent des Corps odorans. Ce qui se passe en petit dans l'expérience qu'on vient de citer, nous l'éprouvons tous les jours en grand par divers effets naturels. Il régne sur notre globe un certain dégré de chaleur qui varie selon les tems & les lieux ; ce feu que la nature entretient, & qui met tout en mouvement, joint à d'autres causes dont nous parlerons ailleurs, détache continuelle-

C iij

ment les parties les plus subtiles de tous les Corps qui couvrent la surface de la terre : celles qui sont propres à se faire sentir par l'odorat, répandues & flotantes comme les autres dans la partie de l'Atmosphère qui en est chargée, se font d'autant plus sentir, qu'elles se trouvent en plus grand nombre dans un volume d'air déterminé. C'est par cette raison sans doute, que l'on sent mieux les fleurs d'un jardin le soir, lorsque l'air se rafraîchit, que dans le fort de la chaleur du jour. Cette fraîcheur qui condense l'air aux approches de la nuit, en rapprochant ses parties, resserre aussi davantage les exhalaisons dont il est chargé, & quand on le respire en cet état, il porte avec lui sur l'organe un plus grand nombre de ces parties odorantes dont nous parlons.

Si la chaleur entretient toujours une quantité plus ou moins grande de mouvement dans tous les Corps, & qu'elle occasionne par-là, comme on n'en peut douter, une perte continuelle de leur substance ; doit-on s'étonner que tout périsse avec le tems, & que certains Corps diminuent &

s'évanouiffent promptement ? C'eſt ainſi que les étangs & les marais ſe deſ-féchent, quand les pluies ou les four-ces ne réparent point l'évaporation.

Mais pour nous renfermer dans des exemples pris des Corps odorans, ne le remarquons-nous pas d'une ma-niére bien ſenſible dans les plantes & dans les fleurs ? Pourquoi pendant la grande chaleur s'affoibliffent-elles juſqu'à plier ſous leur propre poids ? pourquoi le matin reparoiffent-elles avec leur premiere vigueur ? N'eſt-ce pas que ce qui s'exhale pendant le jour excéde la réparation qui vient du ſein de la terre ? Pendant la nuit il n'en eſt pas de même, les vuides ſe rempliffent.

Quoique les plantes par leurs ex-halaiſons perdent une ſi grande quan-tité de leur ſubſtance, on ne peut pas dire pour cela, que la partie deſti-née aux odeurs ait beaucoup de part à leur dépériffement ſenſible. Il paroît par tous les autres corps de ce genre, que la nature les a ſoumis à une di-viſibilité ſi prodigieuſe, qu'ils peu-vent fournir à leur effet pendant des eſpaces de tems qui ſurprennent.

C iv

Tout le monde fçait qu'un grain de muſc ſe fait ſentir d'une maniere incommode pendant vingt ans, dans un appartement où l'air ſe renouvelle tous les jours. Ne fçait-on pas de même que des chiens courent un cerf pendant ſix heures quelquefois, ſans avoir le plus ſouvent d'autre guide que l'odeur qu'il laiſſe après lui ? Combien donc de corpuſcules cet animal laiſſe-t-il échapper, pour tracer ſi long-tems ſa route à quarante autres animaux, à la vûe deſquels il ſe dérobe ſouvent ?

La plupart des bêtes, & ſur-tout les chiens, ont l'odorat très-fin : la diſpoſition de cet organe dont la partie principale eſt en dehors, & le fréquent uſage qu'ils en font, contribuent ſans doute à cette délicateſſe que nous n'avons pas : la nature nous en a dédommagés par le toucher, que nous avons beaucoup plus exquis ; c'eſt auſſi de tous nos ſens celui dont nous nous ſervons le plus, après les yeux, dans l'examen que nous faiſons des différens objets qui ſe préſentent: mais les animaux qui ne touchent que très-rarement par forme d'épreuve, examinent avec le nez ce que leur vûe leur annonce d'intéreffant; comme ils font prefque uniquement occupés du foin de leur nourriture, & qu'il y a beaucoup d'affinité entre l'odorat & le goût, il convenoit qu'ils fçuffent mieux flairer que tâter.

IV. EXPERIENCE.

PRÉPARATION.

Au fond d'un grand vafe de cryftal, on délaye le poids d'un grain de Carmin, & l'on remplit d'eau bien nette le vafe, qui tient dix pintes de Paris, & qui eft repréfenté par la *Figure cinquiéme*.

EFFETS.

La couleur s'étend de maniere que tout le volume d'eau en paroît fenfiblement teint.

EXPLICATION.

Le Carmin eft une fécule, ou une efpéce de lie très-fine, que l'on tire par infufion de la cochenille, & de quelques matiéres végétales; les parties qui ont été déja divifées par la préparation qu'on en a faite, cédent fort aiſément à l'action de l'eau qui les pénétre & qui les étend ; de maniére qu'elles ſe partagent proportionnellement à toute la maſſe du fluide.

Pour concevoir aiſément combien la matiére eſt diviſée dans cette derniére expérience , il ſuffit de connoître le rapport du poids d'un grain à celui de vingt livres , qui eſt comme l'unité à cent quatre-vingt-quatre mille trois cents vingt. Mais une quantité d'eau peſant un grain , ſe préſente encore ſous un volume bien ſenſible , lequel , pour être coloré uniformément , doit contenir pluſieurs particules de Carmin : quand on n'y en ſuppoſeroit que dix , le produit que nous venons de citer, ſe trouveroit augmenté encore de dix fois ſa valeur ; ce qui fera 1.843.200 parties ſenſibles dans un volume qui étoit bien peu conſidérable avant que d'être étendu dans l'eau.

APPLICATIONS.

C'EST par des particules de matiéres ainſi diviſées & étendues dans quelques liquides , que les Peintres & les Teinturiers donnent aux ſurfaces des corps , certaines couleurs

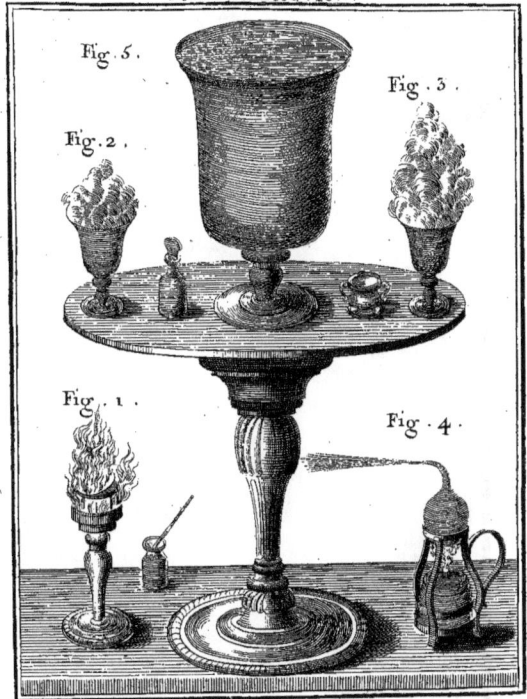

Fig.5.

Fig.2.

Fig.3.

Fig.1.

Fig.4.

Dheulland del et Sculp.

qu'elles n'ont pas naturellement. Celles qui font peintes, toujours cachées
fous l'enduit dont on les couvre, ne
font plus vifibles par elles-mêmes,
mais par les couches dont le pinceau
les a revêtues. Il n'en eft pas de même
de celles que l'on fait teindre; on les
prépare pour l'ordinaire dans un bain
qui, par la chaleur, & par l'action
de certains fels, dilate les pores, &
creufe une infinité de petites cellules
propres à recevoir enfuite les parties
colorantes; c'eft principalement cette
préparation qui rend les teintures du-
rables, & qui empêche que les matiéres teintes ne fe décolorent, quand
on les lave. Ce n'eft pourtant pas
toujours des particules colorantes qui
teignent les furfaces; nous ferons voir
en traitant de la lumiere, que le changement de couleur dépend fouvent
d'un nouvel arrangement que prennent entre elles les parties mêmes
des furfaces; comme quand l'eau-forte, par exemple, change le papier bleu
en rouge, ou que la chaleur rougit
une écrevifle.

OUTRE les expériences que nous venons de citer pour prouver la divisibilité des corps ; les arts nous offrent des pratiques ingénieuses qui la font connoître d'une maniere aussi évidente. On ne peut voir , sans être surpris, la prodigieuse ductilité de l'or & de l'argent. Les Ouvriers qui battent & qui filent ces métaux , leur procurent un dégré d'étendue qui s'est attiré depuis long-tems l'attention des Philosophes. Boyle * est un des premiers qui ait fait cette remarque, que le poids d'un grain d'or mis en feuilles peut couvrir une surface de 50 pouces quarrés. Cette observation donne lieu d'appercevoir par un calcul fort simple , un nombre étonnant de parties visibles dans cette petite quantité de métal. La longueur d'un pouce contient au moins deux cens parties visibles ; puisque sur des instrumens de mathématique on le trouve quelquefois partagé par cent divisions , & qu'un Observateur un peu attentif peut fort aisément tenir compte des moitiés. En faisant donc cette supposition qui est très-recevable , une feuille d'or d'un pouce quarré, pourra se couper en deux

* De mirâ subtilitate effluviorum. c. 2.

cens petites bandes plates, & chaque
petite bande en deux cens petits
quarrés ; de forte que toute la feuille
ainfi divifée, donnera quarante mille parties, qui eft le produit de 200
multiplié par 200.

Mais dans un grain d'or battu, on
trouve 50 petites feuilles femblables
à celles que nous venons de divifer ;
on doit donc multiplier encore 40000
par 50, ce qui donnera deux millions
pour la fomme des parties que l'on
peut compter avec les yeux dans une
portioncule de matiére qui n'eft que
la 72e. partie d'un gros. Ce nombre, quelque prodigieux qu'il foit,
fe trouve encore augmenté de moitié, quand on fait attention que chacune de ces particules d'or peut
être vûe & touchée au moins par
deux furfaces, ou par les deux plans
oppofés dont les dimenfions font
égales.

Ce que les feuilles d'or & d'argent nous apprennent de la ductilité
de ces deux métaux, & de la divifibilité furprenante de leurs parties,
eft encore bien au-deffous de ce que
l'on remarque chez les ouvriers qui

préparent le fil d'argent doré dont on se sert pour fabriquer les étoffes, le galon, la broderie, &c. Cet art où le commun des hommes ne trouve qu'un objet de commerce, ou des ressources pour le luxe, présente aux yeux d'un Philosophe, des merveilles qui n'ont point échappé aux observations de Boyle, du Pere Mersene, de Rohault, & de plusieurs autres Physiciens, dans ces tems où il n'étoit point encore arrivé au dégré de perfection qu'il a acquis depuis. M. de Reaumur * qui l'a examiné avec cette exactitude qu'on lui connoît, en a mieux que personne découvert les beautés, & fait connoître le véritable merveilleux. C'est d'après lui que je vais donner ici une idée de la prodigieuse extension dont l'or est capable, quand on le file.

Avec une quantité de feuilles d'or, qui n'excéde jamais le poids de six onces, & qu'on diminue quelquefois presque jusqu'à une, on couvre un cylindre d'argent, d'environ 22 pouces de longueur, 15 lignes de diamétre, & du poids de 45 marcs. On fait passer ce rouleau doré successive-

* Mem. de l'Acad. des Sc. 1713. p. 205. &c.

ment par les trous d'une lame d'acier,
qui vont en décroissant, de façon que
s'allongeant aux dépens de son diamétre, il devient enfin aussi délié
qu'un cheveu, & d'une longueur qui
égale presque 97 lieues de 2000 toi-
ses chacune.

Pendant cette opération l'or s'é-
tend sur le fil d'argent à proportion
de son allongement ; ensorte qu'on
doit le considérer comme une enveloppe ou un fourreau dont les parties
ne souffrent point d'interruption sensible. Ce fil doré que l'on nomme
trait, passe ensuite entre deux rouleaux d'acier poli, qui l'écrasent en
forme de lame fort mince, dont on
enveloppe un fil de soie pour les usages des différens Arts qui l'employent;
& dans l'opération des rouleaux, le
trait s'allonge encore d'un 7e. Ainsi
au lieu de 97 lieues que nous avons
compté pour sa longueur, on en peut
compter 111.

En supposant donc du fil le plus
légérement doré, voilà une once
d'or que l'on doit considérer sous la
forme de deux petites lames, dont
chacune égale la longueur de 111

lieues, ou qui égalent enfemble 222 lieues. Mais fi l'on fait attention que le trait en s'écrafant fous les rouleaux, prend la largeur d'environ un 8ᵉ. de ligne ; & par conféquent les deux petites lames d'or qui revêtent l'argent de part & d'autre ; on pourra partager encore leur largeur en deux parties ; (car une ligne fe divife fort bien en 16 portions fenfibles ;) ainfi au lieu de deux lames il en faudra compter quatre, qui égaleront en longueur 444 lieues. Dans une telle étendue, combien de toifes, de pieds, de pouces, de lignes ? Et fi l'on divife feulement chaque ligne en 10, quelle fuite de chiffres ne faudroit-il pas pour exprimer la fomme des parties vifibles dans une once d'or étendu par la filiére ? L'imagination fe refufe prefque à de pareils nombres ; mais pour s'en faire une idée, il fuffira de comparer la furface de notre once d'or filé à celle d'une égale quantité du même métal en feuilles. La premiere eft à la feconde dans le rapport de 2380 à 146 ; mais auffi l'épaiffeur des feuilles, quelque petite qu'elle foit, eft toujours beaucoup
plus

plus confidérable que celle de la
couche d'or qui fe trouve fur le fil :
l'une diminue à peine jufqu'à la trente milliéme partie d'une ligne ; l'autre fe porte fouvent à un dégré de
ténuité qui excéde la cinq cens vingt-
cinq milliéme partie d'une ligne.

L'art en filant ainfi les métaux,
imite d'affez près la nature, quant
au procédé. La foie avant que d'être
filée pour nos ufages, l'a déja été par
les infectes qui nous la fourniffent. La
chenille, qu'on nomme communément *ver à foie*, porte une filiére naturelle, par laquelle elle moulle ce
fil précieux dont elle fait fa coque.
Des perfonnes * curieufes & attenti-
ves aux merveilles de la nature, con-
fidérant l'extrême fineffe de cette
matiére, en méfurérent 300 aunes
qui n'excédérent point le poids de 2
grains $\frac{1}{2}$; & M. de Reaumur portant
plus loin encore fes Obfervations,
a trouvé que les fils des araignées,
telles qu'elles les produifent immédiatement, & avant qu'elles les joignent
pour en former leur toile, que ces
fils, dis-je, font à l'égard d'un cheveu, moins gros que ne l'eft le fil

*Boyle, de
mirâ fubtili-
tate effluv.
cap. 2.*

Tome I. D

trait doré à l'égard du premier cylindre dont il a été tiré ; & que leur diamétre égale à peine l'épaiffeur de cette légére couche d'or qui couvre le fil d'argent.

Les expériences & les obfervations que nous venons de rapporter prouvent fuffifamment que tous les corps qui tombent fous nos fens, ne font autre chofe que des affemblages formés par le concours de plufieurs maffes plus petites, dont chacune peut fe divifer encore en particules fufceptibles elles-mêmes de divifion & de fubdivifion.

Lorfqu'en divifant une matiére autant qu'il nous eft poffible, nous n'appercevons rien que d'uniforme dans toutes les molécules qui la compofent, nous lui donnons le nom de *fimple* ; nous fuppofons que fes parties font toutes d'une même nature, & nous les appellons *homogénes*, fans prétendre qu'elles le foient abfolument, & jufqu'à ce que quelque découverte nouvelle en faffe un jour juger autrement.

Nous nommons au contraire *corps*

mixtes, ceux dont les parties mises à part ne se ressemblent point ; comme les plantes, les animaux & quantité de minéraux, où l'analyse fait voir que plusieurs matiéres essentiellement différentes (que l'on nomme *hétérogénes*) concourent à la composition d'un même tout.

Les molécules insensibles qui forment une masse continue, sont souvent jointes ensemble de maniére qu'il faut employer une force considérable pour les séparer : cette portion de matiére se nomme un corps *dur* ou *solide*. Cette dureté, qui n'est, à proprement parler, qu'une tenacité plus ou moins grande des parties, & qui n'est jamais parfaite dans les corps que nous connoissons, puisqu'elle céde toujours à une force finie ; cette dureté, dis-je, décroît jusqu'à la *fluidité*, c'est-à-dire, jusqu'à ce que l'adhérence naturelle des parties suffise à peine pour empêcher qu'elles n'obéissent librement à leur propre poids, quand il les sollicite à se mouvoir les unes sur les autres, & à changer la figure de leur tout. Enfin la fluidité qui commence où les corps ceſſent d'être regardés comme ſolides, augmente juſqu'à la *liquidité* qui a elle-même des dégrés : on appelle corps liquides ou liqueurs, ceux qui ſont en cet état, où leurs parties ayant un mouvement libre les unes ſur les autres, obéiſſent avec une indépendance mutuelle aux efforts de leur peſanteur, ou à la moindre force qu'on emploie pour les ſéparer ; & leurs caractéres les plus diſtinctifs ſont de n'avoir d'autre figure, que celle qu'on leur fait prendre dans les vaiſſeaux qui les contiennent, & de ranger leur plus haute ſurface dans un plan paralléle à l'horiſon. L'eau qui coule, par exemple, eſt une liqueur ; la fumée qui s'éléve dans l'air, & qui change continuellement de forme, eſt un fluide ; & la pierre que l'on taille à coups de marteaux, eſt un corps ſolide.

Nous nous contentons maintenant de définir ces différens états des corps naturels, parce que nous aurons occaſion d'en parler plus amplement ailleurs en examinant leurs cauſes.

II. SECTION.

De la figure des Corps.

Tous les Corps ont une grandeur déterminée, non-seulement ceux dont les dimensions frappent nos sens, mais aussi les parties de ces mêmes Corps, à tel dégré de ténuité qu'on les porte par la division, & sous tel ordre qu'on les considére. La petitesse n'est point une qualité absolue ; rien n'est petit que par comparaison à quelque chose de plus grand ; & quand on supposeroit le moindre de tous les Etres matériels, il surpassera toujours en grandeur chacune de ses deux moitiés.

La grandeur, ou (ce qui est la même chose) l'étendue plus ou moins grande d'un Corps, est toujours limitée par des surfaces qui renferment la quantité de matiére qui lui est propre; cette quantité de matiere se nomme sa *Masse*, & le plus ou le moins de surface non interrompue qui limite sa grandeur apparente, s'appelle son *Volume*.

L'ordre ou l'arrangement que prennent entre elles les surfaces qui terminent le volume des Corps, est ce qu'on nomme leur *Figure*. Comme ces surfaces ne peuvent se confondre, & qu'elles se distinguent toujours par des situations relatives, il est évident que d'être figuré, est une propriété aussi commune à tous les Corps, que celle d'être solidement étendu, ou d'avoir plusieurs parties réellement distinguées.

Mais ces surfaces peuvent varier à l'infini par leur grandeur, leur nombre, leur arrangement respectif; c'est pourquoi toutes les substances matérielles à qui il convient essentiellement d'avoir une figure en général, reçoivent celle-ci ou celle-là en particulier, & elles font aussi variables & peut-être aussi variées entre elles, qu'il est possible de combiner ensemble la grandeur, le nombre & l'ordre des superficies.

Cette propriété qu'on pourroit nommer *Figurabilité*, s'étend à tous les Corps d'une manière si générale qu'elle les accompagne dans toutes sortes d'états; elle convient à ceux qui se meuvent comme à ceux qui font en repos ; elle convient non-feulement aux folides, mais les fluides & les liqueurs ont auffi leur figure qui dépend des obftacles qu'on oppofe à leur épanchement ; la mer, les étangs, les riviéres font figurés par leurs côtes & par leurs rivages ; le vin, par fon tonneau ; la flamme & la fumée, par l'air qui les environne, &c.

Quand au premier coup d'œil deux Corps paroiffent terminés de même, on dit alors qu'ils fe reffemblent en figure : ainfi nous appellons cubes les dés d'un trictrac, parce qu'au premier afpect chacun d'eux fe préfente fous fix faces égales ; & nous appellons femblables deux foldats vêtus du même uniforme. Mais cette premiére reffemblance a des bornes fort étroites : elle ne s'étend qu'à certains caractères généraux qui foutiennent à peine la premiére vûe ; un examen plus détaillé découvre bientôt une infinité de différences, jufques dans les individus de la derniére efpéce ; de forte qu'on pourroit dire avec jufte raifon, que dans toute la nature il eft probable qu'il n'y a pas deux Etres

parfaitement femblables, fur-tout fi
l'on joint à la variété de figure celle
de la couleur & du volume. Lorfque
nous jettons les yeux fur un troupeau
de moutons , ils nous paroiffent tous
fe reffembler , parce que nous nous
arrêtons aux premiéres apparences ;
mais le berger à qui l'habitude a fait
appercevoir des variétés , les diftingue bien les uns des autres. Dans une
foule de peuple nous ne trouvons
pas deux vifages femblables, & nous
y diftinguons entre dix mille les traits
d'une perfonne que nous cherchons ,
par l'ufage où nous fommes de voir
des hommes , & d'apprendre à ne les
point confondre.

Cette prodigieufe variété de figures multipliées fans fin pour ceux qui
obfervent plus attentivement, ne convient-elle qu'aux grands Corps, c'eft-
à-dire , à ceux que nous pouvons
voir & toucher fans aucun fecours de
l'art ? ou bien convient-elle également
ment aux molécules de ces mêmes
Corps ? s'étend-elle jufques à ceux
qui échappent à nos yeux, que nous
connoiffons par d'autres fens, qui ne
fe font fentir que plufieurs enfemble ,

&

& que le préjugé semble annoncer sans aucune figure, parce qu'ordinairement on n'est point instruit de celle qu'ils ont?

Cette question se trouve déja décidée par la définition même que nous avons donnée de la figure en général. Car si ce n'est autre chose qu'un assemblage de surfaces qui terminent une certaine portion de matiére, il est évident qu'un corps si petit qu'il puisse être, sera toujours terminé par des surfaces, & par conséquent figuré.

Quoique l'expérience ne puisse pas se prêter à toute l'étendue de ce raisonnement, & nous faire voir des figures par-tout où nous avons raison de croire qu'il y en a ; cependant elle nous en montrera qui ont été longtems ignorées, que l'art a sçû découvrir depuis, & nous apprendrons par des exemples curieux, que nous ne devons pas chercher à concevoir sans figure, les Corps en qui nos sens n'en découvrent point.

PREMIERE EXPERIENCE.

PREPARATION.

Ayant placé le microscope représenté par la *Figure* 6. au jour d'une fenêtre, ou si c'est la nuit, devant la lumiére d'une bougie basse, de maniére que le miroir qui est dessous la platine, éclaire par réflexion le trou sur lequel tombe la lentille objective: on fait passer le premier verre du porte-objets sur lequel on a mis des grains de sable, & l'on fait descendre le corps du microscope jusqu'à ce qu'on rencontre le point de vûe nécessaire.

EFFETS.

Ayant placé l'œil au-dessus & fort près de la premiere lentille oculaire, on apperçoit les grains de sable transparens, comme des cristaux de la grosseur d'une muscade, anguleux & diversement taillés. *Figure* 7.

EXPLICATIONS.

Nous n'expliquerons rien ici des effets qui regardent directement l'optique ; parce que nous en traiterons

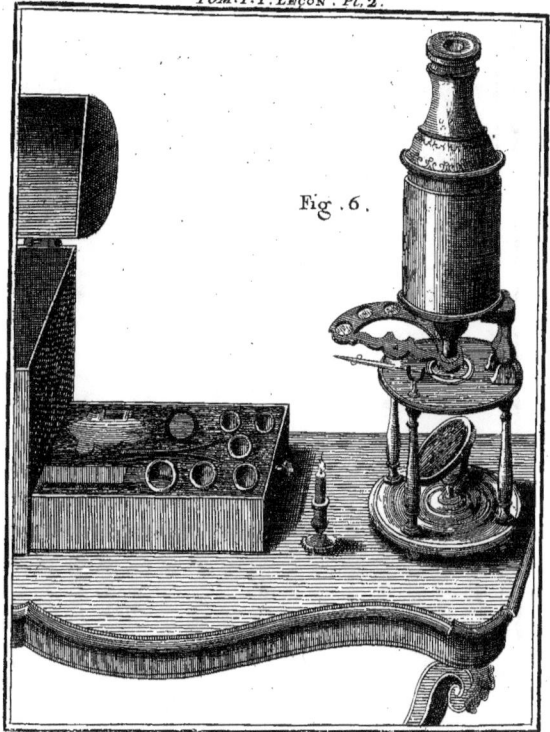

Fig . 6 .

ailleurs. Nous nous bornerons feulement à ceux qui ont rapport à la figure des Corps, dont il est présentement question.

Lorsque nous arrêtons la vûe fur
un grain de fable ordinaire, il paroît
comme un point; l'œil confond fes dimenfions; mais avec le fecours du microfcope, l'objet paroît plus grand ;
on diftingue aifément des fignes, des
angles, des finuofités, des contours,
des furfaces, en un mot, une figure
bien terminée, dont on apperçoit facilement les différences, quand on la
compare à quelqu'autre.

Applications.

Les grains de fable doivent être
confidérés comme autant de petits
criftaux fort durs, préparés par la nature, & que l'art applique utilement
à différens ufages. Parce qu'ils font
petits & anguleux, on s'en fert commodément pour ufer ou nettoyer les
métaux, ou tous autres corps encore
plus durs, fur lefquels la lime, ou le
tranchant de l'acier ne trouve plus
de prife : on les mouille en pareil cas
pour aider leur mobilité, & pour em-

pêcher qu'en s'ufant mutuellement, ils ne perdent, avec leurs petits angles tranchans, la propriété qu'ils ont d'entamer les matiéres les plus folides.

La tranfparence du fable blanc le rend propre à d'autres ufages : il eft la bafe de tous les ouvrages de verre; le mêlange de quelques fels, & l'action d'un feu très-violent qui le divife & qui en fépare les faletés, met fes parties en état de fe lier & de former une pâte fufceptible de toutes fortes de formes, & qui en fe refroidiffant, prend de la confiftance, fans ceffer d'être diaphane.

II. EXPERIENCE.

PREPARATION.

Que l'on faffe paffer fous la lentille le fecond verre du porte-objets fur lequel on a mis quelques gouttes d'eau falée que l'on a laiffé fécher.

EFFETS.

En approchant l'œil du microfcope, on apperçoit des molécules qui paroiffent fous des figures fem-

blables, quand la préparation a été
faite avec un même fel ; fi l'on a employé par exemple, celui qui vient de
la mer, & qu'on fait fervir communément à l'ufage des tables : ce qu'on
apperçoit avec le microfcope, reffemble à des petits cubes. *Figure 8.*

EXPLICATIONS.

Les parties de ce fel que l'eau avoit
divifées, & qu'elle tenoit en diffolution, fe font fixées fur le verre du
porte-objets, pendant que la partie
liquide s'eft évaporée. Avant cette
évaporation de l'eau, le fecours du
microfcope ne fuffit pas pour les rendre vifibles, parce qu'alors elles font
encore trop divifées & trop minces
pour être apperçues ; mais à mefure
que la liqueur les abandonne, elles
fe rapprochent, & elles forment des
molécules d'un plus grand volume ; &
quand bien même elles refteroient auffi petites qu'elles étoient dans l'eau,
nous ferons voir ailleurs qu'à grandeurs égales, des corps diaphanes
fe voyent mieux, lorfqu'ils font plon-
gés dans l'air, que dans tout autre liquide tranfparent plus matériel.

E iij

Chaque fel qui fe cryftallife, affecte ordinairement une figure qui lui eft propre, & qui dépend vraifemblablement de la figure même de fes moindres parties. Le fel marin, par exemple, forme des cubes, le falpêtre des aiguilles, le fucre des globules, &c. *Figures 9. & 10.*

Applications.

L'uniformité de figures dans les molécules, n'eft point une qualité particuliére aux fels ; on en rencontre beaucoup d'autres exemples furtout dans le genre minéral : le cryftal de roche, & la plûpart des pierres tranfparentes paroiffent affez fouvent en petit comme en grand, fous la forme de prifme ou de pyramide exagone ; mais on n'en doit pas conclurre du particulier au général, que les parties infenfibles de tous les corps font autant de petits modéles de ce qu'ils font en plus grand volume.

Le fel, à caufe de fon extrême divifibilité, & de la figure anguleufe & pointue de fes parties, s'infinue fort aifément dans les pores de toutes les matiéres animales, végétales, folides ou liquides : & par cette raifon on l'employe avec fuccès pour les conferver. Car la corruption n'étant rien autre chofe qu'un déplacement de parties, qui change l'état des molécules, dans les Corps mixtes ; tout ce qui pourra contenir ces parties dans l'ordre qu'elles ont reçû de la nature, empêchera néceffairement que les petits compofés qui réfultent de leur affemblage, ne foient altérés ; & au contraire tout ce qui donnera lieu au mouvement des moindres parties, occafionnera corruption. Or les particules falines, comme autant de coins, rempliffent les petits vuides, foutiennent & appuyent les particules folides, arrêtent le progrès de l'évaporation, & confervent au moins pour quelque tems l'état naturel. C'eft ainfi que la chair des animaux, lorfqu'elle eft falée, demeure plus longtems propre à nos ufages ; & que les fruits confits dans le fucre fe gardent pendant plufieurs années.

Cette prodigieufe variété de figures, que l'on obferve dans tous les Corps inanimés, & dans les petites

E iv

masses qui les composent, n'eſt ni moins grande, ni moins admirable dans le genre animal : le même inſtrument qui vient de nous faire voir les angles & les pointes des parties ſalines, nous découvre auſſi un monde de petits Etres vivans, de petits inſectes, que nous n'euſſions peut-être jamais ſoupçonné d'exiſter, dont nous n'euſſions certainement pas deviné les formes, & qu'on doit être curieux de connoître ; c'eſt pourquoi j'ajouterai encore l'expérience ſuivante, pour achever de faire voir combien la nature a varié la figure des Corps en tout genre.

III. EXPERIENCE.

PREPARATION.

On fait paſſer ſous la lentille objective du microſcope le troiſiéme verre du porte-objets, ſur lequel on a mis avec la pointe d'un cure-dent, une petite goutte d'une des liqueurs dont on va donner la préparation.

1°. Dans un vaiſſeau dont l'ouverture ſoit un peu large, il faut mettre macérer avec de l'eau un peu de foin

haché, de la paille, des fleurs de différentes efpeces & des parties de plantes quelconques, & l'expofer environ une femaine à l'air libre, mais à
l'ombre pendant un tems chaud ; ou
bien fi l'on en a la commodité, on
pourra, fans attendre, puifer un peu
d'eau dans quelque mare aux endroits
où il y a de la mouffe verte, ou quelques autres plantes aquatiques.

2°. Dans une fiole de verre qu'il
faut tenir ouverte, il faut expofer de
même du vinaigre commun.

3°. Dans un verre à boire, ou dans
quelque vafe équivalent, il faut garder pendant quatre ou cinq jours de
l'eau qui fe trouve dans les écailles
d'huitres, lorfqu'on les ouvre.

Effets.

On apperçoit dans la premiére liqueur, une infinité de petits animaux
qui paroiffent de différentes efpéces,
foit par leurs figures, foit par leurs façons de fe mouvoir, qui font extrêmement variées. Les uns femblables à des
petites boules *a*, s'élancent en ligne
droite, & forment toujours des angles
bien marqués, quand ils changent de

I.
Leçon.

Fig. 12.

directions ; les autres *b*, plus allongés, & d'une forme ovale, ne font que tournoyer ; plusieurs laissent appercevoir distinctement des pattes, une queue souvent fourchue, & des antennes ; d'autres *c*, composés d'anneaux, se meuvent à la maniére des vers de terre, ou comme les sangsues. On apperçoit à quelques-uns les principaux organes, & la circulation des humeurs ; & pour peu qu'on observe avec attention, on découvre bientôt jusqu'à la cause finale de leurs mouvemens ; car on en voit qui dévorent les autres, & l'on conçoit sans peine que les uns se meuvent pour joindre leur proie, & les autres pour éviter d'être pris.

Fig. 12.

Dans le vinaigre qui a été exposé plusieurs jours à l'air par un tems doux, on voit des insectes qui par leur figure ressemblent beaucoup à des petites anguilles très - vives : il arrive très-rarement qu'on les trouve mêlés avec des animaux qu'on puisse juger d'une autre espéce.

Fig. 13.

L'eau des huitres, contient un nombre infini de petits animaux qui se ressemblent par la figure, & par

la maniére de se mouvoir : la petite
goutte dans laquelle ils nagent, paroît semblable à un baffin, dans lequel on verroit fourmiller une quantité prodigieuse de carpes fans na-
geoires & fans queue ; la transparence de leur corps est telle, qu'on
apperçoit aifément les parties intérieures.

EXPLICATIONS.

La nature a varié la figure des plus
petits animaux, autant & peut-être
plus encore que celle des grands :
mais dans ceux-là comme dans ceux-
ci, elle est uniforme & constante
pour chaque espéce. Ainfi le vinaigre
préparé, comme nous l'avons dit,
fait voir des anguilles qui ne différent que par la grandeur ; & l'eau
d'huitres ne contient pour l'ordinaire que ces animaux dont nous
avons parlé.

La premiére liqueur cependant en
contient plufieurs qui ne fe reffemblent ni par la figure, ni par la maniére de fe mouvoir ; ce n'est point
une raifon pour conclurre, que la
figure de ces petits êtres animés est

un effet du hazard ; & qu'une seule & même espéce affecte indifféremment celle-ci ou celle-là. Cette liqueur dont il s'agit, est une infusion de plusieurs sortes de plantes, où différens animaux rencontrent leur nourriture ; & l'eau commune qui en est la base, est un milieu qui peut convenir en même tems à ceux qui se nourrissent d'herbes, & à ceux qui sont voraces. Le brochet vit dans la même eau que la carpe, quoiqu'ils se nourrissent l'un & l'autre bien différemment ; & l'histoire des insectes nous fournit nombre d'exemples qui ont un rapport bien plus direct & plus prochain avec cette supposition. Il n'en est pas tout-à-fait de même du vinaigre ou de l'eau d'huitres : il est probable que ces deux liqueurs ne conviennent qu'à très-peu d'espéces de ces petits animaux ; & le milieu qu'ils habitent, les met vraisemblablement à l'abri de la poursuite des autres. J'ai essayé plusieurs fois de mettre ensemble des insectes d'eau douce avec ceux du vinaigre, ou avec ceux de l'eau des huitres ; les premiers ont toujours péri dans le premier instant.

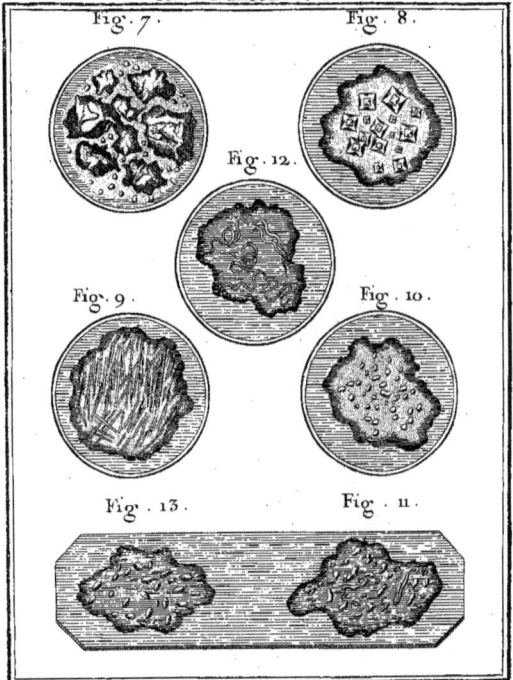

Fig. 7.   Fig. 8.

Fig. 12.

Fig. 9.   Fig. 10.

Fig. 13.   Fig. 11.

APPLICATIONS.

Les infectes ont été regardés fort
long-tems comme les enfans de la
corruption, & de la pourriture des
autres corps. L'erreur des Anciens
touchant leur origine a été telle,
qu'ils ont cru pouvoir les faire naître
artificiellement, en obfervant certains procédés dont ils ont même
ofé donner des recettes. Ce que le
préjugé populaire avoit établi, des
Philofophes ont tâché de le confirmer, & d'en rendre raifon ; & les
fyftêmes que cette opinion a fait naître, ont trouvé des défenfeurs jufques dans ces derniers tems. Mais
l'hypothèfe la plus ingénieufe peut-
elle tenir contre des faits, qu'il n'eft
plus permis d'ignorer ? Les Natu-
raliftes Modernes mieux inftruits
qu'on ne l'étoit autrefois de l'hiftoire des infectes, leur ont donné une
origine plus noble & plus vraie; ils
ont reconnu & conftaté par des obfervations qui ne laiffent plus rien
d'obfcur, que la génération de ces
petits animaux eft auffi bien réglée,
& d'une uniformité auffi conftante

62 LEÇONS DE PHYSIQUE

pour chaque espéce, que celle des lions & des chevaux, &c. Ils ont répondu par des expériences décisives, à des apparences trompeuses & trop peu approfondies, sur lesquelles on appuyoit l'ancienne opinion. Telle matiére corrompue, disoit-on, fait voir des vers & des mouches; peut-on douter que ces animaux ne doivent leur existence à cette corruption? Comme si l'on pouvoit conclurre qu'un cadavre de cheval engendre des corbeaux, parce qu'il arrive souvent qu'on y trouve de ces oiseaux voraces assemblés, ou qu'un pré fait naître des moutons, parce qu'on y en rencontre des troupeaux qui paissent : on pardonneroit de le soupçonner à quiconque ne sçauroit pas que les oiseaux font des nids pour perpétuer leur espéce, & qu'un agneau vient d'une brebis. Si l'on peut en quelque façon excuser ceux qui les premiers ont été trompés par les apparences, parce qu'alors on n'étoit nullement instruit de la vraie maniére dont naissent ces petits animaux si différens des autres par leurs tailles & par leurs figures ; présentement que l'on sçait comment s'engendrent ceux qui sont assez visibles pour être observés, il n'est plus permis de penser que la nature si conforme à elle-même, prenne d'autres voies pour multiplier ceux qu'une extrême petitesse permet à peine d'appercevoir avec le microscope, ni qu'elle abandonne au hazard le soin de les faire naître.

Il faut donc bien se garder de croire que les petites anguilles qu'on apperçoit dans le vinaigre, ainsi que les petits animaux qu'on observe dans les infusions des plantes, soient des parties putréfiées de ces végétaux, qui se convertissent en corps animés. L'expérience apprend, que si l'on tient les vaisseaux fermés, il ne s'y engendre rien ; mais on doit penser que quand ils sont ouverts, les meres que l'air transporte de côté & d'autre, y vont déposer leurs œufs ou leurs vermisseaux, comme dans un lieu qui doit faciliter leur développement, fournir à leur nourriture, & les faire croître. Cette conjecture, (si c'en est une,) est solidement appuyée sur des exemples : combien

d'efpéces de mouches voyons-nous
aller placer leurs œufs dans des eaux
croupies , où le vermiffeau venant à
éclore, fe nourrit, & prend fon ac-
croiffement jufqu'à ce que le tems de
fa métamorphofe étant arrivé, il s'é-
léve dans l'air avec une nouvelle forme, & des aîles, qui le rendent femblable à fa mere ?

Quelque intéreffante que foit cette
matiére, je ne dois pas m'y arrêter
davantage : le Lecteur curieux d'en
être plus amplement inftruit, doit con-
fulter l'Hiftoire des infectes, par M.
de Reaumur ; c'eft-là qu'il fera connoiffance avec ce peuple nouveau ;
c'eft le bien voir , que de le voir par
les yeux d'un tel Obfervateur. Il me
fuffira de remarquer ici, que fi l'on
eft fenfible à cette prodigieufe variété
de figures, par lefquelles la nature a
différencié les plus petits corps ; il
n'eft point de genre qui fourniffe plus
à notre curiofité, que celui des Infectes , où l'on doit admirer également
& les différences qui caractérifent les
efpéces,& l'uniformité qui régne dans
chacune.

III.

III. SECTION.

De la solidité des Corps.

LA *solidité* d'un corps n'est autre chose que la quantité de matiére qui est liée ensemble sous son volume : je dis, qui est liée ensemble ; car s'il arrivoit qu'une matiére étrangère passât librement à travers d'un corps , & qu'elle y exerçât ses mouvemens avec indépendance , comme l'eau de la riviére qui baigne intérieurement un monceau de pierres qu'elle rencontre dans son lit ; cette matiére ne contribueroit en rien à la solidité dont il est ici question. Elle l'augmenteroit au contraire , si elle se trouvoit fixée sous le même volume , comme si l'eau courante que nous venons de citer pour exemple , devenoit de la glace au moment qu'elle se trouve entre les pierres amoncellées. Un panier percé de toutes parts , & plongé dans un fluide , n'a que sa propre solidité ; si c'est un morceau de bois , il est plus solide de toute la quantité d'eau

Tome I. F

dont il eſt pénétré, & qu'il unit à ſa maſſe.

Etre ſolide eſt une propriété, non-ſeulement commune, mais même eſſentielle à tous les corps; ſoit qu'on les conſidére en tout, ſoit qu'on n'ait égard qu'à leurs parties les plus ſimples. C'eſt auſſi le ſigne le moins équivoque de leur exiſtence. Des illuſions d'optique en impoſent quelquefois à nos yeux; nous ſommes tentés de prendre des phantômes pour des réalités: mais en touchant, nous nous aſſurons du vrai, par la perſuaſion intime où nous ſommes, que tout ce qui eſt corps eſt ſolide, capable par conſéquent de réſiſtance, & qu'on ne peut placer le doigt ou autre choſe dans un lieu qui eſt occupé par une matiére quelconque, ſans employer une force capable de la pouſſer ailleurs.

Toute réſiſtance phyſique annonce donc une ſolidité réelle plus ou moins grande; c'eſt une vérité tellement avouée, que je ne crois pas qu'elle ait beſoin d'autre preuve que l'habitude où l'on eſt de confondre les deux idées, quoiqu'à parler exacte-

ment, l'une repréfente la caufe, &
l'autre l'effet. Mais il y a tel cas où
l'une & l'autre (la folidité & la réfiftance) échappent à nos fens, ou à
notre attention. Certains corps nous
touchent fans ceffe, nous touchent
par tout également; l'habitude nous a
rendu leur contact fi familier que nous
avons befoin d'y réfléchir, pour reconnoître l'impreffion actuelle qu'ils
font fur nous. Quand on agit dans
un air calme, il eft peu de perfonnes qui penfent qu'elles ont continuellement à vaincre la réfiftance
d'un corps dont la folidité s'oppofe
à leurs mouvemens. Si l'on fortoit
de l'atmofphére pour y rentrer, on
fentiroit fans réflexion l'attouche-
ment de l'air, comme on fent celui
de l'eau quand on s'y plonge.

Ce qui fait encore que la folidité
des fluides échappe à notre attention; c'eft que leurs parties indépendantes les unes des autres, & d'une
petiteffe qui furpaffe de beaucoup la
délicateffe de nos fens, cédent au
moindre de nos efforts, fur-tout
quand elles font en petite quantité :
& nous ne penfons pas que nous

agiſſons, quand nous agiſſons très-peu.

Puiſque les fluides ſont les ſeuls corps dont la ſolidité ait en quelque façon beſoin d'être prouvée, & que la grande facilité qu'ils ont à céder, pourroit faire croire à ceux qui n'y feroient point aſſez d'attention, que ces ſortes de corps ſont incapables de réſiſtance ; nous les employerons par préférence dans les expériences que nous appellerons en preuves, & nous choiſirons l'air comme le moins ſolide de tous ceux qu'on peut retenir dans un vaiſſeau fermé, afin que ſa ſolidité bien établie ſur des faits, faſſe conclurre à plus forte raiſon, la même choſe pour tous les autres corps.

PREMIERE EXPERIENCE.

PREPARATION.

Dans un vaſe de cryſtal repréſenté par la *Fig.* 14. on verſe cinq ou ſix pintes d'eau bien claire ; & l'on met flotter ſur la ſurface de l'eau un petit morceau de liége *A ;* on deſcend enſuite perpendiculairement le vaſe B, afin que l'air qu'il contient ne puiſſe pas s'échapper.

EFFETS.

La partie de la furface de l'eau qui répond à l'ouverture du vaiffeau *B*, s'abaiffe à mefure qu'on le fait defcendre ; le petit morceau de liége qui flotte deffus , rend cet abaiffement fenfible , & fait voir qu'il n'entre point d'eau dans le vaiffeau *B*.

EXPLICATION.

Le vaiffeau *B*, contient une colonne d'air qui remplit fa capacité ; cette maffe fluide, quoiqu'elle ait peu de denfité, eft pourtant compofée de parties réellement folides, qui ne peuvent être déplacées par un autre corps , à moins qu'on ne leur ouvre une nouvelle place qu'elles puiffent aller occuper. Comme le vaiffeau *B* eft fermé de toutes parts, & que l'eau qui fe préfente à fon ouverture eft plus pefante que l'air ; ce dernier fluide ne peut fortir du lieu où il eft, & comme il eft folide en fes parties , il fe comporte à l'égard de l'eau qu'il rencontre , comme tout autre corps dont les parties feroient liées. Ainfi la furface de l'eau baiffe autant qu'on fait defcendre le vafe qui contient

l'air ; ce qui devient évident par le petit morceau de liége qui flotte deffus.

Quoique l'air du vaiffeau *B*, s'oppofe à l'eau qui fait effort pour y entrer ; fa réfiftance n'eft point telle qu'elle l'en exclue entiérement. Nous verrons ailleurs qu'une maffe d'air eft un corps flexible, & qu'elle peut fe refferrer dans un plus petit volume quand on l'y force : nous ferons voir auffi qu'un corps plongé dans un fluide, y eft d'autant plus preffé, qu'il y defcend plus avant. Ces deux principes une fois fuppofés, expliquent fort bien pourquoi l'eau s'éléve un peu dans le vaiffeau *B*, nonobftant la réfiftance de l'air ; ce qui arriveroit auffi en fubftituant à l'air toute autre matiére flexible, & incapable de fe mêler avec l'eau ; comme nous le prouverons en parlant de la compreffibilité des corps. Mais quelque chofe qui arrive, & à quelque profondeur que l'on porte le vaiffeau *B*, jamais l'eau ne réduira le volume d'air à zéro pour occuper toute la place. Quand une fois l'effort qui fe fait à la bafe, aura rapproché les parties autant qu'elles peuvent l'être, il n'eft point de force qui le refferre dans un plus petit efpace ; ce qui fuffit pour prouver que ce fluide a, comme tous les autres corps, une folidité abfolue.

APPLICATIONS.

Par l'expérience précédente, pour peu qu'on y penfe, on apprend pourquoi l'on ne remplit point un pot ou tout autre vafe femblable, quand on le plonge l'orifice en bas ; par quelle raifon l'entonnoir dont le canal remplit trop exactement le col d'une bouteille, n'eft point propre à y introduire une liqueur ; & ce qui oblige d'avoir recours à certaines voies extraordinaires, pour remplir des vaiffeaux qui ne font ouverts que par un très-petit canal, comme la caffolette de la 3e *Exp.* 1e *Sect.* Le préjugé, ou l'habitude que nous avons de vivre dans l'air, nous fait regarder comme vuide tout ce qui n'eft plein que de ce fluide ; dans cette confiance mal fondée, nous croyons qu'une liqueur n'a qu'à fe

présenter de quelque façon que ce
soit à l'ouverture d'un vafe, pour y
trouver accès ; mais nous devrions
faire attention que toutes ces capa-
cités font naturellement remplies
d'air, comme elles feroient pleines
d'eau, fi elles avoient été fabriquées
au fond d'un étang, & qu'elles n'en
fuſſent jamais forties : nous devrions
penſer de plus, que l'air ayant de la
folidité dans fes parties, on ne doit
pas prétendre de loger avec lui un
autre corps dans le même lieu ; &
qu'ainfi pour mettre de l'eau, du
vin, &c. dans une bouteille, il faut
que l'air puiſſe paſſer entre le col &
l'entonnoir pour faire place à la liqueur. Mais quand ce col eſt tellement étroit, qu'il ne peut pas donner en même-tems un paſſage libre
à deux matiéres qui coulent en fens
contraire, c'eſt-à-dire, à la liqueur
qu'on veut faire entrer, & à l'air qui
doit fortir ; il faut que cela fe faſ-
fe fucceſſivement. C'eſt pourquoi
quand on veut introduire l'efprit de
lavande dans la caſſolette que nous
avons citée, on commence par la
chauffer ; & quand l'action du feu

a

a fait fortir une bonne partie de l'air qu'elle contenoit, on plonge le col dans la liqueur qui va prendre fa place. Nous ne confidérons maintenant dans cet effet, que le déplacement d'un fluide qui doit précéder l'introduction d'un autre. Lorfque nous expliquerons les propriétés de l'air, nous ferons connoître comment un vafe que l'on chauffe, perd une grande partie de l'air qu'il contient.

Nous avons dit pourquoi l'air ne peut point s'échapper du vaiffeau *B* dans l'expérience précédente ; c'eft par la même raifon, qu'il demeure dans la cloche du plongeur, & qu'il fournit à fa refpiration pendant quelque tems. C'eft par la raifon contraire, que l'on puife commodément une liqueur dans un vafe qu'on ne veut pas remuer, avec une efpéce de chalumeau renflé par le bas, comme il eft repréfenté par la *Fig.* 15. Car comme cet inftrument eft ouvert en *C*, l'air s'échappe par cette iffue, à mefure que la liqueur s'introduit par l'orifice *D* ; & l'expérience fuivante apprendra comment on peut le tranfporter plein, en empruntant la réfiftance de l'air extérieur. *Tome I.*   G

II. EXPERIENCE.

Préparation.

La *Fig.* 16. repréſente une eſpèce de fontaine, dont le canal *E F* eſt ouvert de part & d'autre ; la partie *E* eſt élevée d'environ 2 lignes au-deſſus du fond du baſſin *G H*, qui eſt percé au centre : on remplit d'eau le réſervoir *I K*, juſques aux ¾ ou environ.

Effets.

Cette fontaine coule à pluſieurs repriſes par les petits canaux 1, 2, 3, 4, tant que l'eau contenue dans le réſervoir peut fournir à cet effet.

Explications.

Lorſque le canal *E F* eſt ouvert, il laiſſe un paſſage libre à l'air qui exerce intérieurement ſa preſſion ſur la ſurface de l'eau en *I K*. Il y a alors deux cauſes qui concourent à l'écoulement ; la preſſion de l'air intérieur, & le poids de l'eau. De ces deux cauſes, la première eſt contrebalancée par la réſiſtance de l'air extérieur qui répond au bout de chacun des petits

canaux 1, 2, 3, 4, & qui s'oppose par
dehors à la chûte de l'eau avec une
force égale à la preſſion qui la ſollicite
par dedans; la ſeconde cauſe, (le poids
de l'eau,) ſubſiſte entiérement, & ſuffit pour la faire couler. Mais ſi le canal *E F* vient à ſe boucher, l'air intérieur ceſſant de preſſer la ſurface de
l'eau en *I K*, laiſſe agir librement
celui du dehors, dont la réſiſtance
l'emporte ſur la peſanteur du liquide,
& l'écoulement ceſſe. On ſe ſert aſſez
ingénieuſement de l'eau même qui
s'écoule, pour cauſer les intermit-
tences. Comme elle ne peut ſortir du
baſſin *G H*, qui la reçoit, que par le
trou qui eſt au centre; elle s'y trouve
d'abord, & pendant quelque tems,
en aſſez grande quantité pour noyer
l'extrémité *E* du canal; & ce n'eſt
que quand elle eſt écoulée, qu'il ſe
trouve ouvert de nouveau, & qu'il
rend le paſſage à l'air.

Applications.

On trouve en différens lieux des
ſources intermittentes dont les écou-
lemens ſont périodiques; ces effets
naturels qui ſe rencontrent aſſez ordi-

nairement dans le voifinage des mon-
tagnes, dépendent bien fouvent de
plufieurs caufes qui s'entr'aident pour
la même fin ; mais comme les différentes explications qu'on en donne,
font la plûpart fondées fur certaines
propriétés de l'air que nous n'avons
point encore fait connoître, nous
différons de les rapporter, jufqu'à ce
que l'ordre que nous nous fommes
propofé dans cet ouvrage, nous ait
donné lieu de traiter de ce fluide.
Nous fuppofons feulement ici, (ce
qu'il a de commun avec tous les autres corps,) qu'il eft capable de ré-
fifter & d'agir fur d'autres matiéres ;
& nous en trouvons des preuves non-
feulement dans les expériences que
nous venons de citer, mais encore
dans plufieurs effets que nos propres
befoins nous mettent tous les jours
fous les yeux.

La néceffité de tenir ouverte la
partie C de l'inftrument cité ci-deffus * pour permettre à l'eau d'y entrer par l'extrémité D; ne laiffe point
ignorer la réfiftance de l'air qui refteroit enfermé. Mais quand on veut
tranfporter la liqueur qu'on a puifée,

*Fig. 15.

c'eſt encore par une ſemblable réſiſtance employée en dehors, qu'on en
vient à bout. En fermant avec le doigt
la partie c du canal, on donne lieu à
l'air extérieur d'oppoſer toute ſa force
en d à la chûte du liquide renfermé.
Les lampes & les encriers dont les ré-
ſervoirs ſont des bouteilles renverſées,
comme le repréſente la *Fig.* 17. ne ſont
encore que des exemples variés des
mêmes effets. Si l'on faiſoit la moindre
petite ouverture en la partie ſupérieu-
re L du vaſe, la liqueur ſe trouveroit
alors entre deux puiſſances égales ; car
l'air qui réſiſteroit en M ne feroit qu'é-
quilibre à celui qui preſſeroit par L, &
l'huile ou l'encre obéiroit librement
à ſa peſanteur qui ne lui permettroit
pas de reſter ſuſpendue au-deſſus de
ſon niveau. Mais tant que le réſervoir
eſt fermé par le haut, l'air qui s'oppoſe en M, a des forces ſuffiſantes pour
ſoutenir la liqueur. Un tonneau plein,
quoiqu'ouvert par un trou de vrille,
trompe encore l'attente de celui qui
l'a percé, s'il oublie de lui donner de
l'air par le haut. C'eſt encore par la
même cauſe, qu'une bouteille bien
bouchée par le col, au fond de la-

quelle on a fait fecrétement un trou, inonde & furprend beaucoup celui à qui on la donne à déboucher.

La folidité des corps fe nomme auffi *Impénétrabilité* ; mais ce terme a befoin d'être expliqué pour préve- nir des objections tirées de certaines expériences, par lefquelles il paroît que plufieurs matiéres mêlées enfem- ble confondent leurs grandeurs, & fe pénétrent mutuellement : une épon- ge, par exemple, reçoit intérieure- ment une quantité d'eau qui femble perdre fon propre volume, puifque celui fous lequel elle fe trouve ren- fermée après cette efpéce de péné- tration, n'en eft point fenfiblement augmenté ; un vaiffeau plein de cen- dres ou de fable admet encore une grande quantité de liqueur ; & par- ties égales d'efprit-de-vin & d'eau mêlées dans le même vafe, y tiennent moins de place qu'elles n'en occu- poient avant le mêlange : la matiére eft-elle donc pénétrable ? ou fi elle ne l'eft pas, dans quel fens faut-il en- tendre fon impénétrabilité ?

C'eft qu'il faut foigneufement diftin- guer la grandeur apparente des corps,

de leur solidité réelle. Les parties in-
divisibles (s'il y en a) sont absolument
impénétrables. Celles même d'un ordre inférieur, qui commencent à être
composées, ne sont encore vraisemblablement jamais pénétrées par aucune matiére ; en un mot il y a dans
tous les corps quels qu'ils puissent être,
une certaine quantité de parties qui
occupent seules les places qu'elles
ont, & qui en excluent nécessairement tout autre corps. Mais ces parties solides & impénétrables qui font
proprement la vraie matiére de ces
corps, ne sont pas tellement jointes
ensemble, qu'elles ne laissent entre elles des espaces qui sont vuides, ou qui
sont pleins d'une autre matiére qui n'a
aucune liaison avec le reste, & qui
céde sa place à tout ce qui se présente
pour l'en exclure ; en admettant ces
petits interstices dont nous prouverons l'existence dans la leçon suivante, on conçoit très-facilement que
l'impénétrabilité des corps doit s'entendre seulement des parties solides
qui se trouvent liées ensemble dans
le même tout, & non pas du composé qui en résulte.

G iv

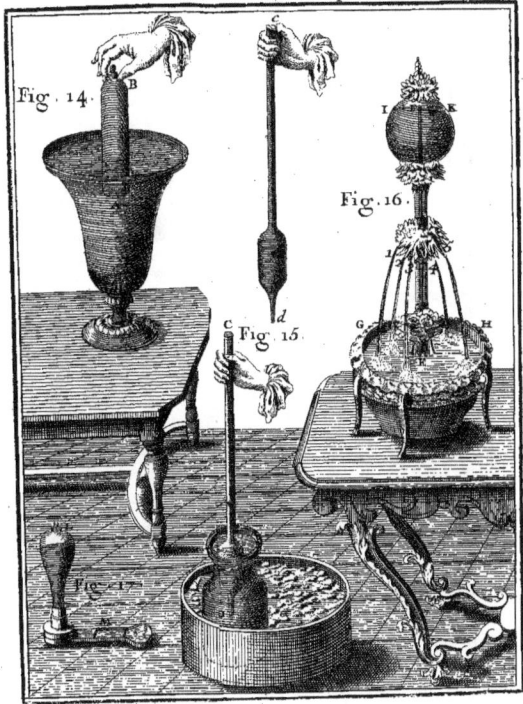

Fig. 14.

Fig. 16.

Fig. 15.

Fig. 17.

II. LEÇON.

De la Porosité, Compressibilité, & Elasticité des Corps.

PREMIERE SECTION.

De la Porosité.

LA Porosité des corps n'est autre chose que le vuide qui se trouve entre leurs parties solides; & par ce mot de *vuide* nous ne prétendons pas faire entendre des espaces privés de toute matiére : il est indubitable que la plus grande partie de ces interstices loge des fluides dont la présence se manifeste par mille preuves. Quand je plonge dans l'eau une éponge séche, ou une pierre tendre, j'en vois sortir beaucoup d'air, à mesure que l'eau y pénétre : & quand je fais sécher des matiéres humides, elles deviennent plus légéres à mesure qu'elles perdent par l'évaporation, ce que leur porosité avoit admis. Ces corpuscules

II. LEÇON.

étrangers ne remplissent que les plus grands vuides : la matiére du feu, celle de la lumiére que nous voyons passer dans des corps impénétrables à l'air, à l'eau, &c. ne nous permettent point de douter qu'il n'y ait des pores d'un autre ordre, qui se remplissent de ces fluides beaucoup moins grossiers que les autres ; mais quand on considére la matiére propre d'un corps, c'est toujours en faisant abstraction de toutes ces parties étrangéres qui suivent d'autres loix, & qui ne participent point à ses affections. On peut croire aussi qu'après ces premiers vuides qui n'en sont point à proprement parler, puisqu'ils sont pleins d'une autre matiére, il en est d'autres plus petits & qui le sont au sens littéral. La liberté requise pour les mouvemens, semble l'éxiger ; mais s'ils existent dans la nature, ils ne sont point susceptibles d'aucune preuve d'expérience. En exceptant donc seulement les parties simples & primordiales des corps, nous établissons comme une proposition générale, que tout ce qui est composé de parties matérielles est poreux, les corps durs comme les liqueurs, ceux qui font organifés comme ceux qui ne le font pas : & s'il y a quelque différence dans les uns & dans les autres, ce n'eft que par la grandeur, par le nombre, par la figure ou par l'arrangement des pores.

PREMIERE EXPERIENCE.

Préparation.

La *Figure premiere* repréfente une machine pneumatique, fur la platine de laquelle on a établi un canon de verre *N O*, terminé en haut par un vafe de bois de chêne *P*, qui a été creufé felon le fil du bois, & dont le fond eft épais d'environ 3 lignes ; on met de l'eau dans ce vafe, & l'on fait agir la pompe.

Effets.

Après quelques coups de pifton, l'eau contenue dans le vafe de bois paffe à travers le fond, & tombe par gouttes dans le canon de verre ; le bois s'étend, & quelquefois le vaiffeau fe fend.

Explications.

La machine pneumatique est un instrument qui sert à pomper l'air qui est renfermé dans un vaisseau. Nous nous abstiendrons de rien dire ici de sa construction & de ses différens usages, parce que c'est une chose étrangére à notre objet présent, & qui trouvera naturellement sa place dans les leçons qui traiteront des propriétés de l'air. Il nous suffira de dire ici qu'en faisant agir la pompe de cette machine dans l'expérience précédente, on peut ôter l'air qui est contenu dans le canon de verre *N O*.

Un morceau de bois considéré selon sa longueur, est un assemblage ou un faisceau de petites fibres renfermées sous l'écorce qui leur sert d'enveloppe commune. On peut s'en faire une idée, (fort grossiére à la vérité,) en se représentant une botte d'allumétes couvertes d'un fourreau. Quelque menues que puissent être ces fibres ligneuses, elles ne s'approchent jamais de maniére qu'elles ne laissent entre elles des interstices qui forment autant de petits canaux. En creusant

le vafe de l'expérience précédente, on
a réduit la longueur de ces canaux à
l'épaiffeur du fond, qui n'eft que de
deux ou trois lignes; ainfi l'on peut
confidérer ce fond comme un crible
ouvert par une infinité de petits trous
qui paffent d'une furface à l'autre; cependant les pores du bois de chêne
font fi petits, que l'eau dont on remplit
le vaiffeau, aidée de fon feul poids, ne
peut fe faire jour à travers. Il faut em-
prunter une force étrangére qui la
mette en état d'aggrandir les paffages
& de pénétrer; on fe fert ici de la preffion de l'air extérieur, qui agit toujours fur la furface de l'eau, mais qui
ne peut avoir fon effet que quand on
diminue, ou qu'on fait ceffer la réfiftance de celui qui eft renfermé dans
le canon de verre, & qui lui fait équilibre, tant qu'il y refte : ainfi après
quelques coups de pifton, l'eau pouf-
fée par dehors n'étant plus foutenue
par dedans NO, fe filtre à travers le
fond du vafe de bois, & s'amaffe en
gouttes qui forment en tombant une
efpéce de pluie.

Les pores n'ont pas pû s'aggrandir,
que les parties folides du bois ne fe

II.
LEÇON.

soient écartées les unes des autres, & que la surface ne se soit étendue; mais si la circonférence que l'eau pénétre moins, ne s'étend pas proportionnellement autant que le milieu, le fond du vase deviendra courbe, ou le vase lui-même s'ouvrira par quelque fente.

APPLICATIONS.

Les bois qu'on nomme *tendres*, (parce qu'étant plus poreux que les autres, ils sont plus aisés à couper,) lorsque leur surface n'est enduite d'aucune matiére grasse, deviennent humides, quand ils sont plus secs que l'air qui les touche ; ou bien ils perdent une partie de leur humidité, s'ils sont dans un air qui en ait moins qu'eux: parce qu'il est de la nature des fluides de s'étendre par-tout avec égalité ; & comme l'état de l'atmosphére varie sans cesse, les bois, ainsi que tous les corps spongieux, souffrent continuellement des alternatives d'humidité & de sécheresse ; ce qui cause des variations dans leurs volumes; les surfaces augmentent d'étendue dans un tems, dans un autre elles dimi-

nuent. C'est par cette raison, que les
charpentes dans les bâtimens neufs,
que les cloisons de sapin, que les lambris & autres ouvrages de menuiserie
qui n'ont point été faits avec des bois
long-tems gardés à couvert; se fen-
dent souvent avec éclat, & que les
assemblages perdent leur justesse &
leur solidité; qu'une fenêtre qui se ferme aisément dans un tems, se trouve
trop large dans un autre, & peut à
peine rentrer en place; qu'un tonneau
entr'ouvert se raccommode en restant
dans l'eau, &c. Car tous ces effets ne
sont autre chose que des dimensions
augmentées par l'humidité, ou dimi-
nuées par la sécheresse.

Ces sortes de désordres ne seroient
pas à beaucoup près aussi considérables qu'ils sont, si la diminution ou
l'augmentation des surfaces se faisoit
également par-tout & en même tems;
dans les ouvrages qui sont d'une
seule piéce, ou qui sont assemblés
à colle, il n'arriveroit qu'un changement de grandeur qui seroit souvent
d'une légére conséquence : mais parce qu'un côté devient humide & plus
grand, pendant que l'autre reste sec

& fans diminution , il s'enfuit des ger-
fures , des courbures, des difformités.
C'eft ainfi qu'un lambris fe creufe en
dehors, quand la furface qui touche
un mur humide , demeure plus étendue que l'autre ; & qu'une porte fe
déjette, quand les piéces qui la compofent, ne font pas également fufceptibles ou exemptes des impreffions
de l'air.

L'ufage des peintures à l'huile &
des vernis rémedie affez bien à ces
fortes d'inconveniens : en bouchant
ainfi les pores du bois avec une matiére qui n'eft point pénétrable à
l'eau, non - feulement on empêche
l'humidité d'y entrer, mais auffi celle
qui s'y trouve renfermée dans le tems
qu'on finit l'ouvrage, n'en peut plus
fortir ; & c'eft un moyen de conferver
un état conftant aux chofes qui n'en
peuvent changer que par le fec ou
par l'humide.

C'eft une chofe admirable , que
des parcelles d'eau qui s'infinuent
dans un corps folide , puiffent ainfi
par leurs petites forces multipliées ,
augmenter fon étendue, nonobftant
les réfiftances énormes qui font effort
quelquefois

quelquefois pour le retenir dans ſes dimenſions. On a vû des cables mouillés à deſſein, ſe gonfler aux dépens de leur longueur, & faire approcher du point fixe où ils étoient attachés des maſſes prodigieuſes. Une ſemblable expérience, & qui n'eſt pas moins digne d'attention, ſe paſſe tous les jours ſous des yeux qui n'en remarquent pas tout le beau, dans les carriéres où l'on taille les meules de moulin. Ces ſortes de pierres ſont fort dures, & l'on n'eſt pas dans l'uſage de les ſcier. On en choiſit un bloc que l'on façonne en forme de cylindre d'un diamétre convenable. Tandis qu'il repoſe ſur ſa baſe, on le partage par des tranchées circulaires & paralléles, à telle diſtance l'une de l'autre qu'il ſe trouve entre elles de quoi faire autant de meules : mais comme ces tranchées ne peuvent pas aller juſqu'à l'axe du cylindre, il reſte un noyau qu'il faut rompre à chaque tranche qu'on veut détacher ; pour cet effet on remplit tout ce qu'on a creuſé avec des coins de bois tendre & bien ſéchés, dont on augmente enſuite le volume en les mouillant par aſperſion ou autrement.

II.
Leçon.

Ce qu'il y a de merveilleux dans cette pratique, c'eft que ni le poids, ni la dureté d'une telle pierre, ne puiffe empêcher l'humidité d'avoir fon effet fur le bois, & que par un moyen fi fimple, & fi peu puiffant en apparence, elle fe fépare de la maffe dont elle fait partie (*a*).

II. EXPERIENCE.

PREPARATION.

En place du canon de verre de l'ex-périence précédente, on met celui qui eft repréfenté par la *Figure* 2. Il eft garni par le haut, d'un flacon de cryftal, dont le fond eft de cuir de buffle, & dans lequel on a mis du mercure jufques à la hauteur de deux doigts ou environ.

EFFETS.

Au premier coup de pifton, le mercure paffe à travers le cuir, & tombe dans le tube par petits globules qui imitent une pluie d'argent.

(*a*) Quoique plufieurs bons Auteurs ayent fait men-tion de cette pratique, il faut convenir quelle n'eft point en ufage dans tous les endroits où l'on fait des meules; j'ai appris que celles des environs de Jouarre, ne fe détachent point ainfi.

EXPLICATIONS.

La peau de buffle qui sert de fond au flacon, est comme celle de tous les autres animaux, très-poreuse ; le mercure qui repose dessus, n'est pas en assez grande quantité pour forcer le passage par son propre poids ; mais quand on y joint la pression de l'air extérieur comme dans la première expérience, alors ses petits globules se font jour, & imitent en tombant, une pluie d'argent, par leur nombre & par leur couleur.

APPLICATIONS.

La vie des animaux s'entretient par les alimens ; mais de tout ce qu'ils prennent par forme de nourriture, la nature n'en employe qu'une très-petite partie à la subsistance du corps qui les digère : quand elle a fait son extrait, & qu'elle l'a placé selon ses vûes, elle a des voies par lesquelles elle sçait se débarrasser du superflu : on croiroit volontiers que les évacuations les plus vulgairement connues sont aussi celles qui emportent la plus grande quantité de ces subst-

H ij

tances excédentes ; mais il en eſt d'autres qu'on apperçoit moins , & qui
opérent davantage , parce qu'elles ſe
font continuellement. Ce qu'on appelle *tranſpiration* , n'eſt autre choſe
qu'une évaporation d'humeurs ſur-
abondantes qui ſe fait en plus grande partie par les pores de la peau:
ſi elle eſt telle qu'elle rende la ſurface
du corps notablement humide , elle
ſe nomme tranſpiration ſenſible , ou
vulgairement *ſueur* ; & cet état n'eſt
pas naturel , il ſuppoſe un exercice
violent , ou quelque agitation extraordinaire dans les parties internes;
mais l'animal le plus tranquille & qui
ſe porte le mieux , n'eſt pas un inſtant
ſans tranſpirer d'une maniére peu ſenſible à la vérité , mais ſi efficace à la
longue , que ſelon les expériences
de Sanctorius , de M. Dodart , & de
quelques autres perſonnes qui les ont
faites avec ſoin , la tranſpiration in-
ſenſible enléve les cinq huitiemes de
ce que nous mangeons & buvons en
24 heures.

On ne doit donc pas être ſurpris
du dépériſſement & de la défaillance
de ceux qui font trop long - tems

fans manger, ou qui nè prennent
que des fubftances peu capables de
fournir à la réparation de celles qui fe
perdent continuellement par la tranfpiration : mais on a raifon de l'être,
quand on voit des létargiques & certains animaux, comme les marmotes,
les loirs, &c. vivre plufieurs mois endormis, fans prendre aucun aliment.

Ceux qui ont vû des corps vivans &
endormis de cette forte, ont dû s'appercevoir que leur état reffemble bien
plus à un engourdiffement général répandu dans toute l'habitude du corps,
qu'au fommeil naturel & commun.
Dans un animal qui n'eft fimplement
qu'endormi felon le cours ordinaire
de la nature, la refpiration eft fenfible
& fréquente ; la chaleur & la moleffe
des membres témoignent que les humeurs fe meuvent & circulent avec
liberté ; il n'y a pour ainfi dire qu'un
pas à faire de ce fommeil au réveil ;
ainfi la tranfpiration continue, parce
que fes caufes font à peu-près les
mêmes : mais dans un létargique ce
n'eft pas la même chofe, tout eft
dans une inaction prefque entière ;
il ne différe d'un mort que par un

reſte de mouvement qui ſe laiſſe à peine appercevoir , & qui le plus ſouvent ne ſe ranime plus : ou s'il ſe ranime enfin, l'extrême maigreur & la grande foibleſſe du malade marquent bien à ſon réveil la perte qu'il a faite de ſa ſubſtance par une tranſpiration plus lente mais trop longue. J'ai obſervé quelquefois de ces eſpéces de rats qu'on nomme loirs : l'engourdiſſement où ils étoient, leur rendoit les membres auſſi roides que s'ils euſſent été morts ; à peine paroiſſoient-ils plus chauds que la muraille d'où on les avoit tirés ; preſque aucun ſigne de mouvement interne , & une difficulté pour les éveiller qui permettoit de les agiter de toute maniére , & même de leur faire des bleſſures. Dans un tel état , l'animal fait bien peu de diſſipation ; il peut donc le ſoutenir quelque-tems ſans nourriture , & ce tems où il vit ainſi, eſt toujours celui de toute l'année , où la tranſpiration eſt moins abondante , c'eſt-à-dire , pendant le froid.

Dans les grandes chaleurs de l'été on tranſpire davantage , & d'ordinaire on mange moins que dans tou-

te autre faifon ; les parties de l'efto-
mac deftinées à faire la digeftion des
alimens, fe relâchent juftement lorfqu'il feroit le plus néceffaire qu'elles
exerçaffent leurs fonctions ; les animaux font alors moins vigoureux ,
parce qu'ils perdent plus , & qu'ils réparent moins qu'en tout autre tems ,
l'apétit & le befoin de manger ne
font point la même chofe.

Si la peau des animaux a des pores qui tranfmettent les humeurs du
dedans au-dehors , elle en a auffi qui
permettent le paffage à des matiéres
qui agiffent du dehors au-dedans ; la
Médecine applique extérieurement
des remédes qui portent leurs effets
jufqu'aux parties les plus internes ,
& qui ne permettent point de douter
de cette derniére efpéce de porofité.

III. EXPERIENCE.

PREPARATION.

On met un œuf dans un gobelet
de verre plein d'eau claire, que l'on
couvre d'un récipient, fur la platine
de la machine pneumatique, comme il eft repréfenté par la *Fig. 3.*

EFFETS.

Quand on fait agir la pompe pour ôter une partie de l'air qui eſt dans le récipient, toute la ſurface de l'œuf ſe couvre de petites bulles d'air qui ſe détachent peu à peu, pour gagner la ſurface de l'eau; & à certains endroits de l'œuf on remarque des petits jets d'air qui ſont formés par une ſuite continuelle des globules.

EXPLICATIONS.

La coque d'un œuf eſt poreuſe, & par cette raiſon il s'évapore en peu de jours une partie de ſa ſubſtance, qui eſt bien-tôt remplacée par l'air qui l'environne. Cet air contenu dans l'œuf n'en ſort point tant qu'il eſt retenu par la preſſion de l'atmoſphére : mais quand on diminue ou qu'on fait ceſſer cette preſſion, comme il arrive dès qu'on ôte l'air qui eſt dans le récipient ; & qui preſſe l'eau contre toute la ſurface de l'œuf ; auſſi-tôt l'air intérieur, par une propriété que nous expliquerons dans ſon tems, fait effort pour paſſer au-dehors, & montre en ſortant les pores de la

coque

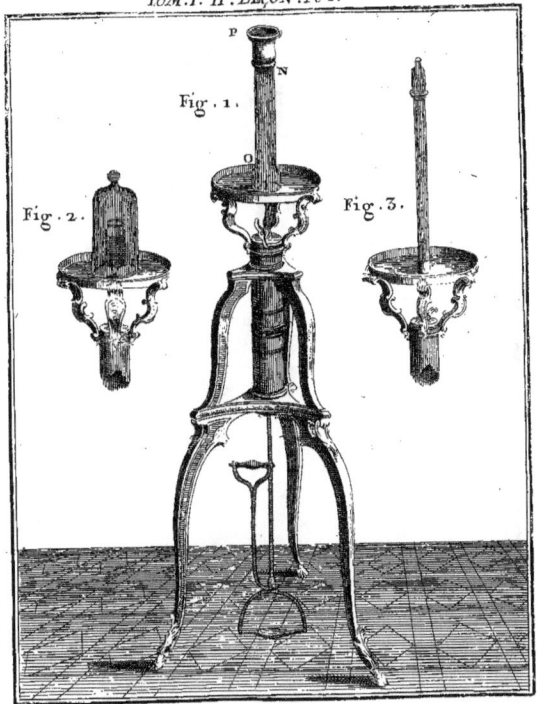

TOM.I. II .LEÇON .Pl I.

coque par lefquels il y étoit entré. La plupart de ces pores font fi petits que l'air n'y paffe qu'en parties infenfibles ; mais l'adhérence mutuelle de ces particules les retient, jufqu'à ce que le volume augmenté par un affez grand nombre, foit forcé de s'élever à la furface de l'eau, par la différence qu'il y a entre les pefanteurs fpécifiques des deux fluides.

La porofité n'eft point égale partout ; il y a des endroits où ces petits paffages font plus ouverts, & par lefquels l'air paffe affez librement, & en affez grande quantité, pour obéir tout d'un coup à fa légéreté refpective ; c'eft ce qui donne lieu à ces petits jets qu'on remarque en différens endroits. L'eau que l'on met dans le gobelet, & dans laquelle l'œuf doit être entiérement plongé, ne fert que pour faire appercevoir les bulles d'air qui fortent de la coque, & qu'on ne pourroit pas remarquer, fi elles paffoient immédiatement dans l'air du récipient.

APPLICATIONS.

LES œufs qu'on nomme *frais*, font

Tome I.   I

ceux qui n'ont point encore perdu cette partie qu'on nomme *le lait*, & qu'on trouve d'abord en les ouvrant, quand ils ne font point trop cuits : ainfi, fans avoir égard à la date, on pourroit nommer de même ceux qui feroient pondus depuis plufieurs jours, mais à qui l'on auroit épargné cette diffipation de fubftance, qui n'eft qu'un effet de l'évaporation, qui fe fait affez promptement par les pores de la coque. Non-feulement c'eft une chofe curieufe de conferver frais par leurs qualités des œufs qui font vieux par le tems; mais il y a un avantage réel à fe procurer toujours en bon état un aliment qui devient fouvent équivoque, quand il eft gardé. Dans les voyages de mer, & dans les faifons où les poules ne pondent point, ou très-rarement, c'eft une véritable reffource qu'une provifion d'œufs qui font auffi bons que s'ils étoient nouvellement pondus. Feu M. de Reaumur qui ne bornoit jamais fes recherches à des fpéculations de fimple curiofité, nous en a' offert un moyen qui paroît auffi fimple & plus fûr que tous ceux qu'on avoit imagi-

nés avant lui. Il conseilloit de boucher les pores de l'œuf avec un enduit
indissoluble à l'eau, & qui ait quelque
consistance, afin que ce qui fait effort
pour transpirer du dedans au dehors
de l'œuf, ne puisse pas fondre ce qui
se sera moulé dans les pores comme
autant de petits bouchons. Deux ou
trois couches de vernis le plus commun, une légére couverture de graisse
de mouton, ou de cire chauffée seulement jusqu'à liquidité , sont des
moyens qui réussissent également ; &
je puis dire d'après ma propre expérience, qu'un œuf ainsi gardé cinq ou
six mois, fait encore le lait, & n'a
pas le moindre mauvais goût. Cependant quand on les veut garder plus
sûrement, & pendant plusieurs mois,
il faut choisir des œufs qui n'ayent
point été fécondés, autrement le germe étouffé sous le vernis ne manquera,
pas d'en corrompre une partie.

Les œufs vernis ou enduits, comme on vient de le dire, n'ont pas
seulement l'avantage de se conserver
bons, pour être mangés comme frais ;
ils ont encore celui de pouvoir être
couvés en toute sûreté, pourvû qu'on

n'attende pas au-delà de cinq ou six semaines; c'est donc un nouveau moyen pour tenter d'élever des oiseaux étrangers, qu'on ne peut transporter vivans qu'avec beaucoup de peine & d'embarras, & qui pour l'ordinaire ne s'accouplent point hors de leur pays. Leurs œufs vernis se transporteront aisément, seront propres à être couvés après le transport ; & l'on sçait qu'une espéce couve les œufs d'une autre: une poule fait éclore des canards, des faisans, &c. Mais en pareil cas il ne faut pas oublier de préférer le vernis à tout autre enduit qui s'appliqueroit chaud, & qui pourroit tuer le germe ; non plus que d'ôter le vernis même qui couvre la coque, quand il s'agit de mettre les œufs sous l'oiseau qui les doit couver. Cette transpiration qu'on avoit intérêt d'arrêter jusqu'alors, devient nécessaire pendant l'incubation; & ce sont encore deux faits également constatés par les expériences de M. de Reaumur ; 1°, qu'un œuf verni demeure envain sous l'oiseau qui couve ; 2°. que celui qui a été enduit, & qui ne l'est plus, se couve, & vient à bien, comme s'il ne l'avoit jamais été.

IV. EXPERIENCE.

PRÉPARATION.

SUR un morceau de papier blanc,
on écrit, ou l'on deſſine ce que l'on
veut, avec une liqueur claire & ſans
couleur, qui eſt préparée avec du vinaigre diſtillé & de la litarge; on met
ce papier,qui ne porte aucune marque
d'écriture, quand il eſt ſec, dans les
premiéres feuilles d'un livre qui a 400
ou 500 pages; on étend enſuite avec
une petite éponge ſur la derniére
feuille du livre, une autre liqueur qui
n'eſt pas plus colorée que la premiére, & qui eſt une préparation faite
avec l'orpiment, la chaux vive &
l'eau commune : & l'on tient le livre
fermé pendant trois ou quatre minutes. *Fig.* 4.

EFFETS.

QUAND on retire le papier qu'on
avoit mis dans le livre, on trouve
coloré d'un brun noir tout ce qu'on
y avoit écrit ou deſſiné avec la premiére liqueur; & l'on ne rencontre
aucune marque ſemblable dans tout
le reſte du livre.

I iij

Explications.

Ces deux liqueurs que l'usage a fait nommer *encres de sympathie*, sont de telle nature, que par-tout où elles se rencontrent, leur mélange paroît sous une couleur qu'elles n'avoient ni l'une ni l'autre, avant que de se joindre. C'est un effet qui leur est commun avec plusieurs autres liqueurs, & dont nous essayerons de rendre raison, en parlant de la lumiére & des couleurs. La derniére de ces deux liqueurs exhale une vapeur fort pénétrante qu'on apperçoit à l'odeur, & qui passe à travers des feuillets du livre en très-peu de tems. Or la vapeur d'une liqueur, c'est la liqueur même divisée en très-petites parties, & dans cet état elle est également propre à s'unir avec ce qu'on a étendu de la premiére sur le papier blanc; il s'y fait donc un mélange des deux, qui paroît sous la couleur qu'elles doivent faire naître toutes les fois qu'elles se joignent ensemble; & comme cette couleur dépend absolument de l'union des deux, la vapeur, en pénétrant le livre, n'a dû laisser aucune

trace de fon paſſage , puiſqu'on ſuppoſe que les feuilles ne portoient
rien de la premiére liqueur.

APPLICATIONS.

Depuis qu'on a banni de la Phyſique toutes ces qualités occultes avec
leſquelles on répondoit à tout , mais
qui au fond ne rendoient raiſon de
rien à quiconque vouloit des idées
claires & diſtinctes ; on ne doit plus
recevoir la *ſympathie* & *l'antipathie* ,
comme les cauſes d'aucun phénoméne , à moins qu'on ne prenne ces
mots par abbréviation , pour l'action
méchanique d'un corps ſur un autre ,
comme quand on dit , *tel reméde ,
ou tel aliment*, *eſt ami de la poitrine ,
de l'eſtomac* , &c. façon de parler ,
pour dire qu'on en doit attendre un
bon effet , & pour ne point expliquer
en détail comment ſe paſſe cette action qui conſerve , ou qui répare.
Mais ſi quelqu'un, pour rendre raiſon
de l'expérience précédente avoit dit :
la ſeconde liqueur fait paroître la premiére , parce qu'elle ſympathiſe avec
elle ; il n'auroit rien dit pour ceux
qui veulent une explication intelligible ; on exigeroit de lui qu'il fît con-

noître en particulier, ou au moins en général, en quoi confiste cette sympathie; ses raisons ne se feroient goûter que quand il les établiroit sur des principes connus : car s'il suppofoit dans son explication quelque chose de nouveau en Physique; il faudroit encore qu'il le prouvât, sans quoi ce ne seroit qu'une hypothése qui n'auroit nulle force.

Ce qui fait recourir aux sympathies ou aux antipathies, pour expliquer certains faits, c'est ordinairement la difficulté qu'on trouve à les accorder avec les loix ordinaires & communes de la nature ; mais ceux qui en usent ainsi, font souvent bien peu informés de ces loix, & de l'usage qu'on peut faire de leur connoissance. Un homme instruit, sçait que les propriétés que nous connoissons dans les corps, font en bien petit nombre, mais qu'elles font très-fécondes dans leurs applications : elles se montrent par tant d'endroits différens, qu'il a peine à se persuader de les trouver jamais en défaut ; sans se flatter de les connoître toutes, il ne se permet pas légérement la liberté d'en imaginer

de nouvelles ; il aime mieux croire
qu'il ne les voit pas toujours où elles
font , & que ce qu'il n'apperçoit pas
eſt réſervé à un génie plus heureux
ou plus clairvoyant.

Mais (il faut l'avouer) les faits
font inexplicables très-ſouvent , parce qu'ils font faux ou exagérés ; &
c'eſt agir prudemment que de les con-
ſtater avant que de faire les frais d'une
explication. Ceux qui les racontent
ont cru voir ce qu'ils n'ont point vû,
faute de diſcernement ou d'attention;ou bien ils les rediſent d'après des
gens intéreſſés ou de mauvaiſe foi : ſi
la crédulité, l'amour du merveilleux,
vient encore à l'appui de l'ignorance
& de la prévention, on reçoit comme faits conſtans toutes les imagi-
nations creuſes & puériles qui ſe préſentent , & toutes les exagérations
qui ſe tranſmettent de bouche en
bouche, & qui s'accréditent par le
tems & par l'autorité de quelqu'un
à qui l'on ſuppoſe des lumiéres qu'il
n'a pas. Je ne parle point de l'impoſ-
ſibilité prétendue d'accorder ſur un
inſtrument deux cordes , dont l'une
feroit de boyaux de mouton,& l'autre

de boyaux de loup ; du danger imaginaire de jetter dans le feu de l'urine
ou du sang ; de la guérison qu'on attend de certains fruits qu'on porte
dans sa poche, ou qu'on jette dans
un puits ; & d'une infinité d'autres remédes, ou préservatifs semblables,
dont tout le monde sent le ridicule,
& qui ne s'appuyent d'aucune expérience qu'on puisse citer.

Mais qui est-ce qui n'a point entendu
parler de la fameuse poudre de sympathie, & de ses effets admirables ? On
sçait que ce n'est autre chose que du
vitriol calciné au Soleil & pulvérisé :
ce minéral est astringent ; quand on
l'applique sur une plaie il ne manque
guére de la desséecher, & de la disposer
à se fermer en peu de tems : jusqu'ici
point de sympathie, dans le sens qu'on
le suppose. Quand on employe cette
poudre près du blessé sur un linge
baigné de son sang encore chaud, il
arrive quelquefois que la blessure
s'en ressent ; il n'y a encore là rien de
sympathique que pour ceux qui ignorent que du vitriol en poudre s'exhale
en particules insensibles, que l'air
voisin porte aux environs, & qui s'at-

tachent par préférence aux endroits humides. Mais le merveilleux de cette opération, c'est quand cette poudre agit à une grande distance, comme à 4, à 6 ou à 10 lieues.

Il n'y a pas d'apparence, (il faut en convenir,) qu'on explique jamais un tel phénoméne avec quelque vraisemblance par les loix ordinaires & connues de la nature : mais pourquoi chercher à l'expliquer, ce prétendu phénoméne, s'il n'est qu'une exagération outrée de quelque Charlatan, soutenue aveuglément par la crédulité, & par l'envie d'entendre & de débiter des merveilles ? C'est le jugement qu'on doit en porter d'après ceux qui n'en ont voulu croire que leurs propres yeux*. Combien de pareilles chiméres s'évanouiroient, si l'on étoit de bonne foi dans le récit des faits, & de leurs circonstances !

* Cours de Chymie de Lemery, p. 492.

AUTANT nous sommes certains que la porosité est une propriété commune à tous les corps, autant nous ignorons la quantité absolue de leurs pores. Comme tout ce qui est matiére est pesant, & que la pesanteur ne convient qu'à ce qui eſt matériel ; nous ſçavons bien qu'un corps a moins de vuide qu'un autre, quand à volume égal il péſe davantage que lui : mais cette comparaiſon ne nous apprend que leur poroſité relative ; elle ne nous dit pas que dans l'un des deux il y a juſtement telle ou telle quantité de parties ſolides, ce qui nous feroit connoître évidemment de combien il eſt poreux. Le vrai moyen d'en être inſtruit, feroit d'avoir une matiére de comparaiſon qui fût toute ſolide, en qui la grandeur & le poids fuſſent abſolument ſynonimes : car en comparant une portion de cette matiére avec un pareil volume d'une autre matiére ; ſi celle-ci peſoit moitié moins, par exemple, on auroit raiſon de conclure, non-ſeulement qu'elle eſt une fois moins ſolide, comme nous faiſons d'ordinaire ; mais on ſçauroit de plus la juſte valeur de ce *moins*, & l'on regarderoit comme certain, que la poroſité de cette matiére comparée feroit égale à ſa ſolidité ; puiſque la peſanteur, attribut qu'on peut regarder comme inſéparable des parties matérielles, s'y feroit ſentir une fois moins que dans une femblable étendue qu'on fuppofe toute matiére.

Mais un corps de cette efpéce ne fera jamais qu'une fuppofition qu'on ne peut pas réalifer : nous ne connoiffons rien de femblable dans la nature. L'or eft de tous les êtres matériels que nous connoiffons, celui qui eft le plus compact, & qui renferme le plus de matiére fous un volume déterminé ; il n'y a point de matiére connue, dont un pouce cube pefe autant qu'un pouce cube d'or. Cependant ce métal eft poreux, puifqu'en un moment le mercure s'y introduit, & que l'eau régale dont on fe fert pour le diffoudre, agit de furface en furface jufques à la derniére. Plufieurs Phyficiens * même ont porté leurs conjectures jufques à croire qu'il pouvoit y avoir dans l'or autant de vuide que de plein. Quelle idée aurons-nous donc de la porofité des autres corps ? de l'eau commune, par exemple, qui pefe environ dix-neuf fois moins que l'or ; ou de l'air qui eft 800 fois moins folide que l'eau.

* Newton, Traité d'Optique, liv. 2, part. 3. prop. 8.

Une matiére n'eft pas toujours plus poreufe qu'une autre par cette

seule raison qu'elle a des pores plus
ouverts ; le nombre compense souvent, ou surpasse même dans l'une ce
que fait la grandeur dans l'autre. Un
bouchon de liége , quelque comprimé qu'il soit dans le col d'une bouteille , ne devient jamais aussi compact qu'un morceau de bois de quel
espéce qu'il soit : jamais son volume
diminué par compression ne le rend
aussi pesant que le chêne, par exemple ; sa porosité est donc toujours
plus grande ; cependant ni le chêne,
ni aucun autre bois semblable ne sera
jamais aussi propre que le liége pour
arrêter l'évaporation de quelque liqueur renfermée dans un vaisseau : il
est donc plus que vrai-semblable que
si dans l'un des deux la somme des
vuides est plus grande , c'est moins
par la grandeur que par le nombre
des pores. Quand l'eau régale qui
dissout l'or, refuse de pénétrer dans une
masse d'argent , dira-t-on , en conséquence de la légéreté respective de
ce dernier métal , qu'il a les pores
plus ouverts que le premier ? pourquoi ce qui entre dans celui-ci ne
peut-il pas entamer l'autre, si, comme

on le suppose, ses parties plus distantes les unes des autres, donnent plus de prise au dissolvant? Ne vaudroit-il pas mieux dire que les petits vuides dans l'argent, ne sont pas tout-à-fait aussi grands que dans l'or, mais qu'ils sont beaucoup plus nombreux?

Jusques ici l'explication ne va point mal. Mais si l'on répond que l'eau forte ordinaire, qui divise l'argent & la plûpart des autres métaux, ne donne aucune atteinte à l'or; il faut avouer que la grandeur respective des pores devient une raison bien foible; car pourquoi ce qui peut s'introduire dans une moindre ouverture, n'en peut-il pas pénétrer une plus grande? Est-ce qu'il faudroit une juste proportion entre les petites pointes du dissolvant, & les pores de la matiére dissoluble? ou bien, faudra-t-il pour étayer cette explication, joindre la figure à la grandeur?

On ne peut douter qu'une matiére ne différe d'une autre par la configuration de ses parties insensibles; & de ce qu'elles sont différemment figurées en différens corps, il s'ensuit que les pores dans les uns & dans les

autres doivent prendre différentes formes. A l'aide de ce principe qui est
incontestable , on conçoit aisément
qu'une particule solide pour se placer
dans un de ces petits vuides , ou
pour passer de l'un à l'autre , doit
avoir non-seulement une grandeur
proportionnée, mais aussi une figure
convenable; & que l'une de ces deux
conditions venant à manquer, l'autre
peut fort bien ne pas suffire. C'est ici
le cas où l'on est obligé de reconnoître, qu'avec des principes certains &
avoués d'ailleurs, on demeure encore
en doute sur les explications, quand
on n'applique ces principes que par
conjectures, & que l'expérience ne dit
pas si l'on a bien deviné.

Au reste , quoique nous ignorions
si c'est une proportion de grandeur ,
ou de figure , ou l'une & l'autre ensemble,qui font agir un dissolvant sur
une matière préférablement à une autre , le fait n'en est pas moins connu,
& depuis long-tems les Arts en ont
fait leur profit.

Le Graveur en taille-douce prend
une planche de cuivre mince & bien
polie ; il l'enduit légérement d'une
espéce

eſpéce de cire préparée qu'il noircit
à la fumée d'un flambeau ; il deſſine
enſuite ſur cette ſurface enduite, avec
une pointe d'acier qui découvre le
cuivre par autant de traits que ſon
deſſein en exige ; il borde ſa planche
avec un cordon de cire amollie, il la
poſe horiſontalement , & il la couvre
de 3. ou 4. lignes d'eau - forte affoiblie avec de l'eau commune au tiers
ou à moitié. En peu de tems le cuivre
découvert par la pointe d'acier ,
céde à l'action du diſſolvant, & ſe
creuſe plus ou moins , ſelon les vûes
de l'artiſte qui régle la durée de l'o-
pération , pendant que la cire (qui
ne ſe diſſout point dans l'eau - forte)
conſerve le reſte de la ſurface en ſon
entier. C'eſt ainſi qu'on prépare une
feuille de métal pour multiplier 3000
ou 4000 fois la même eſtampe, en
la faiſant paſſer ſucceſſivement par la
preſſe ſur autant de feuilles de papier.

Le marbre eſt impénétrable à l'eau
& à quantité d'autres liqueurs ; mais il
ne l'eſt pas pour l'eſprit-de-vin , pour
l'eſprit de térébenthine , pour la
cire fondue ; ces exceptions ont été
ſaiſies par des perſonnes ingénieuſes

Tome I. K

comme autant de moyens pour introduire dans l'intérieur du marbre des
couleurs étrangéres, & pour imiter
avec celui qui eſt blanc les autres eſpéces qui ſont naturellement colo-
rées. Feu M. Dufay, qui s'étoit beaucoup exercé à teindre des pierres
dures, & qui a fait part à l'Académie
des Sciences de ſes découvertes en
ce genre, * me fit voir pluſieurs fois
des tables de marbre artificiellement
teintes, bien imitées, & ſi fortement
pénétrées, qu'elles avoient été polies
depuis ſans rien perdre de leurs couleurs.

* Mem. de
l'Acad. 1728.
p. 50.

Les vernis dont on fait maintenant
tant d'uſage, ne ſont autre choſe
que des gommes de différentes eſpéces que l'on liquéfie par le moyen
de quelque diſſolvant. Telle s'étend
dans l'eſprit-de-vin, qui reſte entiére
dans les huiles qu'on employe avec
ſuccès pour fondre les autres ; tout
l'art conſiſte à connoître dans quelle
matiére chacune eſt diſſoluble, &
ce choix ne devient ſans doute néceſſaire que par la différence qu'il y a
entre la poroſité des unes & celle des
autres.

II. SECTION.

De la Compreſſibilité, & de l'Elaſticité des Corps.

Tout ce que nous avons dit de la poroſité, a déja dû faire connoître que la grandeur apparente d'un corps quelconque, excéde toujours celle qui appartient à la quantité réelle de ſa matiére propre : & cet excès varie peut - être autant que les eſpéces qui compoſent l'univers ; car on rencontre rarement deux matiéres qui, à volumes égaux, péſent également.

C'eſt ce rapport du volume à la maſſe qu'on nomme *denſité :* un corps eſt plus denſe qu'un autre, quand la quantité réelle de ſa matiére différe moins de ſa grandeur apparente ; ou (ce qui eſt la même choſe) quand ſous une grandeur donnée, il contient plus de parties ſolides. Le plomb eſt donc plus denſe que le cuivre, l'air eſt moins denſe que l'eau.

Mais le même corps peut changer

K ij

de denſité ; c'eſt-à-dire, que ſa maſſe reſtant la même, ſon volume peut varier, ſoit en augmentant, ſoit en diminuant. Quand un corps devient plus denſe, c'eſt que ſes parties ſolides ſe raſſemblent dans un plus petit eſpace ; & cela peut ſe faire de deux maniéres, ou lorſqu'on ſupprime une cauſe interne qui les tenoit plus écartées, ou quand on applique extérieurement une force qui les oblige à ſe rapprocher mutuellement. On peut diſtinguer l'une de l'autre, ces deux maniéres de diminuer le volume d'un corps, en appellant la premiére *condenſation*, l'autre, *compreſſion* ; (quoique, à dire vrai, ce ſoit toujours condenſer une matiére que d'occaſionner la diminution de ſon volume de quelque façon que ce ſoit :) ainſi ſerrer de la neige dans les mains pour en faire une pelotte, c'eſt la comprimer ; faire refroidir une liqueur, ou diminuer la chaleur qui dilate ſes parties, c'eſt la condenſer.

Nous ne connoiſſons aucun corps dans la nature (en faiſant abſtraction des parties élémentaires ou atômes, s'il y en a) dont le volume ne puiſſe

être diminué de l'une de ces deux
maniéres au moins, & affez fouvent
de l'une & de l'autre façon. Quelque
dure que puiffe être une matiére, elle
ne l'eft jamais parfaitement ; fes molécules font toujours plus ou moins
dilatées , foit par un mouvement interne qui peut être ralenti, foit par
l'action d'un fluide étranger qui la
pénétre, & qu'on peut vaincre par
une puiffance extérieure. Une barre
de fer, par exemple, qui a été chauffée jufqu'à rougir , devient enfuite
plus menue & plus dure , à mefure
qu'elle fe refroidit ; parce que fes parties fe rapprochent peu à peu, en per-
dant le mouvement violent qu'elles
avoient acquis dans le feu. Une éponge mouillée & dilatée par l'eau qu'elle contient, fe place dans un efpace
beaucoup moindre , quand on exprime le fluide qui remplit fes pores.
Une boule de marbre ou de verre, un
diamant même , jettés fur quelque
chofe d'auffi dur , rejailliffent à l'inftant ; & nous ferons voir bien-tôt
que le mouvement de réflexion eft
une preuve de la compreffibilité du
corps réfléchi.

Tous les corps généralement, dans tel état qu'ils se présentent, solides, fluides, ou liquides, sont susceptibles de condensation. Un morceau de marbre, & sur-tout s'il est noir, se trouve plus petit, quand il a séjourné quelque-tems dans un lieu beaucoup plus froid que celui où il étoit, lorsqu'on l'a mesuré d'abord. Une vessie ou un ballon rempli d'air pendant l'été, devient flasque pendant l'hyver; & la liqueur du thermométre ne descend vers la boule, que quand son volume ne suffit plus pour remplir la partie du tube, qu'elle occupoit dans un tems plus chaud: mais nous remettons à parler plus amplement de la maniére dont les corps se condensent, en traitant du feu & de la chaleur qui les raréfient.

Quant à la compression, on ne peut pas dire qu'elle convienne aussi généralement à la matiére considérée dans tous ses états: tous les corps solides sont compressibles, & jusqu'ici l'expérience n'en a fait excepter aucuns: l'air se comprime considérablement, & produit par cette propriété des effets surprenans, que nous rapporterons dans leur lieu. D'autres fluides, comme la fumée, la flamme, &c. n'ont point encore été éprouvés dans cette vûe ; sans doute parce qu'il seroit très-difficile, & probablement impossible de les appliquer seuls à des expériences de cette espéce : mais pour les liqueurs ; elles n'ont jamais donné directement aucun signe de compressibilité, quelque chose qu'on ait fait ; & il semble que l'on a fait d'abord tout ce que l'on peut faire : l'expérience de l'Académie *del cimento*, est aussi ingénieuse que le résultat devoit être peu attendu ; & l'on ne voit pas que depuis qu'on l'a faite, personne ait réussi à faire mieux. M. Newton * la rapporte comme une chose fort curieuse ; & comme s'il eût appréhendé qu'un fait aussi surprenant ne fût révoqué en doute, il assure qu'il le tient d'un témoin oculaire ; pour moi, je le cite d'après mes propres yeux, & l'usage que j'en fais dans mes cours, a déja mis bien du monde à portée de le citer de même : voici le fait.

II.
LEÇON.

* *Traité d'Opt. liv. 2. part. 3. prop. 8.*

PREMIERE EXPERIENCE.

PREPARATION.

Une boule de métal dont on a
mesuré exactement la capacité, assez
mince pour être flexible, remplie
d'eau entiérement, & bouchée de
façon qu'elle ne puisse rien perdre
par l'orifice, s'applique à une petite
presse qui est représentée par la *Fig.* 5.

EFFETS.

Quand on fait agir la presse, la
boule de métal comprimée, s'applatit un peu ; & si l'on continue de
presser, l'eau se fait jour à travers les
pores, & paroît sur la surface en petites gouttes semblables à celles de la
rosée.

EXPLICATIONS.

C'est une chose démontrée, qu'une
capacité sphérique, à surfaces égales, contient plus de matiére que
toute autre : il s'ensuit qu'un vaisseau qui a cette figure, & qui est
plein, ne peut pas la perdre qu'il n'arrive de ces deux choses l'une ; ou qu'il
augmente

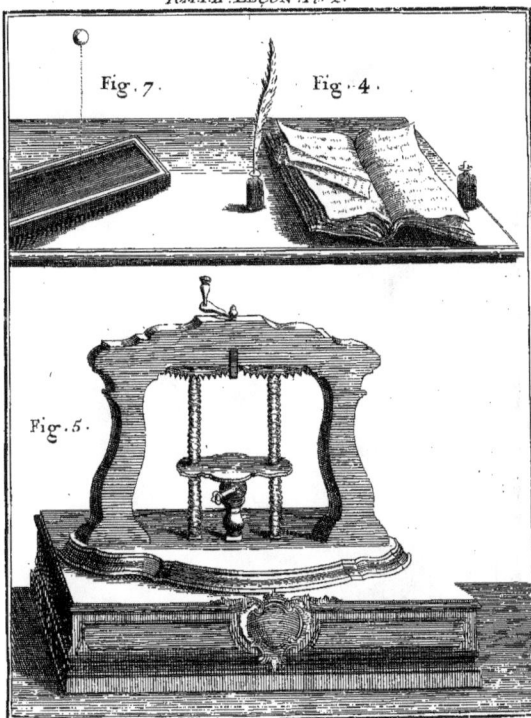

TOM.I.II.LEÇON.Pl.2.

Fig. 7.

Fig. 4.

Fig. 5.

augmente de furface, pour conferver la même capacité , ou que ce qu'il renferme, fe condenfe en diminuant de volume. Quand l'eau commence à paffer à travers le métal, la boule fe trouve un peu applatie ; mais en mefurant fa capacité, on la trouve la même qu'elle étoit avant l'expérience : il faut donc convenir que cet applatiffement n'eft dû qu'à la ductilité du métal ; & que le volume de l'eau n'a point été fenfiblement diminué fous la preffe.

Boyle , le Baron de Verulam , & quelques autres Phyficiens qui ont effayé de comprimer l'eau dans des boëtes de métal , ont cru voir des marques de fa compreffibilité ; mais il y a toute apparence que ce qu'ils ont apperçu , devoit être attribué à la flexibilité ou au reffort du métal, ou bien à celui de quelques bulles d'air renfermées avec l'eau dans la même boîte.

II. EXPERIENCE.

PRÉPARATION.

A B C D, Fig. 6. eft un tube de

verre fort épais, qui a 3 lignes de diamétre intérieurement, 7 pieds de hauteur, & qui est recourbé en forme de
siphon ; on y verse d'abord un peu de
mercure qui remplit la courbure, &
qui se met de niveau en *B C* ; on em-
plit la partie *CD* avec de l'eau; on bouche exactement & solidement le tuyau
en *D*, & l'on verse ensuite du mercure
dans la branche *A B*, jusqu'à ce qu'elle
soit entiérement pleine.

E F F E T S.

LA colonne d'eau qui est entre *CD*,
oppose tant de résistance à la pression
du mercure, qu'elle ne diminue pas
sensiblement de volume.

E X P L I C A T I O N S.

Nous ferons voir en traitant de
l'Hydrostatique, que la pression qu'e-
xerce le mercure contre l'eau en *C*,
est égale au poids de la colonne contenue dans la partie *A B* du tuyau.
Or cette colonne de mercure qui a
environ 6 pieds 10 pouces de hauteur égale trois fois le poids de l'atmosphére, ce qui fait une force très-
grande ; & puisqu'elle ne suffit pas

pour condenſer ſenſiblement le volume d'eau contre lequel elle agit,
c'eſt une marque que les parties des
liquides ſont fort dures, & que les
matiéres qui ſont en cet état ſont bien
peu flexibles.

APPLICATIONS.

QUOIQUE dans les expériences que
nous venons de rapporter, l'eau ne
laiſſe appercevoir aucun ſigne de condenſation ; on n'en doit pas conclurre
que les liqueurs ſoient abſolument in-
compreſſibles, mais ſeulement qu'elles ſont capables de réſiſter aux efforts qu'on a employés juſqu'ici contre elles. Tout nous porte à croire
qu'elles céderoient enfin d'une maniére ſenſible, s'il étoit poſſible de
les ſoumettre à de plus grandes preſſions, & qu'elles cédent même à celles
qu'on employe, mais d'une quantité
trop petite pour être apperçue. Tous
les corps ſolides ſe compriment, parce qu'étant poreux, leurs parties peuvent ſe rapprocher ; mais qu'eſt - ce
qu'une liqueur, ſinon un aſſemblage
de petits corps ſolides que nous ne
pouvons pas regarder comme des

êtres simples, mais plutôt comme des petites masses composées de parties qui ne sont pas si étroitement unies, qu'elles ne laissent de petits vuides entre elles. Si la porosité rend les grands corps susceptibles de condensation, la même cause ne doit-elle pas avoir le même effet dans les plus petits? Tout ce qu'on peut dire, c'est que la compressibilité doit diminuer, comme la grandeur des corps ; c'est-à-dire, que les plus petits sont les moins flexibles ; que les parties d'une liqueur par conséquent, à cause de leur extrême petitesse, sont à l'épreuve des plus grandes forces : mais il suit du même principe, qu'il n'y a d'absolument incompressible, que ce qui est absolument simple ; tels que seroient des atômes, ou les parties primordiales des corps, sur lesquelles nos épreuves n'ont point de prise.

Il est avantageux pour nous, que tout ce qui est liquide puisse résister à des pressions qui rapprochent & qui broyent les autres corps ; tout ce que nous tirons des végétaux par expression, le vin, le cidre, les huiles, &c. ne se sépareroient jamais des

parties folides qui les renferment, fi
les liquides pouvoient fe comprimer
comme elles ; les fruits foumis à la
preffe ne feroient qu'y changer de volume ; la facilité que nous avons à extraire les fucs que la nature y a préparés pour nos ufages, eft prefque toute
fondée fur la réfiftance que les liquides oppofent à la compreffion.

On ne peut s'empêcher d'être furpris, quand on confidére que le même
corps eft compreffible, ou ne l'eft pas,
felon qu'un dégré plus ou moins de
chaleur change fon état : un morceau de glace donne des marques de
compreffion ; qu'il fe réduife en eau,
c'eft toujours la même matiére, mais
elle ne fe comprime plus : la cire,
le foufre, le métal, &c. font voir la
même chofe, quand on les fait paffer
de l'état de folidité à celui de liquidité. Ce phénoméne eft intéreffant,
& mérite bien une explication : mal-
heureufement nous n'avons à offrir
qu'une conjecture, mais pourtant,
une conjecture appuyée fur des principes connus, & qui la rendent probable.

On peut dire que l'état naturel de

L iij

presque tous les corps, est d'être solides ; quand ils sont liquides, c'est parce qu'une matière étrangère les rend
tels en pénétrant dans leur intérieur,
& en donnant par sa quantité ou par
son action à leurs parties une mobilité
respective qui rompt toute liaison,
& presque toute adhérence entre
elles. C'est ainsi que de la terre abreu-
vée d'une quantité d'eau suffisante,
devient de la boue qui coule sur un
plan incliné ; l'eau elle-même cesse
d'être glace, aussi-tôt qu'un fluide
plus subtil, & connu sous le nom de
matière du feu, la pénétre en assez
grande quantité, & y porte assez de
mouvement pour détacher ses parties
les unes des autres.

Si l'on demande maintenant pourquoi les corps solides peuvent se comprimer, & que les liqueurs n'ont pas
la même propriété ; ne peut-on pas répondre avec vraisemblance, que dans
les premiers, les parties portent, pour
ainsi dire, à faux, ou ne sont appuyées
que sur un fluide sans action, qui
céde au moindre choc ; au lieu que
dans les liqueurs, les molécules plus
divisées, & par cette raison déja

moins flexibles , font appuyées fur un fluide affez abondant, & dont les parties font d'autant plus dures qu'elles font plus fimples. Si l'on avoit mis dans un vafe une certaine quantité de globules d'acier ou de quelque autre matiére équivalente pour la dureté , elles ne céderoient point fenfiblement à la compreffion , foit qu'elles fuffent feules, pourvû qu'elles fe touchaffent ; foit qu'elles fuffent mêlées avec d'autres plus petites qui les empêchaffent de fe toucher , pourvû que ces dernieres fuffent elles-mêmes inflexibles. *Fig.* 8.

III. EXPERIENCE.

PRÉPARATION.

Sur une tablette de marbre noir bien unie , & enduite d'une très légére couche d'huile , on laiffe tomber plufieurs fois & en différens endroits de la hauteur de 2 ou 3 pieds une petite boule d'yvoire, qui peut avoir environ $\frac{3}{4}$ de pouces de diamétre. *Fig.* 7.

L iv

Effets.

En regardant obliquement la tablette de marbre, on apperçoit partout où la boule d'yvoire a touché, une tache ronde qui a environ deux lignes de diamétre ; & cette tache est plus grande aux endroits où la boule est tombée de plus haut.

Explications.

L'yvoire, quoique très-ferme, est une matiére compressible ; quand il tombe sur le marbre, le mouvement de sa pesanteur qui l'y pousse, occasionne une pression qui porte une partie plus ou moins grande de cette petite sphére vers son centre ; & comme ces parties comprimées sont de nature à se rétablir dans un instant, il ne reste aucune marque de cette compression sur la boule ; mais la tache qui paroît sur le marbre, est une preuve incontestable de cet applatissement qui a disparu : si l'on n'aime mieux dire que le marbre s'est enfoncé & remis aussi-tôt, ce qui prouve également la compressibilité d'un corps très-dur : l'un & l'autre arrive

probablement ; la même compreſſion
creuſe le marbe, & applatit la boule ;
mais de ces deux effets, le dernier
eſt ſans doute le plus conſidérable, à
en juger par la nature de deux corps
comprimés ; c'eſt pourquoi nous
nous arrêtons par préférence au dernier ; & ce que nous allons dire pour
faire entendre que la tache ronde
prouve inconteſtablement l'applatiſſement de la boule, en faiſant abſtraction de la flexibilité du marbre,
obligeroit de même à conclurre un
enfoncement dans le marbre, ſi l'on
n'avoit aucun égard à la compreſſibi-
lité de l'yvoire.

On ſçait en effet que la circonférence d'un cercle appliqué par ſa partie convexe ſur une ligne droite, ne
la touche qu'en un point G. *Fig.* 9.
On ſçait auſſi que les ſurfaces ſphéri-
ques ſont compoſées de lignes circulaires, comme les plans le ſont de
lignes droites, & que les ſurfaces ſe
comportent entre elles à cet égard ,
comme les lignes qui les compoſent.
Si le cercle ne touche la ligne droite
qu'en un point, la boule d'yvoire de
notre expérience, poſée ſimplement

fur la tablette de marbre, ne doit la toucher auffi qu'en un point. Quand on l'a laiffé tomber deffus, s'il paroît qu'elle y ait été appliquée par une fur-face circulaire de deux lignes de dia-métre; il faudra néceffairement conve-nir que le premier point de tangence *g, Fig.* 9. a été rapproché du centre, par l'effort de la compreffion, & qu'a-près lui ceux d'alentour ont fouffert le même déplacement; ce qui a don-né lieu à une portion fenfible de la furface, d'être appliquée au marbre, & d'y laiffer fon impreffion fur la cou-che légére d'huile dont il eft enduit.

Applications.

Si l'on comprime un corps égale-ment dans toute l'étendue de fa furfa-ce, au cas qu'il foit compreffible, il ne s'en peut fuivre qu'une diminution de volume; parce que tous les points op-pofés obéiffent à des puiffances éga-les, & leurs fituations refpectives ref-tent les mêmes. Tel eft l'état des ani-maux qui vivent dans l'air ou dans l'eau; environnés de toute part de l'un de ces deux fluides, ils n'en re-marquent point la preffion, quoiqu'el-

le soit confidérable ; parce qu'elle fe
fait équilibre à elle-même , & qu'elle
ne dérange rien de ce qui lui eft foumis ; mais fi la compreffion devient
plus forte d'un côté que de l'autre, fon
effet ne fe borne plus à diminuer le volume ; la figure change auffi , comme
il eft aifé de l'appercevoir dans une
balle de plomb qui tombe fur quelque
chofe de dur , & qui y perd une partie
de fa fphéricité ; ou dans une balle de
jeu de paume qui laiffe fouvent contre la muraille , des veftiges bien re-
marquables de fon applatiffement.

De l'Elafticité ou reffort
des Corps.

DE tous les corps qui fe compriment , les uns demeurent dans l'état
que la compreffion leur a fait prendre;
c'eft-à-dire, qu'ayant changé ou de
grandeur , ou de figure , ils perfévé-
rent dans ce changement, lorfque la
compreffion vient à ceffer ; comme
la balle de plomb qui refte applatie
après fa chûte, & la pelote de neige
qui demeure dans la forme qu'on lui
a donnée avec les deux mains. Les autres au contraire fe rétabliffent , &

reprennent, après avoir été comprimés, les mêmes dimensions & la même figure qu'ils avoient avant que de l'être. Telle est la bille d'yvoire de l'expérience précédente ; telle est une bulle d'air qui partant du fond d'un vase plein d'eau, devient plus grosse à mesure qu'elle s'élève vers la surface.

Les corps de la derniére espéce se nomment des corps à *ressort*, ou *Elastiques* ; car l'*Elasticité* n'est autre chose que l'effort par lequel certains corps comprimés tendent à se rétablir dans leur premier état. Cette propriété suppose donc qu'ils soient compressibles ; & comme les liqueurs ne le font pas d'une maniére sensible , on doit conclure que si elles ont du ressort , leur réaction a trop peu d'étendue pour être visible.

Tous les corps mêmes qui font élastiques, ne le font pas au même dégré ; il y en a tels qui ne se rétablissent presque point, & alors l'élasticité est regardée comme nulle dans l'usage ; & l'on appelle ces sortes de corps, *mols*, ce qui veut dire seulement une privation de ressort assez actif pour être considéré.

Ceux en qui la force élaſtique ſe fait

appercevoir, réagiſſent plus ou moins ſelon la dureté, la roideur, ou la diſpoſition de leurs parties internes; mais il n'en eſt aucun dont on puiſſe aſſurer avec des preuves poſitives, que le reſſort eſt parfait & inaltérable; on remarque preſque toujours que cette qualité ſe perd, ou s'affoiblit par un long exercice, ou par une compreſſion de trop longüe durée : un arc qui eſt trop long-tems ou trop ſouvent tendu, garde enfin la courbure qu'on lui a fait prendre : le crin, la laine, ou la plume dont on garnit les meubles, perdent par ſucceſſion de tems preſque tout ce qu'ils offrent de commode dans la nouveauté, & leur affaiſſement n'eſt que la ſuite néceſſaire d'un reſſort uſé.

Nous ne pouvons donc point nous promettre des expériences rigoureuſement exactes pour établir la théorie du reſſort ; puiſque les corps qui en ont le plus, n'en ont point encore autant qu'il leur en faudroit pour être parfaitement élaſtiques. De plus, on ne peut opérer que dans quelque milieu matériel: quand on choiſiroit l'air

comme celui qui est le moins dense ;
nous avons déja fait voir qu'il est capable de résistance,& l'on doit s'attendre
qu'il fera disparoître une partie de l'effet , si petite qu'elle soit : mais les à-
peu-près suffisent, quand il ne manque presque rien à l'exactitude , &
qu'on est obligé de rabattre quelque
chose pour les empêchemens inévitables. L'acier trempé & l'yvoire m'ont
paru assez propres aux effets par lesquels on peut prouver ce qu'il importe le plus de sçavoir touchant l'élasticité ; c'est pourquoi je m'en servirai
préférablement à toute autre matiére
dans les expériences de ce genre;mais
comme celles dont j'ai fait choix, exigent quelques connoissances des principales propriétés du mouvement ,
dont nous n'avons encore rien dit ,
j'ai cru qu'il étoit à propos de les dif-
férer , d'autant plus qu'elles trouveront une place convenable parmi celles que nous employerons pour faire
connoître les loix du mouvement
dans le choc des corps.

Les arts ont appliqué les ressorts à
tant d'usages , que ce seroit une longue & inutile entreprise d'en faire ici

l'énumération ; il nous fuffira d'en citer deux ou trois exemples par lefquels on pourra juger de l'utilité des
autres.

S'il eft utile & commode de voya-
ger à fon aife, on doit prefque tout
cet avantage aux lames d'acier, aux
bandes de cuir & aux autres corps
élaftiques fur lefquels on fufpend les
voitures : fans cette précaution, la
plus belle chaife de pofte, le carroffe
le plus fomptueux, ne feroit qu'un
tombereau couvert & orné, dans lequel on feroit durement fecoué ; car fi
tout ce qui compofe la voiture, étoit
également inflexible, les divers mouvemens caufés & brufquement inter-
rompus par les inégalités du terrein,
fe communiqueroient dans toute leur
force jufques aux perfonnes qui en oc-
cuperoient l'intérieur.

La mefure du tems eft une chofe fi
intéreffante pour tout le monde, qu'il
eft peu de perfonnes qui n'ayent une
pendule ou une montre, & qui ne la
regardent comme un meuble néceffaire ; ces fortes d'inftrumens qu'on
doit confidérer comme des chefs-
d'œuvre de l'art, font animés par un

reſſort, (*Fig.* 10.) formé d'une lame d'a-
cier roulée ſur elle-même dans un ba-
rillet qu'elle fait tourner en ſe déve-
loppant, & dont le mouvement ſe
communique par des roues dentées,
juſques aux pivots qui portent les aiguilles, pour leur faire indiquer les
heures & les minutes ſur un cadran
diviſé à cette intention. Nous dirons
ailleurs comment on eſt parvenu à
rendre l'action du reſſort preſqu'égale
pendant tout le tems qu'il ſe développe-
pe ; car une difficulté qui ſe préſente
d'abord, c'eſt que cette action diminuant toujours à proportion que le
reſſort ſe détend, le mouvement doit
auſſi ſe rallentir dans toutes les piéces
qu'il anime, & les aiguilles doivent faire les heures & les minutes plus longues vers la fin qu'au commencement.
Il a donc fallu trouver un reméde à cet
inconvénient, & l'on en eſt venu à bout
par une invention fort ingénieuſe,
dont nous aurons occaſion de parler
en traitant de la théorie du lévier &
des machines qui y ont rapport.

De quels ſecours ne ſont point les
reſſorts dans l'Arquebuſerie ? Par quel
autre moyen auroit-on pû opérer des
mouvemens

Fig. 10.

Fig. 9.

Fig. 6.

G   g

Fig. 8.

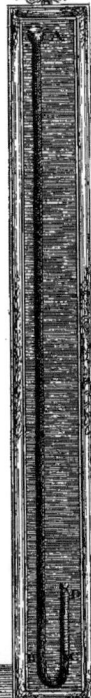

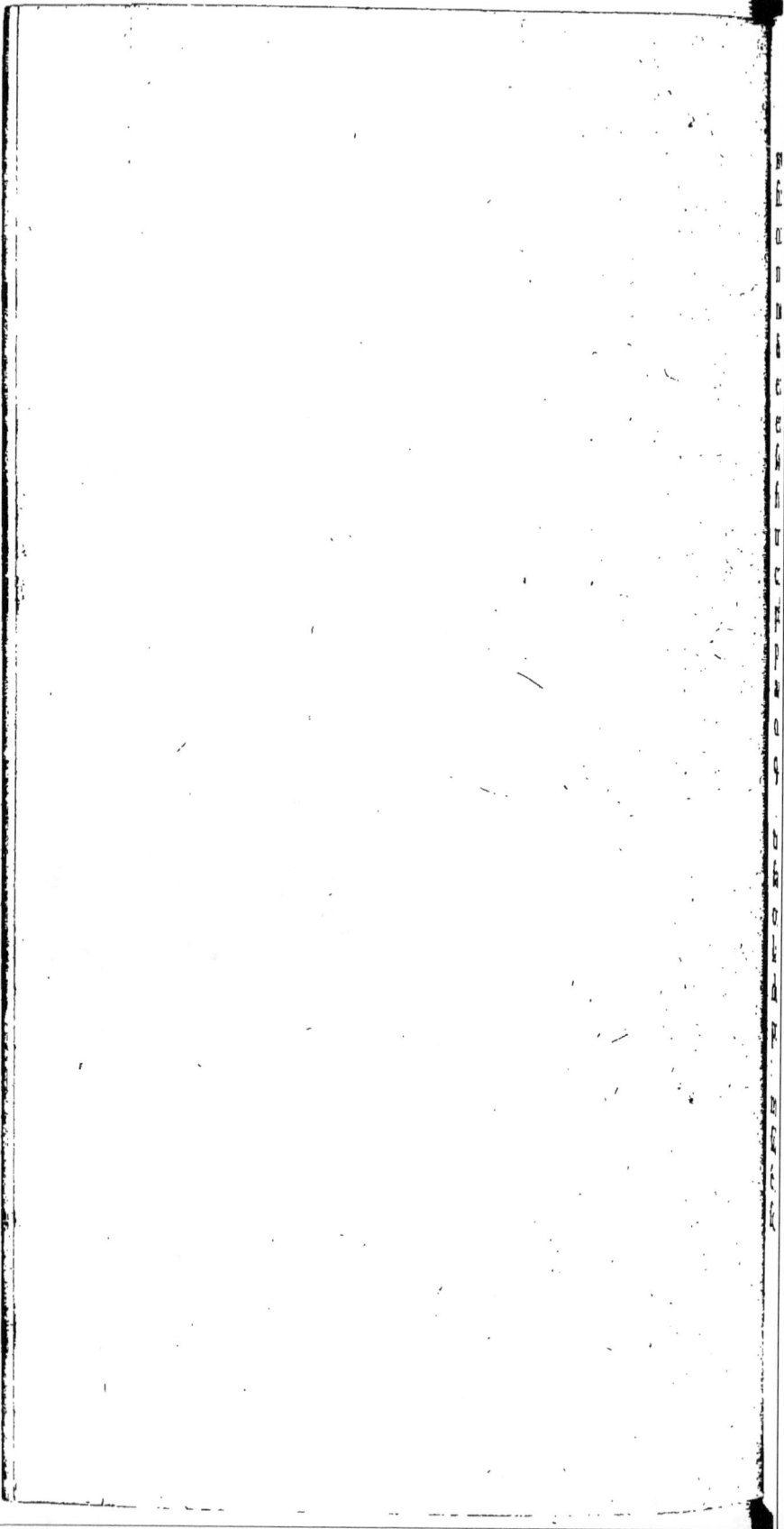

mouvemens auſſi prompts,& auſſi difficiles à être apperçus par un oiſeau
ou par un quadrupede que la nature a
mis en garde contre tout ce qui me-
nace ſa vie, & qui oppoſe aux ruſes
& à l'adreſſe du Chaſſeur le mieux
exercé, des organes d'un ſentiment
exquis, & une agilité qui trompe
ſouvent ſes pourſuites. Le chien d'un
fuſil conduit par un reſſort, porte en
un clin d'œil un caillou tranchant
contre une petite piéce d'acier trempé ; le feu prend à la poudre, & le
plomb qu'elle chaſſe, frappe l'animal
avant qu'il ait été averti par la flamme
ou par le bruit, ou du moins avant
qu'il ait pû profiter de cet avis.

Non-ſeulement les arts ont profi-
té de l'élaſticité des corps, & en ont
fait des applications heureuſes ; ils
ont encore trouvé des moyens pour
la faire naître ou pour l'augmenter
dans ceux qui n'en ont que peu ou
point.

Tous les corps ſonores, comme
nous le dirons plus amplement à la
ſuite des expériences ſur l'air, doivent
être à reſſort ; c'eſt pour cette raiſon qu'on fait les cloches & les tim-

bres avec du cuivre & de l'étain fon-
dus ensemble ; parce qu'on a remarqué qu'un métal allié est plus dur,
plus roide, & plus élastique., que les
métaux simples dont il est composé.

La plûpart des métaux mêmes sans
être alliés, deviennent capables d'une
plus grande réaction quand on les bat
à froid ; ce que les ouvriers appellent
écrouir. On s'en apperçoit bien par la
vaisselle : quand une cuillier ou une
fourchette a été seulement fondue
& limée, & qu'elle ne doit rien au
marteau, la façon en est moins chere,
mais elle est moins durable ; la piéce
se fausse au moindre effort, & son
poli n'est jamais si beau. Un ouvrier
intelligent en horlogerie, en instrumens de Mathématiques, en orfé-
vrerie, &c. ne manque jamais à
écrouir ses ouvrages, non-seulement
pour leur procurer plus de solidité,
mais encore pour les faire valoir par
un poli plus brillant, en rapprochant
les parties, & en rendant les pores
du métal plus serrés.

Mais de tous les corps dont on augmente artificiellement le ressort, il

n'en eſt point de plus remarquable
que le fer converti en acier; & parmi
les différens procédés qu'on emploie
à cet effet ſur ce métal, rien n'eſt
comparable à la *trempe*.

Il faut ſçavoir 1°. que l'acier n'eſt
point un métal particulier ; on doit
le regarder comme un fer préparé ,
quoiqu'il ſe trouve des mines qui en
fourniſſent immédiatement : le plus
ordinaire & le plus fin, eſt celui qu'on
fait avec du fer forgé, en y introdui-
ſant une certaine doſe de parties ſalines & ſulfureuſes qui augmentent ſa
dureté , & qui le rendent propre à
être trempé. 2°. Tremper l'acier ,
c'eſt le refroidir ſubitement dans le
moment qu'on le ſort bien rouge du
feu; & cela ſe fait d'ordinaire en le
plongeant dans de l'eau froide, ou
dans quelque choſe d'équivalent.

Les principaux effets de la trempe
ſur l'acier, ceux dont les arts tirent
le plus d'avantage, ſont de le rendre
très-dur, d'augmenter ſon élaſticité,
& de la rendre durable. Tous les outils tranchans, juſqu'à ceux qu'on emploie pour cultiver la terre , en un
mot depuis la lancette juſqu'à la bê-

che , tous font redevables de leur
principal mérite à cette dureté qui
coûte fi peu, & qui feroit défavanta-
geufe par excès , fi l'on n'avoit foin
de la modérer par un dégré de chaleur qu'on fait fuccéder à la trempe,
& qu'on nomme *recuit*.

Les effets admirables de la trempe
fur l'acier , ont intéreffé avec raifon
la curiofité des plus habiles Phyficiens ; tous ont défiré d'en fçavoir
les caufes , & quelques-uns en ont
hafardé des explications ; mais on
doit convenir que perfonne n'en a
donné d'auffi vraifemblables , &
d'auffi bien appuyées , que M. de
Reaumur. Après une fuite d'expériences de plufieurs années fur cette
matiére , il fuppofe que l'action du
feu chaffe de l'intérieur des molécules de l'acier une grande partie des
fels & des foufres qui s'y trouvent
difféminés , fans pour cela les faire
fortir de la maffe totale : fuppofition
fondée fur les effets ordinaires &
connus du feu, & fur l'expérience ;
car on fçait d'ailleurs que dans la fu-
fion des matiéres hétérogénes & fixes , le feu procure toujours l'union

des parties semblables ; & quand son action augmente jusqu'à un certain point sur l'acier, elle le dépouille de ses soufres & de ses sels ; ce que les ouvriers appellent *brûler*. La trempe saisit donc l'acier dans un tems où ses principes, quoique les mêmes, se trouvent différemment mêlés ; avant que de le chauffer, les parties salines, sulfureuses, métalliques, &c. extrêmement divisées & intimement mêlées, composoient un tout d'une tissure plus uniforme, mais cependant plus hétérogéne dans ses molécules, puisque chacune participoit également des trois ou quatre sortes de matiéres qui entrent dans la composition de l'acier ; mais après un dégré de feu suffisant, les sels & les soufres extraits & pelotonnés, pour ainsi dire, à part du métallique, font un tout plus homogéne dans ses molécules, mais plus poreux & moins lié, quant à l'assemblage de ces petits pelottons de différentes espéces. Cette hypothése (si c'en est une) explique fort heureusement tous les phénoménes qui résultent de la trempe.

1°. L'acier cassé paroît d'un grain

plus groſſier, après avoir été trempé, parce que les parties métalliques qui ſont les plus apparentes par leur couleur, ſont ramaſſées en petites maſſes plus écartées les unes des autres.

2°. La trempe donne plus de volume à l'acier qu'il n'en avoit avant ; & cela doit être, puiſqu'elle le fixe dans un état où le mêlange & l'union de ſes principes eſt moindre.

3°. L'acier durcit à la trempe, parce que ſes molécules ſe forment de parties plus ſemblables, & par cette raiſon plus capables de s'unir.

4°. L'acier trempé ſe caſſe plutôt que celui qui ne l'eſt pas, ou qui l'eſt moins ; c'eſt que la liaiſon de ſes molécules entre elles eſt moindre, puiſqu'elles ſont de matiéres diſſemblables, & qu'elles ſe touchent par moins de ſurface.

5°. Enfin le recuit rend l'acier trempé moins caſſant & plus flexible ; parce qu'un dégré de feu modéré, fait renaître en partie le mêlange intime des parties diſſemblables, & qu'il lui fait prendre un état moyen entre celui d'un acier non trempé, & celui d'une trempe exceſſive.

Quoique nous ayons des procédés
certains pour augmenter, diminuer,
anéantir même le ressort de plusieurs
corps, nous n'en connoissons pas
mieux la cause de l'élasticité en général : tout ce qu'on a imaginé jusqu'à présent pour en rendre raison,
ne peut passer tout au plus que pour
des conjectures dont les unes sont
visiblement démenties par l'expérience, les autres supposent ce qui est en
question, d'autres enfin plus ingénieuses que probables, n'ont aucuns
faits qui parlent pour elles.

Dire qu'un ressort que l'on tend
en le courbant, a les pores plus ouverts en sa partie convexe, cela est
vrai ; que les pores, quoique plus ouverts, ne le sont point assez pour se
remplir d'air grossier, & qu'ils en restent vuides, cela paroît encore vrai-
semblable : mais ajouter, qu'en conséquence de ces petits vuides la pression de l'air qui agit par le côté opposé, est la cause de l'effort qu'on
voit faire au corps élastique, pour se
remettre dans son premier état : c'est
ce que la raison ne dit point ; & ce que
l'expérience dément formellement ;

car l'élasticité dans un lieu privé d'air
grossier , fait ses fonctions comme
ailleurs.

J'appelle supposer ce qui est en
question , que d'attribuer le ressort
des corps à l'air qu'ils contiennent
entre leurs parties , comme autant de
petits ballons qui se trouvent comprimés dans la partie concave d'un
bâton que l'on courbe , & qui réagis-
sent jusqu'à ce qu'il soit redressé ; car
il restera toujours à sçavoir quelle est
la cause du ressort de l'air.

Enfin si l'on suppose avec le changement de figure qui se fait dans les
pores d'un ressort tendu, l'action d'un
fluide qui se trouve par-tout , comme
la matiére subtile , ou quelque chose
de semblable qui agisse par son poids;
on pourra former une explication qui
aura quelque vraisemblance : mais je
doute fort qu'elle soit bien reçue, si
elle n'est appuyée sur des faits; & je
ne vois pas qu'il soit facile d'en trouver qui parlent clairement.

Ce que nous avons dit dans la Leçon précédente & dans celle-ci , touchant la divisibilité des corps, la sub-
tilité de leurs parties , la variété de
leurs

leurs figures, leur impénétrabilité & leur porofité, nous engage & nous met à portée d'expliquer en général de quelle maniére nous acquérons la connoiffance des objets qui nous environnent : car tout ce qui eft hors de nous-mêmes nous feroit inconnu, s'il ne faifoit fur nous quelque impreffion fenfible ; & cette impreffion qui prend tant de formes différentes, nous la devons prefque entiérement à la petiteffe extrême des parties qui nous touchent, & aux différentes figures qu'elles affectent : tout ce qui eft matériel s'adreffe à nos fens, & nous jugeons d'après leur rapport.

Digreffion fur les Sens.

On appelle *Sens* certaines facultés du corps animé, par lefquelles il entre en commerce avec les objets extérieurs ; ce font autant de moyens que le Créateur a établis pour mettre les animaux en état de fe nourrir, de fe défendre, de s'entre-aider, & de fe reproduire ; car fans les fens, à peine différeroient-ils d'une plante qui végéte dans la même place où la na-

Tome I.   N

ture l'a fait naître, qui séche sur pied, quand la nourriture ne lui vient plus, & qui souffre avec une égale insensibilité la béche qui la cultive, & le fer qui la fait périr.

L'exercice des sens est une fonction purement animale; elle convient aux bêtes comme à l'homme; il semble même qu'à cet égard, plusieurs espéces d'entre elles aient été mieux traitées que nous : quelle finesse dans l'odorat des chiens! quelle portée de vûe dans les oiseaux de proie!

On distingue communément cinq fortes de sens; le *toucher*, l'*odorat*, le *goût*, l'*ouie* & la *vûe*. Il est peu d'animaux en qui l'on n'en compte autant: il y a peut-être dans la nature des espéces qui ont quelque autre sens que nous ne connoissons pas; mais il en est de ceci comme de toutes les choses qui ne sont point impossibles, on ne doit pas les admettre sans nécessité & sans preuves. Chaque sens a son siége particulier dans quelque partie du corps, qui à cet égard se nomme son *organe*; l'oreille est celui de l'ouie; l'œil est celui de la vûe, &c.

Quoique tout organe soit sensible, il ne l'est pourtant pas pour toutes sortes d'objets, chacun a son district particulier; l'oreille se dirigeroit en vain vers la lumiére, & la vûe la plus perçante n'apperçoit pas le son des cloches. Quand bien même l'objet seroit de la compétence de l'organe qu'il affecte, la sensation naturelle n'a lieu qu'autant que l'impression n'est ni trop forte ni trop foible. On ne distingueroit point l'image du soleil, si l'on recevoit immédiatement ses rayons dans les yeux; & peu de personnes pourroient lire une écriture de petit caractère à la clarté des étoiles.

Qu'est-ce donc que *sentir*, ou faire usage de ses sens? De la part du corps animé, c'est recevoir sur tel ou tel organe l'impression modérée d'un objet qui le touche ou par lui-même, ou par quelque matiére intermédiaire: de la part de l'ame qui anime le corps, c'est se retracer les idées qu'elle a attachées à ces impressions, ou s'en former de nouvelles, si les impressions sont neuves. Un homme, par exemple, jette la vûe en plein jour

N ij

fur un chien ; la lumiére qui éclaire le corps de cet animal rejaillit jufqu'au fpectateur, & frappe dans le fond de fon œil une place terminée comme la figure de l'animal qui la réfléchit, à cette occafion l'ame fe rappelle l'idée d'un chien qui lui eft familiere, & fi la mémoire lui fournit l'idée de quelqu'autre chien, elle juge que celui-ci eft grand, petit, maigre, gras, &c. par la comparaifon qu'elle en fait. De fçavoir maintenant comment l'organe affecté par l'objet détermine l'efprit à penfer en conféquence, c'eft ce que la Phyfique n'apprend point, & c'eft, je crois, ce qui furpaffe la portée de nos foibles lumiéres ; l'union de l'ame avec le corps, le commerce de ces deux êtres de natures fi différentes, eft un de ces myftères qu'il eft peut-être plus fage d'admirer que d'étudier.

Mais comme un homme voit un chien, un chien voit un homme ; & fes actions, comme les nôtres, femblent fe régler fur ce qu'il voit, fur ce qu'il entend, &c. Que fe paffe-t-il donc dans cet animal, lorfqu'un objet affecte quelqu'un de fes fens ?

C'eſt encore une de ces queſtions épineuſes, où la curioſité échoue, & ſur leſquelles les génies les plus heureux ont épuiſé toute leur Phi-loſophie. Selon la doctrine de Deſ-cartes, une bête n'eſt autre choſe qu'une belle machine dont toutes les piéces ſont ſi bien aſſorties, & ordon-nées avec une correſpondance ſi par-faite, qu'une d'entre elles étant re-muée par l'objet extérieur qui a priſe ſur elle, détermine immédiatement les autres à ſe mouvoir de telle ou telle maniére ; les nerfs de chaque organe ayant été touchés comme il convient, tranſmettent aux membres les différens mouvemens d'où réſulte telle ou telle action. Cette penſée eſt grande, elle eſt hardie, elle eſt mê-me ſéduiſante, quand on la médite ſans préjugé ; mais c'eſt l'affoiblir que de fonder ſa vraiſemblance ſur des exemples, ou ſur des ſimilitudes. Ce-lui de tous les êtres animés qui nous paroît le plus imbécille, une huître, un limaçon eſt ſans comparaiſon au-deſſus de la montre la plus parfaite, & de tout ce que l'art a pû produire de plus ingénieux. Le commun des

N iij

hommes ne confentira jamais à regarder les actions d'un cheval, d'un chien de chaffe, &c. comme les effets d'un méchanifme purement matériel : pour goûter cette Philofophie, il faut être un peu Philofophe.

On aimera mieux croire fans doute, que le corps d'une bête eft animé & conduit par un être intelligent qui commence & périt avec lui, & qui eft le principe de toutes ces penfées, & de tous ces jugemens dont on croit voir des fignes dans les diverfes actions des animaux. Ce fentiment qui n'eft contraire ni à la raifon, ni aux dogmes de la foi, a trouvé & trouve encore aujourd'hui des défenfeurs, non-feulement dans le vulgaire qui juge fur les apparences, mais même parmi ceux qui méditent, & qui n'admettent les opinions qu'après les avoir difcutées.

Mais il ne faut pas croire qu'en prenant ce parti, on fe mette au-deffus de toute difficulté. Quand on confidère la docilité d'un animal domeftique, les rufes & l'adreffe de certaines bêtes voraces, le bon ordre & l'induftrie qui regnent dans quelques

eſpéces d'inſectes qui vivent & travaillent en ſociété, il eſt bien commode d'en rendre raiſon, en diſant :
c'eſt que tous ces animaux ſont intelligens;
l'Auteur de la Nature les a rendus tels,
en renfermant dans leurs corps une ame
d'une eſpéce convenable à leur condition.
Mais cette ame, ſi elle eſt immaté-
rielle, comme on le prétend, que de-
vient-elle, lorſqu'un ver ayant été
coupé en cinq ou ſix parties, & même
davantage, chaque morceau continue de vivre & redevient un animal
complet, & tout-à-fait ſemblable à
celui qu'on a diviſé ? comme on l'a
obſervé depuis une vingtaine d'années : *y avoit-il donc pluſieurs ames
dans le même individu, ou bien ce
qui n'eſt point matiére eſt-il diviſible ?
Ne pouſſons pas plus loin cette queſtion dans un ouvrage où nous nous
ſommes interdit toute diſcuſſion métaphyſique ; attachons-nous ſeulement à ce qui peut être éclairci &
prouvé par l'expérience & par les
obſervations. Quant à la matiére préſente, bornons-nous à faire connoître le méchaniſme de nos ſenſations ;
conduiſons l'objet extérieur ou ſon

* Hiſt. des
Inſectes de
M. de Reau-
mur, tom. 6.
dans la Pré-
face, p. 54.

N iv

action jusqu'à la partie du corps destinée à recevoir son impression ; & voyons quelles sont les conditions nécessaires dans l'objet pour être activement sensible, & dans l'organe pour être affecté efficacement.

Le Toucher.

Le premier & le plus général de tous les sens, c'est le *toucher* ; on peut dire que tous les autres ne sont que des espéces dont il est le genre. Quand nous entendons le son de la voix ou de quelque instrument, cette sensation n'est autre chose qu'un ébranlement causé à une certaine partie de l'oreille par le contact de l'air, qui est lui-même agité par le corps sonore. Quand nous voyons quelque objet, c'est que la lumiére qui vient de lui à nous, frappe le fond de l'œil. Ainsi, *goûter, voir, entendre, sentir les odeurs* ; c'est à proprement parler, être touché en telle ou telle partie du corps par une certaine matiére : au lieu que le toucher que nous regardons comme le premier sens, consiste à recevoir sur telle partie sensible du corps que ce puisse

être l'impreſſion d'une matiére quelconque; les autres ſens ont des organes & des objets qui leur ſont propres, celui-ci occupe toute l'habitude du corps animé, & s'étend à tout
ce qui eſt palpable. Il a encore cet
avantage ſur eux, d'être en même
tems actif & paſſif; non-ſeulement il
nous met en état de juger de ce qui
fait impreſſion ſur nous ; mais encore
de ce qui réſiſte à nos impulſions :
nous pouvons appliquer l'organe à
l'objet, & c'eſt par le tact que nous
nous aſſurons le plus ſouvent de l'é-
tat des corps qu'il nous importe de
connoître.

Les corps que nous touchons ou
qui nous touchent, font ſur nous des
impreſſions différentes , ſelon leur
grandeur, leur figure, leur conſiſ-
tance, le degré ou l'eſpéce de leur
mouvement, leur température, &c.
& l'on a donné à toutes ces différentes maniéres de toucher, des noms qui
expriment ou l'action des corps ſur
nous, ou notre action ſur eux : *heurter,*
piquer, pincer, grater, chatouiller, ſont
autant d'expreſſions qui déſignent
ce que différens corps nous font ſen-

tir en conséquence de leur masse, de leur forme, ou de leur maniére de se mouvoir : *froid*, *chaud*, *dur*, *mol*, *sec*, *mouillé*, dénotent d'ordinaire le sentiment qu'excite en nous une matiére que nous tâtons, par l'état actuel des parties qui composent sa masse. Comme les sensations du toucher peuvent varier à l'infini, par la variété même de l'objet, par l'étendue & la disposition de l'organe, & par les différentes maniéres dont l'un est applicable à l'autre ; il s'en faut bien qu'elles soient toutes caractérisées par des noms propres : ceux que nous venons de rapporter, & plusieurs autres que nous omettons, ne sont, pour ainsi dire, qué des termes génériques par lesquels on fait connoître, à l'aide de quelque circonlocution, les différentes espéces qui peuvent s'y rapporter ; on désigne, par exemple, par *chatouillement*, ce que l'on sent dans la gorge lorsqu'une légère âcreté excite la toux ; on dit qu'un reméde *pince*, pour faire entendre qu'il laisse des impressions sur les parties qu'il affecte.

Quoique l'objet du toucher soit

pour l'ordinaire hors de nous-mêmes, les différentes parties du même
corps ne laissent pas que d'agir réciproquement les unes sur les autres,
tant au-dehors qu'au-dedans. Quand
la main touche le pied, elle fait naître deux sensations : elle est en même
tems l'objet de l'une, & l'organe de
l'autre. Pour ce qui se passe à l'intérieur & sans interruption, l'habitude
nous en dérobe le sentiment ; l'action
des fluides sur les solides du corps animé, par exemple, ne devient sensible
que quand elle apporte quelque changement à l'état naturel ; & alors nous
éprouvons ce qu'on nomme *langueur*,
foiblesse, ou *douleur*.

On peut dire en général que les
nerfs sont dans chaque organe, la
partie la plus essentielle, celle où
l'action de l'objet se termine, & après
laquelle nous n'appercevons plus rien
de méchanique : le fond de l'œil
où s'accomplit la vision, n'est qu'une
expansion du nerf optique ; la lame
spirale du *limaçon*, qu'on regarde comme la piéce qui a le plus de part
aux fonctions de l'oreille, est un composé de fibres nerveuses ; & l'organe

du toucher se trouve dans toute l'étendue de la peau, & sur-tout à la surface extérieure, où l'on sçait qu'aboutissent tous les petits nerfs qui forment la plus grande partie de ce tissu. Ce sont ces petits mammelons dont l'arrangement forme des sillons vers l'extrémité des doigts, où le tact est ordinairement plus fin qu'ailleurs.

*M. le Cat.
Traité des
Sens, p. 207.
Un habile Anatomiste* a donné il y a environ 15 ans, une description très-concise & très-intelligible de la peau, dans un ouvrage écrit *ex professo* sur les Sens, & dont je crois la lecture très-utile à ceux qui voudront sur la matiére présente des instructions plus détaillées que celles qui peuvent être placées ici.

Ce qui prouve incontestablement que les nerfs ont plus de part au toucher qu'aucune autre partie, c'est que ce sens exerce ses fonctions plus ou moins parfaitement, selon l'état actuel de ces petites houpes nerveuses qu'on apperçoit à la superficie de la peau, & qui ne sont couvertes que par l'épiderme *Fig.* 11 : qu'une brûlure les desséche, qu'une matiére étrangère les couvre, qu'un trop grand froid les contracte, ou les empêche de s'épanouir; la partie où ils font, perd le fentiment, & ne le reprend que quand ces accidens ceffent. Les maladies des nerfs qui ne vont pas jufqu'à détruire leur œconomie, font auffi les plus aiguës, parce qu'elles attaquent immédiatement l'organe des fenfations; l'engourdiffement & la paralyfie qui fufpendent ou qui arrêtent leurs fonctions, caufent pour l'ordinaire l'infenfibilité.

Des accidens, des maladies, la vieilleffe nous privent fouvent des autres fens. On voit affez fréquemment des aveugles, des fourds, des gens même en qui le goût & l'odorat font prefqu'entiérement ufés : mais il eft fort rare de trouver un homme univerfellement infenfible; on en apperçoit bien-tôt la raifon, dès que l'on confidére par combien d'endroits nous pouvons fentir les objets extérieurs comme réfiftans, en comparaifon des parties organiques qui nous les repréfentent comme fonores, colorés, favoureux, ou odorans. L'étendue du toucher eft donc une reffource que la nature a ménagée à ceux qui par quelque accident ou par vice de conformation, se trouve-roient privés des autres facultés. Aussi voyons-nous des aveugles suppléer par le tact à l'usage des yeux; & quoi-que le toucher ne soit pas à beaucoup près aussi délicat que les autres sens, lorsqu'il est employé par nécessité, & perfectionné par l'habitude, il fait presque des prodiges. Je ne voudrois pourtant pas garantir tous ceux que l'on raconte à cette occasion; car tout ce qui tient du merveilleux, ne va guère sans exagération.

Le Goût.

COMME l'accroissement & l'entre-tien des animaux dépend de la nour-riture qu'ils prennent, & du choix qu'ils en font, il étoit à propos que la nature les conformât de maniére à désirer d'eux-mêmes les alimens né-cessaires, & à distinguer ceux qui leur conviennent : il falloit qu'ils sentis-sent le besoin de manger, & qu'ils eussent du plaisir à le satisfaire ; car sans cette précaution le soin de vivre eût été à charge. Jugeons-en par nous-mêmes : s'il n'étoit question que de remplir un devoir, lorsqu'on se met à table, il faut convenir que les indigestions ne seroient pas communes, & qu'on verroit peut-être bien des gens périr d'inanition. L'Auteur de la nature a prévû ce désordre, & pour le prévenir, il a mis en nous-mêmes des motifs plus puissans que notre paresse. L'estomac à jeun nous sollicite par la faim & par la soif; & la bouche qui fournit à ces deux appétits, se dédommage par les saveurs qu'elle goûte, de la peine qu'elle prend de préparer les alimens pour la digestion.

Le goût consiste donc à sentir l'impression des matiéres savoureuses, à les admettre ou à les rejetter, suivant les idées qu'elles font naître, & les jugemens qui s'ensuivent.

Les saveurs, objet du goût en général, viennent principalement des parties salines qui se trouvent dans toutes les matiéres tant animales que végétales, que l'on prend ou comme alimens, ou comme remédes. Ces petits corps anguleux & tranchans, sont plus propres que d'autres à pénétrer jusqu'à l'organe immédiat,

& à s'y faire fentir. On peut en juger
en mettant fur la langue quelque
grain de fel pur; de quelque nature
qu'il foit, il y fait une impreffion
très-forte; & l'analyfe fait voir que
de tous les mixtes ceux qui affectent
le plus l'organe, font les plus abon-
dans en fels.

On ne connoît qu'un très-petit
nombre de fels qui différent effen-
tiellement, ou dont les parties divifées par l'eau, fe montrent fous des
figures conftamment différentes. De-
là il fuit que les fenfations du goût
feroient peu variées, fi les particules falines que les alimens contiennent, agiffoient feules, & fans mêlange fur l'organe: mais la nature les a
mêlées avec d'autres principes qui
ne font point favoureux par eux-
mêmes, qui n'agiffent que comme
objet du toucher en général, &
dont le nombre & les dofes fe combinent à l'infini. L'eau, la terre, l'air,
le foufre, l'huile, font autant de matiéres infipides, que la nature a fait
entrer dans prefque tout ce qui fert
de nourriture aux animaux. La bouche en broyant ces alimens, fournit
une

une lymphe qui facilite la défunion
des parties , & qui développe les
principes ; mais ce diffolvant n'a point
autant de prife fur les uns que fur les
autres : le foufre & l'huile, par exemple, ne cédent point à fon action,
comme la terre & l'eau ; ainfi la partie faline ne fe dégage jamais qu'im-
parfaitement , & à proportion de la
diffolubilité de ce qui lui eft étroitement uni.

Les faveurs les plus fimples , & fur
lefquelles on eft le plus généralement
d'accord, font celles où les fels font
les moins mitigés par le mêlange d'autres matiéres. Tout le monde connoît
ce que c'eft que *falé*, *aigre*, *doux*,
amer, *âcre*, &c. Ces différentes fenfations font fi marquées , qu'on les
diftingue d'abord ; elles font comme
la bafe de toutes les autres qui deviennent d'autant plus difficiles à décider & à exprimer , qu'elles s'éloi-
gnent davantage de cette premiére
fimplicité. L'amer du caffé, par exemple , corrigé par la douceur du fucre,
produit une fenfation mixte ; le fuc
des fruits mêlé à l'efprit de vin, prend
un nouveau goût ; celui des viandes

change presque entiérement , & se
déguise de mille façons différentes,
comme on le sçait par un nombre
infini de préparations & de mêlanges,
dont la délicatesse a fait un art important & très-cultivé dans notre
siécle.

Il en est de l'objet du goût, comme de celui du toucher : les saveurs
mixtes dépendant de certains principes, dont l'assemblage est susceptible
d'une infinité de combinaisons, il est
impossible de les désigner toutes par
des noms particuliers; on les exprime en les comparant à quelque sa-
veur plus simple, ou plus connue,
on dit : *tel fruit est un peu âcre &
amer ; tel poisson a le goût du brochet,*
&c.

Quant à l'organe du goût, tous
les Anatomistes conviennent qu'il est
principalement dans la langue ; un
grand nombre d'entre eux croient
qu'il est dans tout l'intérieur de la
bouche , & plusieurs l'étendent jusqu'à l'ésophage, & même jusqu'à l'estomac. Il n'est guère possible de
le borner à la langue seule ; chacun
peut reconnoître par sa propre expé-

rience, que les matiéres favoureufes fe
font fentir, quoique plus foiblement, au
palais & au fond de la bouche ; mais ce
qui décide la queftion, c'eft qu'on a
vû des gens qui n'avoient point de langue, & qui goûtoient les alimens *.

* Mem. de
l'Académie,
1718, p. 6.

C'eft encore ici l'extrémité des fibres nerveufes, ces mammelons dont
nous avons parlé précédemment, qui
font l'organe immédiat : mais au lieu
que pour la fenfation du toucher, ils
font petits & recouverts par une fur-
peau affez unie, & d'un tiffu un peu
ferré ; dans toutes les parties de la
bouche où on les obferve, & fur-
tout dans la langue, *Fig.* 1 2. ils font plus
gros, moins compacts, & comme
enchâffés dans une enveloppe ou gai-
ne fort poreufe, abbreuvés d'ailleurs
d'une lymphe qui entretient leur fou-
pleffe, & qui met la partie favoureu-
fe des alimens en état de les toucher
comme il convient pour fe faire fentir : car elle la divife, elle la développe de maniére qu'elle lui donne
le dégré de ténuité néceffaire pour
s'infinuer par cette peau très-poreufe,
qui couvre les petites houpes nerveufes fur lefquelles l'impreffion doit
fe faire.   O ij

L'organe du goût fe gâte & s'ufe comme les autres, par un ufage immodéré de fon objet : les faveurs fortes, comme les liqueurs fpiritueufes, & ces ragoûts étudiés fi fort à la mode aujourd'hui, diminuent beaucoup la fenfibilité des parties qui en fouffrent fréquemment l'impreffion : l'expérience fait voir que des gens du peuple qui s'accoutument à boire de l'eau-de-vie, trouvent le vin infipide, & ne s'en foucient plus. On fçait au contraire que les bûveurs d'eau ont pour l'ordinaire le goût plus délicat & plus fin que d'autres. Cette boiffon qui n'a prefque point de faveur, conferve à l'organe toute fa fenfibilité, parce qu'elle n'eft point capable d'en altérer la texture. La maladie ou le grand âge peuvent auffi caufer du défordre dans cette partie : au commencement d'une convalefcence, il arrive affez fouvent qu'on ne trouve point de goût aux alimens, parce qu'il refte encore quelque humeur vicieufe qui engorge les pores par où doivent paffer les particules favoureufes ; ou parce que les accidens qui ont précédé, ont

caufé quelque altération à l'organe
même, qui n'eſt point encore revenu
à ſon état naturel. Mais infenfiblement je paſſe les bornes de mon deſſein; c'eſt à la Médecine & à l'Anato-
mie qu'il convient d'ajouter ce qui
peut manquer ici; peut-être en ai-je
déja trop dit.

L'Odorat.

L'ODORAT, à qui nous donnons le
troiſiéme rang parmi les ſens, quand
on commence par ceux qui ſont en
apparence les plus groſſiers, pourroit être placé au ſecond, ſi l'on
avoit égard à l'ordre que la nature
obſerve dans leur exercice; car ſes
fonctions précédent ſouvent celles
du goût. Ce qu'on nous préſente pour
boire ou pour manger n'eſt guère
admis, s'il n'a été examiné d'abord,
& approuvé par ce ſens; & les animaux qui n'ont le tact ni auſſi familier, ni auſſi fin que nous, décident
par l'uſage du nez de la qualité des
alimens, ſur-tout quand ils ſont nouveaux pour eux, & qu'ils n'y voient
pas extérieurement de reſſemblance
avec ce qui leur eſt déja connu. Il y a

une fi grande affinité entre le goût
& l'odorat, tant par rapport à l'objet
que par rapport à l'organe, que quelques Anatomiftes ont regardé le dernier comme une partie, ou comme
un fupplément du premier : & en éf-
fet, nous voyons que tout ce qui
agrée à l'un, eft naturellement ami
de l'autre ; on eft tenté de porter à
la bouche les matiéres qui exhalent
des odeurs agréables, à moins qu'on
ne leur connôiffe des qualités nuifi-
bles ; & fi par hazard quelque aliment ufité déplaît à l'odorat, il faut
que l'habitude, ou quelques motifs
puiffans l'emportent fur la répugnance qu'il ne manque pas de faire naître,
fans quoi l'on s'en interdit l'ufage fur
le feul témoignage du nez.

Comme l'intérieur du nez communique avec la bouche, il arrive fouvent que les fenfations du goût s'al-
lient & fe confondent, pour ainfi dire,
avec celles de l'odorat : cet effet arrive quand les faveurs font fpiritueufes & volatiles, & de-là vient encore
une variété prodigieufe de fenfations
différentes, felon que l'odorat y a
plus ou moins de part. Quand il y

participe un peu trop, comme fon organe eft plus fenfible que celui du goût, celui-ci perd fes droits pendant quelques inftans, & toute la fenfation appartient à l'odorat. Qui eft-ce qui ne fçait pas ce qui arrive, lorfqu'on prend une dofe de moutarde trop peu mefurée, ou lorfqu'on avale à longs traits de la biére forte?

Il paroît que le principal objet de l'odorat font les fels volatils, & que la variété des odeurs vient du mêlange & de la quantité des autres principes qui leur font unis; car les fels fixes ne font point capables de fe porter à l'organe, & tout ce qui n'eft point fel dans les mixtes, quoiqu'il foit volatil, femble infipide à l'odorat comme au goût. On obferve au contraire que tout ce qui facilite l'évaporation des matiéres où le fel volatil abonde, tout ce qui développe leurs principes, les rend auffi plus odorantes. Quand on cuit les viandes, l'action du feu divife les parties, les fubtilife, & les met en état de s'exhaler, & alors les odeurs deviennent très-fenfibles. Quand on mêle du fel ammoniac en poudre

avec de la chaux vive, ou avec du sel de tartre, le volatil urineux se développe, s'éléve, & se fait vivement sentir.

Par la même raison la fermentation ou la putréfaction, rend presque toujours odorantes les matiéres qui ne le font que peu ou point dans leur état naturel, & le plus souvent elle change la qualité des odeurs; car ces mouvemens intestins donnent lieu aux parties de se déplacer & de se désunir. Si cette désunion ne va pas jusqu'à décomposer les molécules, & changer la nature du mixte qui commence à fermenter, il devient seulement plus odorant, parce qu'il s'exhale en plus grande quantité; mais si les principes mêmes qui composent les parties intégrantes viennent à se séparer, non-seulement l'odeur en deviendra plus forte & plus pénétrante, parce que l'organe sera affecté par des parties plus subtiles; mais la sensation sera aussi d'une autre espéce, parce qu'elle sera causée par des corpuscules d'une structure différente, où la partie saline, qui est le principal agent, sera

plus

plus ou moins abondante, plus ou moins développée, un fruit qui se pourrit, la chair qui se corrompt, exhalent des odeurs de plus en plus désagréables, non-seulement parce qu'elles sont plus fortes, mais aussi parce qu'elles sont plus fétides, à mesure que la corruption fait du progrès.

Les odeurs sont encore moins caractérisées que les saveurs ; à peine convient-on de quelques sensations fondamentales dans ce genre ; on se contente de rapporter les moins connues à celles qui le sont davantage, à la fumée du soufre, à celle du linge brûlé, à la vapeur de l'urine, à la violette, au citron, à l'ambre, &c. sans prétendre pour cela que ces différentes exhalaisons soient des odeurs simples.

Il faut que les corpuscules capables d'ébranler l'organe de l'odorat, soient susceptibles d'une prodigieuse divisibilité. On en peut juger par une expérience, & par quelques observations que nous avons rapportées dans la première Leçon, * pour prouver en général combien les corps sont divisibles. Ces petites parties ex-

*III. Expérience, pag. 27. & suiv.

halées flottent dans l'air, & c'est ce fluide qui les porte dans l'intérieur du nez où est l'organe, lorsque par la respiration nous le déterminons à prendre cette voie.

L'intérieur du nez est revêtu d'une membrane que les gens de l'art nomment *pituitaire* : c'est un tissu composé pour la plus grande partie des fibres du nerf olfactif, qui est communément reconnu pour être le sujet des odeurs. Ces fibres nerveuses aboutissent à la superficie de la membrane en forme de petits mammelons sur lesquels se fait l'impression des corpuscules odorans. *Fig.* 13. Voilà en gros l'organe de l'odorat, un plus grand détail ne conviendroit point ici : ceux qui voudront être plus amplement instruits, trouveront de quoi se satisfaire dans le traité de M. le Cat, que nous avons cité ci-dessus ; dans l'exposition anatomique de M. Winslow, &c. Nous ajouterons seulement que les odeurs fortes, & leur fréquent usage, endurcissent, pour ainsi dire, les petites houpes nerveuses ausquelles elles s'appliquent, & leur font perdre ce sentiment délicat dont

jouiſſent ordinairement les perſonnes
qui n'uſent point de tabac ni de par-
fums. On perd auſſi pour un tems
l'uſage de ce ſens, lorſqu'une humeur
ſurabondante ou trop épaiſſie, au
lieu d'abreuver l'organe autant qu'il
convient ſeulement pour entretenir
ſa ſoupleſſe & ſa ſenſibilité, engorge
& gonfle toute ſa ſubſtance; car alors
non-ſeulement il n'eſt point dans ſon
état naturel, & diſpoſé à bien faire
ſes fonctions, mais l'air qui paſſe avec
peine n'y porte pas la même quantité
d'odeur : c'eſt ce qu'on éprouve, &
qu'il eſt aiſé d'obſerver, lorſqu'on a
cette indiſpoſition qu'on appelle *rhu-
me de cerveau.*

Nous ne dirons rien ici de l'ouie
ni de la vûe, parce que nous aurons
occaſion d'expliquer le méchaniſme
de ces deux ſens, en traitant des
ſons & de la lumiére ; il nous reſte à
terminer cette digreſſion par quelques
remarques qui ſe préſentent encore
à faire ſur les ſens en général conſidé-
rés dans l'homme.

1°. Quoique ſuivant l'intention de
la nature, chaque individu de notre
eſpéce doive faire de ſes ſens l'uſage

P ij

II.
Leçon.

* Journal
des Sçavans.
Avril 1667.
Mem. de Tré-
voux, Fev.
1725.

pour lequel ils lui font accordés, cependant il est indubitable que toutes ces facultés ne sont point au même dégré de délicatesse dans tous les hommes. On en a vû * dont l'odorat étoit aussi fin que celui des chiens de chasse; d'autres distinguent les objets dans un lieu assez obscur, pour les dérober aux vûes ordinaires; certains gourmets apperçoivent dans les ragoûts & dans les liqueurs, des différences qui échappent aux goûts communs. Un tel dégré de perfection dans les sens, lorsqu'il ne s'y trouve pas aux dépens de quelque avantage plus précieux, doit être regardé comme un bienfait de la nature; mais que la sensibilité de nos organes soit limitée, & que nos sensations n'ayent pas toute l'étendue qu'elles pourroient avoir, ce n'est point un mal, & nous aurions tort de nous en plaindre : au contraire une délicatesse dans les sens beaucoup plus grande qu'elle ne s'y trouve communément, nous exposeroit à bien des incommodités, à moins qu'il ne se fît en même tems une réforme dans les objets qui ont coutu-

me de les affecter, & que nous ne
changeaffions auffi de maniére de
penfer. Trop de lumiére bleffe nos
yeux, tels qu'ils font ; s'ils étoient
plus délicats, une clarté ordinaire feroit toujours exceffive, & nous ne
verrions jamais fans douleur. Seroit-il
agréable de voir toujours les objets
comme on les voit à l'aide du microfcope ? La plus belle peau ne nous
paroîtroit jamais qu'un tiffu mal uni,
ou plein de rugofités ; & le plus beau
diamant ne nous montreroit que des
faces mal dreffées, & peu fymmétri-
fées : il eft aifé d'appliquer cette réflexion aux autres fens.

2°. Dans l'ufage des fens, quoique l'organe foit fuffifamment affecté par l'objet, il arrive fouvent que
la fenfation n'a point fon effet par
rapport à l'ame. Combien de fois
n'arrive-t-il pas qu'on a les yeux ouverts fur un objet éclairé, fans le
voir ? ou que l'on parle affez haut à
quelqu'un qui n'eft point fourd, &
qui cependant n'entend pas ce qu'on
lui dit ? Tous les corps que nous
touchons, où qui nous touchent par
hafard, viennent-ils pour cela à notre

connoissance ? C'est que pour connoître ce que l'on touche, il faut le tâter; pour entendre, il faut écouter; & pour voir, il faut regarder. Or tâter, écouter, & regarder, ce n'est pas seulement laisser agir l'objet sur l'organe, c'est joindre l'attention de l'ame à l'exercice du sens qui est en fonction. Un homme distrait se comporte souvent comme un sourd, un aveugle, un insensible. Qui ne connoît pas les effets de la distraction ?

3°. Les sensations, comme nous l'avons déja dit, font naître des idées, & ces idées font agréables ou déplaisantes à l'ame qui les conçoit; mais ce qu'il y a de plus remarquable, c'est que le même objet fait plaisir aux uns & déplaît aux autres. Quelques personnes aiment les amers, le plus grand nombre les déteste ; certaines odeurs plaisent à ceux-ci, & font insupportables à ceux-là : & c'est ce qui a donné lieu à cette maxime : *Il ne faut pas disputer des goûts.* Il y a plus encore : ce qui me faisoit peine à sentir il y a quelques années, m'est agréable aujourd'hui. Tel qui a marqué de la répugnance en buvant de la bierre, ou

en prenant du tabac pour la premiére
fois, en fait ses délices dans la suite;
l'odeur du musc qui étoit de mode
autrefois, fait maintenant mal à la
tête à tout le monde. Les organes
ne font-ils pas à-peu-près les mêmes
dans tous les hommes ; & changent-
ils d'un tems à l'autre dans le même
individu ?

Puifque c'eft une chofe reconnue,
que les parties organiques font plus
délicates, & par conféquent plus fufceptibles des impreffions dans certaines perfonnes que dans d'autres, &
qu'une action immodérée de l'objet
eft capable de les bleffer ; il peut arriver que ce qui ne feroit qu'une fenfation ordinaire pour les uns, devienne
pour les autres une irritation violen-
te, fâcheufe, & inquiétante pour
l'ame qui veille à la confervation du
corps, & qui défapprouve tout ce qui
tend à déranger l'économie animale.

Mais il faut convenir que l'imagination a autant de part qu'aucune autre caufe à toutes ces variétés. Les
objets nous plaifent ou nous caufent
de la répugnance felon les idées que
nous y attachons; & ces idées dépen-

P iv

dent beaucoup de l'habitude, de la mode, & des préjugés. On a oui dire à des gens que l'on croit de bon goût, qu'une telle matiére, lorſqu'on la brûle, produit une bonne odeur ; en voilà aſſez pour la faire aimer quand on l'éprouvera. Le rapport des yeux préſente d'abord les huitres ſous des ſimilitudes dégoutantes ; mais peu à peu ces premiéres idées s'affoibliſſent, & cédent à d'autres plus flatteuſes qu'on a conçues en y goûtant : ainſi comme les ſenſations dépendent en partie de la diſpoſition de l'organe, les jûgemens qui s'enſuivent, tiennent beaucoup auſſi de celles de l'ame.

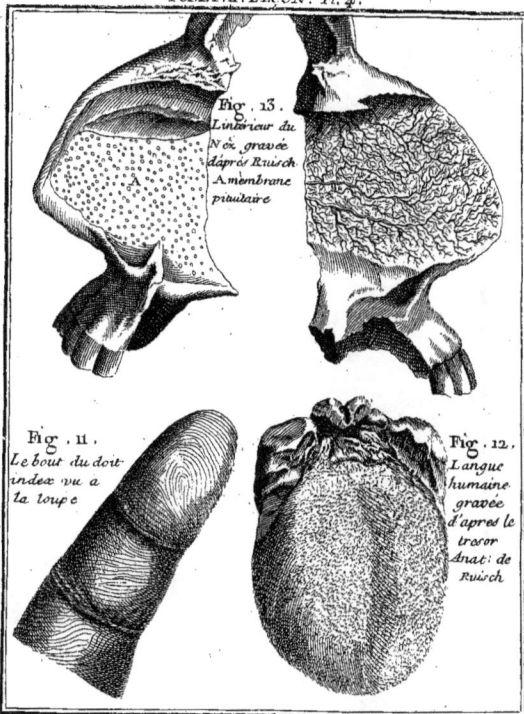

Fig. 13.
L'intérieur du
Nés gravée
d'après Ruisch.
A.membrane
pituitaire

Fig. 11.
Le bout du doit
index vu a
la loupe

Fig. 12.
Langue
humaine
gravée
d'après le
tresor
Anat: de
Ruisch

✳✳✳✳✳✳✳✳✳✳✳✳✳✳✳✳✳✳✳✳✳
❖❖❖❖❖❖❖❖❖❖❖❖❖❖❖❖❖❖❖❖❖
✳✳✳✳✳✳✳✳✳✳✳✳✳✳✳✳✳✳✳✳✳

III. LEÇON.

De la Mobilité des Corps ; du Mou-
vement, de ses propriétés &
de ses loix.

PREMIERE SECTION.

De la Mobilité des Corps.

IL ne faut point confondre la *mo-*
bilité avec le *mouvement* ; ce sont deux
choses tout-à-fait différentes. La premiére est une propriété commune à
tous les corps ; l'autre est un état hors
duquel on les considère souvent, &
qui ne leur est point essentiel. Je me
représente quelquefois telle ou telle
matiére comme étant en repos : mais
je conçois toujours qu'elle peut recevoir le mouvement qu'elle n'a pas.

 La mobilité est fondée sur certaines dispositions qui ne se trouvent
pas au même dégré dans tous les
corps ; c'est ce qui fait que les uns

font plus mobiles que les autres, c'est-à-dire, qu'il faut employer moins de force pour les faire passer du repos au mouvement. Les principales de ces dispositions font la figure, le poli de la surface, & la quantité de matière contenue fous le volume d'un corps qu'on veut mouvoir.

Pour concevoir ceci facilement, représentons-nous d'abord deux masses de verre, d'ivoire, &c. d'égal poids, dont l'une foit un cube, & l'autre une boule, toutes deux posées fur une table. Ces deux corps ne différeront que par la figure, & cela suffira pour rendre le dernier beaucoup plus propre que le premier à recevoir & à conserver le mouvement. Donnons-leur maintenant la même figure, & ne changeons rien à l'égalité de leurs masses ; mais imaginons seulement que la surface de l'un est raboteuse, & que celle de l'autre est unie : cette différence rendra celui-ci plus mobile ; une moindre force le fera mouvoir fur un plan solide, ou dans un fluide. Enfin suppofons deux corps bien semblables par leur figure, & par le poli de leurs surfaces, mais différens par leurs quantités de matiére ; une bille d'ivoire, par exemple, & une autre de plomb, de même diamétre, suspendues de même, ou posées sur le même plan horizontal & fort droit ; ne faudra-t-il pas frapper celle-ci plus fortement que l'autre, pour la mouvoir ? & la même force imprimée à l'une & à l'autre, ne trouverat-elle pas moins de résistance dans la plus légère que dans la plus pesante ?

Cette résistance au mouvement, qu'on apperçoit dans tous les corps, ayant égard seulement à leur masse, se nomme *force d'inertie :* elle est, ainsi que la pesanteur proportionnelle à la quantité de matiére propre de chaque corps. Mais quoique ces deux forces ayent cela de commun entr'elles, on ne peut pas dire qu'elles soient la même chose ; il y a des preuves du contraire : la pesanteur, comme nous le verrons dans la suite, exerce toujours son action de haut-en-bas. & , autant qu'elle peut, perpendiculairement à l'horizon ; mais la force d'inertie résiste au mouvement dans quelque sens qu'on fasse effort pour mouvoir un corps.

Pour nous faire une idée juste de l'inertie, représentons-nous l'expérience proposée par M. Newton; *Fig. 2.* Imaginons un corps d'une grandeur & d'un poids déterminé, par exemple, une boule de plomb pesant une livre, suspendue librement par un fil fort long dans un air tranquille, & une autre boule de plomb semblable, pareillement suspendue, qui va heurter la première avec quatre dégrés de mouvement. Si la boule en repos ne faisoit aucune résistance à celle qui vient la heurter, après le choc, on les verroit toutes deux se mouvoir avec quatre dégrés de mouvement. Car pourquoi le mouvement diminueroit-il dans la boule qui choque, s'il n'y avoit point de résistance de la part de celle qui est choquée? & par quelle raison la boule déplacée ne le seroit-elle pas selon toute l'étendue du mouvement qui la pousse? Mais l'expérience fait voir autre chose: la boule en repos reçoit de celle qui la frappe une portion de son mouvement; & cette dernière perd dans le choc ce que l'autre paroît avoir acquis. Un corps en repos fait donc une ré-

fiſtance réelle à l'effort qui tend à le
mouvoir. Il y a plus encore; ſi la boule en repos *Fig.* 2, péſe 30, ou 40 livres, l'autre qui n'a plus alors qu'une
maſſe beaucoup moindre, avec le même effort, ne la porte pas auſſi loin
que dans le cas précédent; cependant
ſi pour mouvoir un corps quelconque, il ne s'agiſſoit que de lui faire
perdre ſon état de repos, le mouvement communiqué feroit le même
dans une groſſe que dans une petite
maſſe. Il y a donc quelque choſe de
plus à vaincre, qu'une ſeule privation
de mouvement.

Dira-t-on que la boule en repos
ne réſiſte que parce qu'elle eſt appuyée par l'air qui l'environne, &
qu'il faut qu'elle déplace, pour changer de lieu ?

Mais, 1°. les corps qui ſe choquent
dans le vuide font voir la même choſe
que dans l'air, ou s'il y a des différences, elles ne font pas ſenſibles.

2°. La réſiſtance de l'air fait elle-
même partie de la queſtion préſente ;
car il s'agit de l'inertie des corps en
général. Si l'air en qualité de matiére, fait réſiſtance au mouvement des

corps qui tendent à le déplacer, & qu'on en convienne, l'inertie est prouvée.

3°. Si la réſiſtance que fait la boule en repos, venoit uniquement de celle de l'air, ſur lequel elle s'appuie ; pour réſiſter une fois plus, il faudroit qu'elle répondît à un volume d'air une fois plus grand : mais le fait eſt qu'il ſuffit de doubler le poids de la boule, & tout le monde ſçait qu'un ſolide ſphé-rique, pour avoir le double de maſſe, ne reçoit pas une ſurface deux fois auſſi grande que celle qu'il avoit.

Seroit-ce donc la peſanteur de la boule ſuſpendue qui s'oppoſeroit à ſon déplacement ? De quelque lon-gueur qu'on ſuppoſe le fil, dira-t-on, ſi le corps grave qu'il tient ſuſpendu, eſt libre, il le tiendra tendu dans une ſituation verticale, & ſe placera au point le plus bas que la ſuſpenſion lui puiſſe permettre d'obtenir. Il ſuit de-là, que ſi on le force d'en ſortir, en quelqu'endroit qu'on le porte à l'entour, il ſera plus haut ; & qu'il faudra, pour l'y porter, vaincre ſa pe-ſanteur qui fait effort pour le retenir où il eſt.

Cette objection est spécieuse, mais elle ne fera jamais conclure que la force d'inertie & la pesanteur sont la même chose dans les corps, à quiconque fera attention que dans les boules suspendues des expériences citées, la résistance est toujours proportionnelle aux masses considérées dans toute-leur valeur ; au lieu que la pesanteur, dans le tems du repos, est réduite à zéro par le fil qui suspend la boule, & qu'elle n'agit presque pas, lorsque cette même boule se meut, si le fil est fort long, comme on le suppose, & qu'on ne fasse décrire que de petits arcs.

Pour rendre ceci plus intelligible, supposons la boule en repos au bout du fil qui la tient suspendue, alors tout l'effort de sa pesanteur est vaincu par la résistance du point de suspension ; si on la pousse avec le doigt dans un arc de cercle, à mesure qu'elle s'éloigne du lieu de son repos, on sent qu'elle pése de plus en plus sur la main qui la dirige, de maniére que si le fil devient horizontal, elle fait sentir tout son poids; & quand on la conduit en descendant par le même arc

de cercle , on fent décroître proportionnellement l'effort de la pefanteur,
jufqu'à ce que le fil foit vertical,& que
le point de fufpenfion foit chargé
de tout. On conçoit donc que la
boule en queſtion ne réfiſte comme
pefante, que quand le fil n'eſt plus
vertical, quand elle a paſſé du lieu le
plus bas à un autre plus élevé ; ce déplacement doit donc précéder abfolument la réſiſtance, ou l'effort qui
vient de la pefanteur ; mais pour opérer ce déplacement , il faut employer
une force réelle,capable de vaincre &
de tranfporter toute la maſſe de cette
boule ; car fi cette force qu'on emploie eſt trop petite , elle n'eſt pas
moins une force réelle, & cependant
elle n'a point l'effet qu'on demande
fur un corps folide dont les parties
font liées. Ainſi la boule fufpendue a
donc fait une réſiſtance qu'il a fallu
vaincre , avant que fa pefanteur pût
fe faire fentir.

De plus les fluides réſiſtent auſſi
bien que les autres corps. Quand un
folide fe meut dans l'eau, en fuivant
une direction horizontale, on ne peut
pas dire que la réſiſtance qu'il éprouve,

ve, vienne de la pesanteur du milieu, puisque toutes les parties de ce
milieu, qu'on suppose homogènes,
sont en équilibre entr'elles, & qu'on
n'a rien à attendre de leur pesanteur,
quand on les transporte selon une direction qui lui est tout-à-fait indifférente, telle qu'on la suppose.

Enfin la force d'inertie se rencontre dans les corps en mouvement,
comme dans ceux qui sont en repos ;
celui qui se meut avec deux dégrés,
n'en reçoit un troisième que par un
nouvel effort qu'il faut faire pour le
lui donner ; la même résistance qu'il
oppose à la première force qui lui ôte
son repos, il l'emploie également
contre celle qui veut ajouter à son
nouvel état : c'est pourquoi après
avoir rapporté les expériences qui
prouvent la force d'inertie dans les
corps en repos, j'en ajouterai une qui
me paroît décisive, & qui ne permet
pas de confondre les effets de l'inertie avec ceux de la pesanteur.

Q

PREMIERE EXPERIENCE.

Preparation.

La machine qui est représentée par la *Fig.* 3. porte environ à 6. pieds de hauteur deux billes d'ivoire *A*, *B*, d'un pouce ½ de diamétre chacune, & attachées enfemble avec un peu de cire : le marteau *D*, qui est de même matiére, est mené par un ressort que l'on tend plus ou moins, & qui se détend quand on tire le cordon *E*, pour faire frapper le marteau fur une des deux billes.

Effets.

L'une des deux billes d'ivoire *B*, ayant été frappée par le marteau, se détache de l'autre *A*, & la précéde en tombant.

Explications.

Si les deux billes feulement détachées l'une de l'autre, n'obéissoient qu'à leur pefanteur, comme on suppofe qu'elles commencent à tomber en même tems, qu'elles font en tout femblables, & dans le même air, il est indubitable qu'elles arriveroient ensemble sur le plan qui termine leur chûte : mais l'une des deux ayant reçu un coup de marteau qui ajoute à l'effort de sa pesanteur, obéit encore à cette nouvelle impulsion, dont l'effet est de la faire précéder l'autre ; & cette précession est d'autant plus prompte, que le coup de marteau a été plus grand. Voilà un nouvel effet qu'on ne peut attribuer à la pesanteur, puisque pour le faire naître cet effet, il faut employer une cause particuliére, sans laquelle il est nul, & dont il suit exactement les proportions. Or tout ce qui anéantit une force active, s'appelle résistance : un corps qui tombe librement, résiste donc à un mouvement plus prompt que celui de sa pesanteur, & ne le reçoit que d'une autre puissance dont l'action est susceptible de plus & de moins.

APPLICATIONS.

UNE pierre que l'on jette avec la main contre un arbre de médiocre grosseur, y cause souvent une émotion qui passe sensiblement jusques aux branches, & retombe au pied du même arbre, où elle demeure fans mouvement : une pareille pierre lancée contre un rocher ifolé retombe de même, & ne laiffe appercevoir aucun figne de mouvement communiqué : on voit tout d'un coup la caufe de cette différence, fi l'on fait attention que tout ce qui eft matiére, oppofe fon inertie au choc des autres corps ; & que cette force par laquelle il réfifte au mouvement, eft toujours proportionnelle à fa maffe. En fuppofant que la pierre portât fucceffivement le même effort contre l'arbre & contre le rocher ; le premier comme ayant beaucoup moins de matiére, a fait une réfiftance trop foible, pour confumer entiérement la force qui l'a follicité à fe mouvoir fans être un peu déplacé ; & ce déplacement a été fenfible par l'agitation des branches : l'autre ayant une maffe beaucoup plus grande, a fait une réfiftance complette, victorieufè (pour ainfi dire) ; & l'effort de la pierre diftribué à un certain nombre de fes parties, n'a pas fuffi pour s'étendre à toutes d'une maniére fenfi-

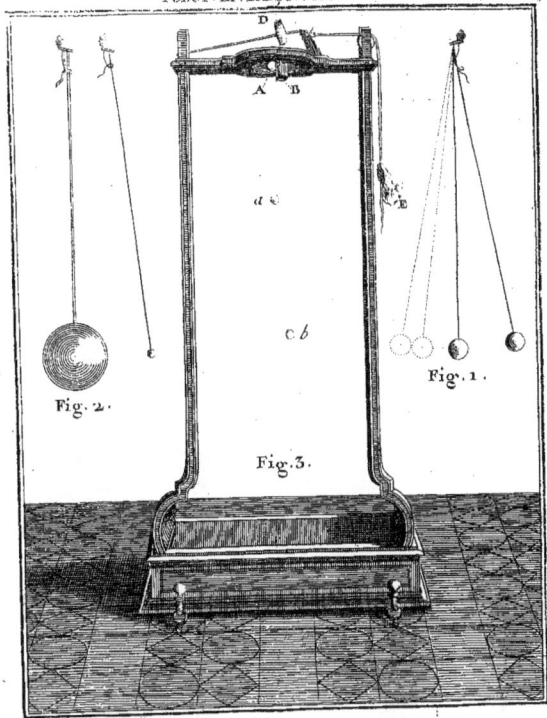

Fig. 2.

Fig. 1.

Fig. 3.

ble, & pour mouvoir le corps en fon
entier.

On a vu ci-deſſus qu'une boule de
plomb qui péſe une livre, & qui va
heurter une autre boule de même matiére & de même poids, lui donne
une certaine quantité de mouvement;
& qu'elle en donne moins, ou, pour
pàrler plus exactement, qu'elle déplace moins une troiſiéme boule qui
péſe trente ou quarante fois autant.
On en a conclu, comme on le devoit,
que ce dernier corps, ayant plus de
matiére, réſiſtoit davantage; de-là
il ſuit que plus il aura de maſſe, plus
il aura de réſiſtance;& qu'enfin il peut
en avoir en telle quantité, que l'effort qu'il a à ſoutenir, ne ſuffiſe pas
pour être diſtribué ſenſiblement à
toutes ſes parties. Cependant ce corps
ne peut pas ſe déplacer, que toutes
ſes parties ne ſe meuvent en commun; c'eſt donc par cette raiſon que
l'inertie des corps conſerve les uns
ſenſiblement en repos contre un effort qui met les autres en mouvement.

II. SECTION.

Du mouvement en général, & de ses propriétés.

ON appelle *mouvement*, l'état d'un corps qui est actuellement transporté d'un lieu dans un autre, soit qu'on le considère en totalité, soit qu'on n'ait égard qu'à ses parties. Ainsi le bateau qu'on abandonne au courant de la riviére, est en mouvement, parce qu'il change continuellement de place; & l'on ne peut point nier que les aîles d'un moulin ne se meuvent, quoiqu'elles tournent dans le même lieu, parce que chacune d'elles passe successivement par tous les rayons du cercle qu'elle décrit.

Toutes les fois qu'un corps se meut, il change de situation respectivement aux objets qui l'environnent de près ou de loin : un homme, par exemple, assis dans un carrosse, ou dans un bateau qui le transporte, change continuellement de rapports, sinon avec les personnes qui l'accom-

pagnent, au moins à l'égard des différens lieux qu'il parcourt pendant
son voyage.

Si j'apperçois à ma gauche ce que
j'avois à ma droite, je puis donc conclure en toute sûreté, qu'il y a eu un
mouvement réel ; mais ce changement de rapport ne suffit pas seul
pour m'apprendre si c'est moi qui ai
passé du lieu que j'occupois, dans un
autre. Car le même effet s'ensuivroit,
quand j'aurois resté constamment en
repos, pourvû qu'on eût déplacé ce
que j'ai autour de moi. Que le soleil
tourne en 24. heures autour de la
terre, ou qu'en un pareil tems la terre tournant sur elle-même, présente successivement tous les points
de sa surface à la lumiére de cet astre,
c'est la même chose, quant aux apparences ; & le systême qui attribue le
mouvement réel à notre globe, pour
expliquer les différens aspects du ciel,
n'eût jamais été qu'une pure hypo-
thèse, & ne l'emporteroit pas sur l'o-
pinion contraire, s'il n'étoit appuyé
d'ailleurs sur des raisons plus fortes
que les positions relatives des corps
célestes avec la terre.

III.
LEÇON.

Il y a trois chofes principales à confidérer dans un corps qui fe meut : fa *direction*, fa *vîteffe*, & la *quantité* de fon mouvement.

La direction s'exprime par la ligne droite qu'un corps décrit, ou tend à décrire par fon mouvement : car quoiqu'il parcoure un efpace, qui, outre fa longueur, a encore les autres dimenfions qu'il a lui-même ; cependant comme fi fa matiére étoit réduite en un point, on ne confidére dans la direction que le chemin parcouru par ce feul point ; c'eft pour cela qu'en nommant deux termes feulement, on fait connoître fans équivoque de quelle maniére le mobile fe dirige ; comme quand on dit : *telle riviére coule de l'Eft à l'Oueft ; tel objet paffe de droite à gauche.*

Quand un corps commence à fe mouvoir, c'eft toujours par une ligne droite, qu'il fuit autant qu'il peut ; & quand il eft obligé de la quitter, il recommence à en décrire une autre de la même efpéce, qu'il n'abandonne encore, que quand on le force de fe diriger autrement, mais toujours en ligne droite, comme nous le

le ferons voir ci-après. Ainſi quand
un mouvement ſe fait en ligne courbe, cette courbe n'eſt autre choſe
qu'une ſuite de petites lignes droites
différemment dirigées. La fronde
qu'on fait circuler, paſſe par une infinité de directions ; & le cercle qu'elle
décrit peut être conſidéré comme
un polygone d'une infinité de côtés.

On donne aux directions des corps
qui ſont en mouvement, autant de
noms différens, qu'il en appartient
aux poſitions relatives des lignes
droites ; on dit, par exemple, tel
corps ſe meut *obliquement*, *parallélement*, *perpendiculairement*, &c. à l'horiſon, à tel ou tel plan. La direction
de la pluie eſt oblique à l'horiſon,
quand il fait du vent.

La vîteſſe du mouvement ſe connoît par l'eſpace qu'un mobile parcourt, & par le tems qu'il emploie
à le parcourir. Pour avoir une idée
diſtincte de la vîteſſe, il ne ſuffit pas
de dire : Un homme a fait dix lieues;
il faut encore accuſer pendant combien d'heures il a marché.

De même quand il s'agit des vîteſſes relatives, ce n'eſt point aſſez de

Tome I. R

comparer le tems, ou les efpaces feulement, pour fçavoir en quel rapport font les vîteffes de deux corps, il faut divifer les efpaces par les tems, & fi l'on trouve, par exemple, qu'en tems égaux chacun d'eux ait parcouru une toife, on pourra conclure égalité de vîteffe ; & l'inégalité au contraire, fi l'un des deux emploie plus de tems à parcourir un efpace donné, ou que dans un tems déterminé il ne parcoure pas autant d'efpace que l'autre. Les aiguilles d'une pendule, ou d'une montre, font toutes deux le tour du cadran; elles parcourent le même efpace ; mais celle des heures emploie douze fois autant de tems que celle des minutes : la derniére a douze fois autant de vîteffe que la prèmiére ; ou bien en prenant le tems de douze heures pour la mefure commune, on verra, en comparant les efpaces parcourus, que l'aiguille des minutes fait douze fois le chemin, que celle des heures ne parcourt qu'une feule fois; ce qui revient au même.

On confond affez fouvent la vîteffe avec le mouvement ; fi l'on fait tourner un morceau de liége une fois plus vîte qu'un plomb de pareil volume, on dit communément, que le liége a plus de mouvement. Cette expreſſion n'eſt point exacte, & l'on verra bien-tôt que le plus & le moins de mouvement ne vient pas ſeulement du dégré de vîteſſe. Cependant ceux-mêmes qui ne l'ignorent pas, ſe conforment quelquefois à l'uſage ; & l'on dit, un *mouvement uniforme, accéléré, retardé*, &c. quoique ces modifications doivent toujours s'entendre de la vîteſſe.

La vîteſſe *uniforme* eſt celle d'un corps qui parcourt des eſpaces égaux en tems égaux. Comme ſi la boule qui roule ſur un plan, parcourt une toiſe dans la ſeconde, une autre toiſe dans une ſeconde ſuivante, une toiſe encore dans la troiſiéme ſeconde, & toujours de même ; de façon que les tems & les eſpaces parcourus ſoient toujours égaux entre eux. Cette uniformité ſe conçoit aiſément comme poſſible ; mais dans l'état naturel elle ne ſe rencontre preſque jamais, à cauſe des obſtacles inévitables dont nous parlerons ci-après.

R ij

On appelle vîteſſe *accélerée* celle d'un mobile qui dans des tems égaux meſure des eſpaces qui vont toujours en augmentant, ou bien des eſpaces qui ſont égaux entre eux, dans des tems qui décroiſſent de plus en plus : comme une pierre qui tombe librement, & qui va plus vîte vers la fin de ſa chûte qu'au commencement.

Si tout au contraire, des eſpaces égaux ne s'achévent que dans des tems qui augmentent de plus en plus, ou, qu'en ſuppoſant l'égalité des tems, les eſpaces parcourus aillent toujours en décroiſſant, cette vîteſſe eſt celle qu'on nomme *retardée* ; telle eſt celle d'une bille qu'on fait rouler, & qui ſe rallentit peu à peu juſqu'au repos.

La quantité du mouvement s'eſtime par la maſſe & par la vîteſſe priſes enſemble, de maniére qu'en multipliant l'une par l'autre, on peut ſçavoir au juſte quel eſt le rapport des mouvemens des deux corps que l'on compare. Suppoſons, par exemple, qu'un des deux ait 100 grains de matiére, que l'autre en ait 500, & que tous deux ſe meuvent avec 4 dé-

grés de vîteſſe : la quantité du mouvement dans le premier ſera 100 multiplié par 4, ce qui fera 400 ; & dans
le dernier ce ſera 500 multiplié par 4,
le produit ſera 2000 : ainſi ces deux
quantités de mouvement comparées
feront entr'elles comme 400, & 2000.
On apperçoit aiſément la raiſon pour
laquelle on doit eſtimer ainſi la quantité du mouvement, quand on conſidère que toute la vîteſſe avec laquelle on fait mouvoir un corps, appartient également à toutes les parties
de ſa maſſe ; car ſi je mets un tout en
état de parcourir une toiſe en une ſeconde de tems, je détermine par-là
ſa vîteſſe, mais je l'imprime, cette
vîteſſe, à toutes les parties qui compoſent ce tout ; de ſorte que ſi après
l'impulſion reçue, elles venoient à
ſe déſunir, on ne conçoit pas qu'aucune d'elles dût demeurer en repos ;
on ſent au contraire, qu'en obéiſſant
toutes également à la même cauſe
qui les a déterminées à ſe mouvoir,
elles continueroient d'exécuter ſépa-
rément ce qu'elles ont commencé
en commun, en faiſant abſtraction
néanmoins des obſtacles qui aug-

R iij

mentent en conséquence de la division, & que nous expliquerons ailleurs.

Un corps qui se meut, peut en mouvoir d'autres ; & cette faculté est relative aussi à sa masse & à sa vîtesse, de façon qu'on peut compenser l'une par l'autre. Car celui qui a peu de masse fait autant d'effort avec beaucoup de vîtesse, qu'un autre en feroit avec moins de vîtesse, s'il avoit plus de masse. Avec un petit marteau qu'on fait agir promptement, on chasse aussi loin le même clou, qu'avec un plus gros qui tomberoit lentement ; une petite baguette ne blesse pas comme un bâton, quand bien même l'une & l'autre frapperoient avec la même vîtesse.

Le mouvement des corps, quand il est employé pour en mouvoir d'autres, soit qu'il tende à les mouvoir seulement, soit qu'il les meuve en effet, se nomme *puissance* ou *force motrice*.

On avoit toujours pensé que cette force en toutes sortes de cas indistinctement, devoit être évaluée comme la quantité du mouvement par la masse

& par la vîteſſe ; & en effet, qu'un corps ſollicité à ſe mouvoir, ſe meuve réellement, ou bien qu'il ſoit retenu par des obſtacles, on ne voit autre choſe en lui que la vîteſſe qu'il a ou qu'il auroit, multipliée autant de fois qu'il a de parties ſolides, ou (ce qui eſt la même choſe) toute ſa maſſe multipliée par ſa ſimple vîteſſe ; & l'on ne voit pas que des oppoſitions invincibles, ou la liberté d'agir, puiſſe rien changer à ſa quantité de matiére, ni à l'impulſion qui a une fois réglé ſon dégré de vîteſſe.

Cependant pluſieurs Philoſophes très-célébres ont embraſſé le ſentiment de M. Leibnitz, qui le premier a établi une diſtinction entre la force motrice qui eſt vaincue par un obſtacle, & celle qui agit contre une réſiſtance qui céde. Ils appellent la premiére *force morte*, & ils conviennent qu'elle doit être évaluée comme la quantité du mouvement, en multipliant la maſſe par la ſimple vîteſſe. Quant à la derniére, qu'ils nomment *force vive*, ils prétendent que, pour l'eſtimer ſelon ſa juſte valeur, il faut multiplier la maſſe, non

R iv

par la simple vîteſſe, mais par le quarré de la vîteſſe, c'eſt-à-dire, par la vîteſſe multipliée par elle-même. Si, par exemple, la vîteſſe eſt 3, ce n'eſt point par 3, qu'il faudra multiplier la maſſe, mais par 9, qui eſt le produit de 3 multiplié par 3. Suivant cette opinion, un corps qui agit contre un obſtacle avec 2 de maſſe, & une impulſion qui régle ſa vîteſſe à 4, n'a que 8 dégrés de force, tant que la réſiſtance eſt victorieuſe; mais ſi cette réſiſtance vient à céder, la force à laquelle elle obéit devient vive, & de 8 elle s'éléve à 32.

On juge bien qu'un Philoſophe comme M. Leibnitz, & auſſi verſé qu'il l'étoit dans les Mathématiques, ne s'eſt point déterminé légérement à introduire un principe auſſi nouveau, & qui paroît d'une auſſi grande importance pour la méchanique; il l'a même annoncé par un titre qui marquoit ſa confiance *; & en effet il appuie ſa théorie ſur des expériences & par des raiſonnemens ſi

---

* *Brevis demonſtratio erroris memorabilis Carteſii, & aliorum, &c.* Act. Erud. Lipſ. 1686. p. 161.

ſpécieux, qu'on ne doit point être ſurpris qu'il ait trouvé des défenſeurs parmi les Phyſiciens les plus habiles & les plus éclairés. Mais l'on ne peut diſſimuler auſſi que le plus grand nombre révolté contre cette nou- velle doctrine, l'a regardée comme un paradoxe; & qu'après de longues diſcuſſions, la plûpart ont penſé qu'il falloit plutôt chercher à conci- lier les phénoménes qui ſervent de preuves à l'opinion de M. Leibnitz, avec des principes connus & géné- ralement avoués, que d'admettre une nouveauté qui ne paroiſſoit point liée avec les idées claires & diſtinc- tes qu'on s'étoit faites juſqu'alors du mouvement des corps.

Nous ne croyons pas devoir ap- profondir cette queſtion dans un Qu- vrage, où l'on ne s'eſt propoſé que d'établir les principes les moins con- teſtés: les piéces de ce fameux pro- cès ſe trouvent mieux expoſées que je ne pourrois le faire, dans pluſieurs Ouvrages imprimés & très-connus. Je n'en citerai que deux; l'un eſt le vingt-uniéme & dernier chapitre d'un volume in-8°. imprimé en 1740, sous le titre d'*Inftitutions de Phyfique*; dans lequel Madame la Marquife du Châtelet a fait valoir avec toute la fagacité poffible , tout ce qu'on peut dire en faveur des forces vives : l'autre eft une *Differtation fur l'eftimation des forces motrices des Corps* , dans laquelle M. de Mairan, qui en eft l'Auteur , rappelle un Mémoire qu'il avoit lû en 1728 à l'Académie des Sciences , & dans lequel il combat l'opinion des forces vives par des raifons bien fortes, & explique fort intelligiblement, & par les principes ordinaires , tout ce qui paroiffoit ne pouvoir l'être qu'en admettant celui de M. Leibnitz.

Je ne dois pas omettre cependant (& c'eft une des raifons qui me difpenfent de m'étendre davantage fur cette queftion) que fi les fentimens font partagés fur la maniére d'évaluer la force des corps en mouvement, on eft parfaitement d'accord fur le produit de ces forces, & fur les effets qui en doivent réfulter. Ceux qui n'admettent point la diftinction Léibnitienne , conviennent cependant

avec les défenseurs des forces vives,
que les effets font quadruples de la
part d'un corps qui se meut avec deux
dégrés de vîtesse, par comparaison à
celui qui n'en a qu'un. Mais, disent-
ils, ce n'est pas parce que 4 est le
quarré de 2, que cet effet s'ensuit ;
c'est seulement parce que le mobile
qui a deux dégrés de vitesse, fait un
effort qui est répété deux fois autant
que celui d'un corps qui se meut avec
un dégré de vîtesse. Et il faut avoüer
que si l'on fait entrer la considération
du tems dans l'examen des faits qu'on
apporte en preuves des forces vives,
on se retrouve alors dans la route ordinaire, & le quarré des vîtesses n'a
pas plus lieu pour l'estimation des
forces qui ne font que retardées par
des résistances qui cédent, que pour
évaluer celles qui agissent contre des
obstacles invincibles.

Il suit de cet aveu & de sa restric-
tion, que si l'affaire des forces vives
n'est point une question de nom, au
moins on peut dire qu'elle n'est pas
d'une aussi grande conséquence qu'elle paroissoit devoir l'être pour la méchanique; & qu'on peut sans erreur

estimer indistinctement dans la pratique, la force des corps par la quantité du mouvement, c'est-à-dire, par leur masse & par leur simple vîtesse actuelle, s'ils se meuvent réellement; & s'ils sont retenus par des obstacles invincibles, par leur tendance au mouvement qui est comme la masse, & leur vîtesse initiale, c'est-à-dire, celle avec laquelle ils commenceroient à se mouvoir, si l'obstacle cédoit.

Le *repos* est l'état opposé au mouvement, c'est donc celui d'un corps qui persévère dans les mêmes rapports de situations avec les objets qui l'environnent de près ou de loin. Je dis, de près ou de loin, pour faire entendre qu'il s'agit ici du repos absolu; & qu'on ne regarde pas comme tel l'état d'un corps qui est emporté avec ce qui l'entoure, comme un homme qui voyage avec trois autres personnes dans la même voiture; car s'il est en repos relativement à ceux qui l'accompagnent, il ne l'est pas par rapport aux objets extérieurs.

Cette espece de repos à qui nous donnons l'exclusion, est peut-être le

seul cependant qu'on doive admettre
en parlant à la rigueur : car si tout le
globe que nous habitons, tourne sans
cesse sur son axe, & qu'il décrive un
orbe autour du soleil, comme il est
très-probable, il n'y a aucun corps
sur sa surface qui ne participe au mouvement qui est commun à toutes ses
parties ; & si quelque chose paroît en
repos, ce n'est que relativement aux
autres objets terrestres. Mais comme
tout ce qui l'entoure à cet égard, s'é-
tend autant que toute notre sphère,
quand on ne compare que des corps
terrestres entre eux, on peut regarder comme absolu le repos de celui
qui ne change point de situation respectivement à eux.

Le repos n'a pas ses dégrés comme le mouvement, à moins qu'on ne
le confonde avec la force d'inertie ;
il est toujours tout ce qu'il peut être :
mais il peut arriver, (& c'est une chose fort ordinaire,) qu'un corps soit en
repos considéré comme un tout, &
que ses parties soient dans un mouvement actuel. Un bloc de marbre
qui s'échauffe à l'ardeur du soleil, ne
change point de place, mais toutes

ſes parties ſont agitées ; car tous les Phyſiciens conviennent qu'un des principaux effets de la chaleur, eſt de mettre en mouvement les parties de la maſſe ſur laquelle elle agit.

III. SECTION.

Des Loix du Mouvement ſimple.

ON appelle *Loix du mouvement* certaines régles, ſuivant leſquelles tous les corps ſe meuvent généralement & conſtamment, lorſqu'ils obéïſſent à quelque force motrice.

Le mouvement *ſimple* eſt celui d'un corps qui n'eſt déterminé à ſe mouvoir que vers un ſeul point. Tel eſt celui d'un homme qui gliſſe en ligne droite ſur un canal glacé, ou celui d'un corps grave que ſon propre poids fait deſcendre par une ligne perpendiculaire à l'horiſon : un tel mouvement eſt l'effet d'une ſeule impulſion, ou de pluſieurs qui ſe ſuccédent dans la même direction.

Premiere Loi du Mouvement simple.

TOUT corps qui est une fois mis en mouvement, continue de se mouvoir dans la direction, & avec le dégré de vîtesse qu'il a reçû, si son état n'est changé par quelque cause nouvelle.

C'est-à-dire, que s'il quitte la ligne droite qu'il a commencé à décrire, si sa vîtesse se rallentit, ou s'accélère, ces changemens viennent d'une cause particuliére qui le détermine autrement, qui ajoute, ou qui retranche à son mouvement, sans quoi la premiére cause ne cesseroit d'avoir pleinement son effet. Car pourquoi son état changeroit-il? La force d'inertie qui l'a retenu, tant qu'elle a pû, dans son repos, & qu'il a fallu vaincre, pour lui faire prendre du mouvement, le fait résister ensuite, autant qu'elle peut, à toute variation, & cette résistance doit être vaincue de nouveau par une force positive, avant qu'on apperçoive aucun dégré de plus ou de moins dans l'état du mobile.

Mais pourquoi la nature s'est-elle fait une loi qui n'a jamais son effet? ou plutôt, comment avons-nous pû assigner aux corps qui se meuvent, une constance de direction & de vîtesse, qui ne représente pas la nature? Quelqu'un a-t-il jamais vû un mouvement sans altération, & qui se perpétuât, sans avoir besoin d'être réparé? Le corps le plus mobile, & le plus violemment agité, ne revient-il pas au repos après un tems plus ou moins long?

Il faut avouer que nous n'avons en notre disposition aucune expérience qui prouve directement, & d'une maniére positive, l'énoncé de cette premiére loi.

Mais, 1°. nous avons fait voir ci-dessus, qu'un corps en tel état qu'il soit, tend à y persévérer, par une force que nous avons nommée *inertie*. Ce principe suffit pour établir la loi dont il s'agit, puisqu'en faisant abstraction de toute résistance étrangère, lorsqu'une fois un corps est en mouvement, on ne voit plus rien en lui qui résiste à l'impulsion qu'il a reçue, ni qui détruise l'inertie qui

s'oppose

s'oppose à son changement d'état.

2°. S'il est vrai que les corps perdent toujours leur mouvement après un certain tems, il n'est pas moins vrai qu'on connoît toujours des obstacles qui le leur font perdre ; & parce que des résistances inévitables (quoïqu'étrangères,) font cesser le mouvement d'un corps, seroit-ce une raison pour conclure que le mouvement est de nature à ne pouvoir subsister ? Ne doit-on pas plutôt juger tout le contraire, de cela même qu'il faut absolument des résistances positives pour le faire cesser ? Voyons donc quelles sont les causes qui font cesser le mouvement, & choisissons par préférence celles qui sont tellement liées avec l'état naturel, qu'elles ne peuvent être évitées.

1ment Dans quelque endroit & de quelque maniére qu'on fasse mouvoir un corps, il se trouve toujours dans quelque fluide, qui à cet égard se nomme *milieu*, & qu'il est obligé de pousser sans cesse devant lui pour se faire un passage ; & comme ce milieu est matériel, il fait une continuelle résistance au mobile qui tend à le dé-

Tome I.   S

III.
LEÇON.

placer. Celui-ci ne peut donc continuer de se mouvoir qu'en employant
à chaque instant une partie de son
mouvement, pour vaincre cette résistance; ainsi après un certain tems,
il l'a tout employé, & se trouve réduit au repos.

2^{ment} Tous les corps étant pesans,
aucun d'eux ne peut se mouvoir dans
une direction différente de celle qui
est propre à la pesanteur, s'il n'est
soutenu par une suspension, ou par
un plan; ou bien il glisse dans quelque fluide qui le touche de toutes
parts. De quelque maniére qu'on s'y
prenne, il faut toujours qu'il passe
par les différens points de la surface du
plan qu'il parcourt, ou du milieu qu'il
divise, ou que les piéces qui le suspen-
dent fassent la même chose l'une sur
l'autre. Cette application successive
de surface à surface se nomme *frottement*, & résiste encore au mouvement: car la superficie des corps n'est
jamais parfaitement unie; les parties
hautes de l'une s'engagent dans les
cavités de l'autre, ce qui fait qu'elles
ne glissent qu'avec quelque difficulté.

La résistance des milieux & celle

qui vient des frottemens, font donc
des caufes qui empêchent que la premiére loi du mouvement n'ait un
plein effet, parce qu'étant inévitables dans l'état naturel, il en réfulte
des réfiftances qui détruifent indifpen-
fablement une partie de la vîteffe des
corps à chaque inftant.

Toute machine que l'on fait mouvoir, n'exerce donc jamais fur la réfiftance qu'on s'eft propofé de vaincre,
tout le mouvement qu'elle a reçu,
puifque les caufes dont nous venons
de faire mention, en confument néceffairement une partie. Comme il
eft important de fçavoir ce qui doit
lui en refter après cette déduction,
nous allons expofer ici ce qu'on doit
principalement confidérer quand on
veut évaluer les réfiftances qui naiffent ou des frottemens, ou des milieux.

Article premier.

De la réfiftance des Milieux.

Les milieux, quoique fluides, réfif-
tent comme les autres corps par leur
inertie qui s'oppofe à leur déplace-

S ij

ment; mais l'inertie, comme nous l'avons déja dit, est toujours proportionnelle à la masse : toutes choses égales d'ailleurs, plus le milieu a de densité, plus il fait de résistance.

Mais la masse des corps ne dépend pas seulement de leur densité, elle dépend aussi de leur grandeur ; car une pinte d'eau pése plus qu'une chopine de la même eau : ainsi le même milieu en pareilles circonstances résiste à proportion de la quantité qu'on en déplace ; & cette quantité doit être mesurée par la surface antérieure du corps qui s'y meut, & par l'espace qu'on lui fait parcourir. Si je divise l'eau ou l'air avec le plat de la main ; à chaque instant j'en déplace beaucoup plus que si je les divisois en tems égal, seulement avec le tranchant de la même main, & je trouve aussi plus de résistance.

La masse de cette portion du milieu qu'on doit déplacer, étant déterminée par sa densité, par la grandeur de la surface solide qui la pousse, elle doit l'être encore par la vîtesse du mobile ; car on conçoit bien que si je fais mouvoir ma main dans l'eau, de la longueur de deux pieds dans une feconde, je déplace une plus grande quantité du fluide, que fi dans un tems égal ma main n'avoit parcouru qu'un efpace d'un pied. Or une plus grande quantité d'eau fait une plus grande maffe, qui réfifte plus, & l'inertie s'oppofe à une plus grande vîteffe, comme elle s'eft oppofée au premier dégré qu'on a fait prendre au fluide qui céde. Les expériences fuivantes feront preuves de ce que nous venons d'établir touchant la réfiftance des milieux, & acheveront d'éclaircir ce que nous en avons dit.

PREMIERE EXPERIENCE.

PRÉPARATION.

On a divifé en deux parties égales une efpéce de baquet ou d'auge, par une cloifon qui s'étend d'un bout à l'autre, pour mettre de l'eau d'un côté, & laiffer l'autre plein d'air feulement. Une double potence qui s'éléve fur le milieu de la cloifon, fufpend deux verges de la même longueur, aux bouts defquelles font attachées deux boules de métal, qui font femblables par leurs poids & par leurs volumes, & qui peuvent, lorfqu'on les met en mouvement, aller & revenir chacune dans la partie du baquet, à laquelle elle répond. Voyez la *Fig.* 4.

EFFETS.

LES deux boules partant en même tems avec des quantités égales de mouvement ; celle qui fe meut dans l'eau perd toute fa vîteffe en 4 ou 5 fecondes, au lieu que l'autre dont les balancemens fe font dans la partie de l'auge qui ne contient que de l'air, conferve fort long-tems fa vîteffe, & ne la perd entiérement qu'après un très-grand nombre de vibrations.

EXPLICATIONS.

LES deux boules étant de même métal, & ayant des volumes égaux, comme on le fuppofe, ont néceffairement des maffes égales ; & lorfqu'elles commencent à décrire des arcs femblables aux bouts de deux verges d'égales longueurs, leurs vîteffes font auffi femblables, comme nous le ferons voir dans la fuite. Ainfi puifque le mouvement fe mefure par la maffe & par la vîteffe, les deux boules de notre expérience commencent à fe mouvoir avec pareilles quantités de mouvement. Dans le premier inftant chacune d'elles déplace un égal volume du fluide dans lequel elle fe meut; mais le volume d'eau déplacé par F, eft environ 800 fois plus denfe que l'air pouffé par G. Ces déux mobiles ont donc déployé leurs forces fur des réfiftances bien inégales, puifqu'ellés font dans le rapport de 1 à 800; ainfi la boule F n'a point pû paffer outre, qu'elle n'ait confumé une partie de fa force, qui égale 800 fois celle que la boule G a perdu de la fienne. Ce qui fe fait dans le premier inftant recommence dans l'inftant fuivant; & les vîteffes des deux mobiles diminuent ainfi, avec une différence à peu près proportionnelle à celle des milieux, jufqu'à ce qu'enfin l'un & l'autre foient entiérement réduits au repos.

APPLICATIONS.

M. Newton a démontré qu'un corps fphérique qui fe meut dans un

milieu tranquille, & d'une denfité
égale à la fienne, perdoit la moitié
de fon mouvement avant que d'avoir
parcouru un efpace égal en longueur à deux de fes diamétres. Qu'on
fe rappelle ici les principes que nous
avons établis ci-deffus, & que nous
venons de confirmer par l'expérience
précédente ; on concevra facilement
comment on peut foumettre à un
calcul exact la réfiftance qu'un fluide
peut faire au mouvement d'un corps
folide qui y eft plongé. Car fuppofez
que ce foit une boule d'or qui fe meuve en ligne droite dans l'eau, ce qu'elle
déplace équivaut à un cylindre dont
la bafe a pour diamétre celui de la
boule ; & pour axe la ligne que fon
centre décrit. On fçait quel eft le rapport des denfités de l'or & de l'eau;
on fçait auffi quel eft le rapport d'u-
ne boule à un cylindre, d'un certain
diamétre, & d'une hauteur donnée.
Toutes ces quantités étant donc connues, on peut juger de la réfiftance
que l'eau oppofe à la boule pendant
qu'elle parcourt tel ou tel efpace :
& en comparant ce qu'elle a perdu
de fa vîteffe, avec ce qu'elle avoit en
commençant

commençant à fe mouvoir, on peut juger de ce qui lui en refte.

Nous avons déja dit, que pour évaluer la réfiftance des fluides, il falloit avoir égard auffi à la vîteffe du mobile. Il n'y a point de milieu fi divifible, qui n'exige un tems fini pour céder. Nous trouvons ordinairement ce tems fort court, parce que les vîteffes que nous employons, pour les divifer, ne font point fort grandes ; & la comparaifon que nous faifons du tems employé contre eux, à celui avec lequel ils obéiffent, nous fait porter ce jugement, dont on revient, quand on confidére certains effets qu'on ne peut expliquer qu'en fuppofant qu'on n'a point donné au fluide le tems de céder. Pourquoi, par exemple, les coups de rames font-ils avancer un bateau ? & pourquoi le font-ils avancer d'autant plus vîte qu'ils font plus prompts & plus fréquens ? C'eft que lorfqu'on frappe l'eau plus vîte qu'elle ne peut céder, elle devient par cette lenteur à obéir le point d'appui d'un levier que le batelier fait agir. Les poiffons font avec leurs queues ce que le batelier

Tome I.   T

fait avec ſes rames, le nageur avec ſes bras & ſes jambes, les oiſeaux aquatiques avec leurs pieds, qui pour cet effet ſont conformés d'une maniére propre à pouſſer un grand volume d'eau.

II. EXPERIENCE.

PRÉPARATION.

HI, *Figure* 5. repréſente un mouvement d'horlogerie, dont le modérateur eſt un volant à deux aîles, 1, 2; on monte le reſſort avec une clef, & la piéce K eſt un levier qui ſe meut de gauche à droite, & de droite à gauche, pour mettre le rouage en jeu, ou pour l'arrêter. On poſe cet inſtrument ſur la platine de la machine pneumatique que nous avons repréſentée entiére dans la *Figure* 1. de la 2. *Leçon*; & on le couvre d'un récipient de verre garni par le haut d'une tige de métal, L, qui paſſe à travers d'une virole de cuivre pleine de cuirs gras, & avec laquelle on peut mener le levier K, ſans laiſſer rentrer l'air, quand on a fait le vuide dans le récipient. Voyez la *Figure* 6.

EFFETS.

Lorsqu'on met le rouage en jeu dans le vuide, on s'apperçoit par la fréquence des coups de marteaux qui battent sur le timbre, que le mouvement du rouage est beaucoup plus libre que quand le récipient est plein d'un air semblable à celui de l'atmosphère.

EXPLICATIONS.

Ce qu'on nomme communément le vuide de Boyle, n'est autre chose qu'un espace où l'on a raréfié l'air autant qu'il est possible, par le moyen de la machine pneumatique, que ce Philosophe Anglois a beaucoup perfectionnée ; mais nous ferons voir, (& tous les Physiciens en conviennent,) que ce vuide n'est qu'un milieu moins dense que celui où nous voyons la plûpart des corps se mouvoir. Dans l'un & dans l'autre de ces deux milieux, c'est-à-dire, dans l'air ordinaire, & dans l'air raréfié, le rouage n'a point une entiére liberté, parce qu'indépendamment des autres causes, le volant a toujours quelque

T ij

résistance à vaincre, pour se mouvoir dans le fluide qui l'environne. La résistance de ce fluide est proportionnelle à sa densité; & par cette raison dans un air moins dense, le modérateur moins gêné lui-même, laisse plus de liberté aux roues, & procure plus de fréquence aux marteaux.

APPLICATIONS.

On voit par cette expérience, que l'air est un milieu résistant qui se comporte à l'égard des corps en mouvement, comme tous les autres fluides; à cela près, qu'étant beaucoup moins dense que la plûpart d'entre eux, il résiste moins en pareilles circonstances : c'est pourquoi pour trouver un point d'appui dans sa résistance, comme nous avons vû qu'on en trouve dans celle de l'eau, il faut le frapper avec bien plus de vîtesse, ou bien en pousser un plus grand volume en même tems. Les oiseaux s'élèvent, se soutiennent, & font de longs trajets dans l'air, malgré le poids de leur corps qui excéde toujours considérablement celui du milieu qu'ils occupent. Ceux qui volent long-tems & fort loin, comme les hiron-delles, la plûpart des oiseaux de proie, plusieurs aquatiques, &c. ont ordinairement peu de corps, beau-coup de plumes, & des aîles fort grandes; ceux au contraire qui ont un vol plus court ou moiñs fréquent, ont d'ordinaire plus de chair, & des aîles plus petites par proportion. Mais si l'on y fait attention, on re-marquera que ceux-ci battent plus promptement que les autres en vo-lant; les moineaux, pinçons, char-donnerets, linotes, &c. volent com-me par sauts, & ne se soutiennent point long-tems dans une même di-rection; leurs aîles ne peuvent éle-ver & soutenir leurs corps que par une vîtesse à laquelle ils peuvent à peine fournir quelques instans : pendant qu'ils se reposent pour recommen-cer, leur propre poids les gagne, & leur fait perdre une partie de l'é-lévation précédemment acquise; c'est pourquoi leur vol n'est qu'une suite d'élancemens.

Il y a des oiseaux qui se soutiennent pendant quelque tems à la même élé-

vation, fans paroître mouvoir les aîles, (ce qu'on nomme *planer* ;) on
doit fuppofer qu'elles fe meuvent
pourtant, mais que leurs vibrations
font fi promptes & fi courtes ; qu'on
ne peut les appercevoir à une certaine diftance. La grande vîteffe de
ce mouvement peut fuppléer pendant quelque tems à des battémens
plus ouverts ; & l'on remarque auffi
que les oifeaux qui planent, font
obligés de tems en tems de regagner
par un vol ordinaire la hauteur qu'ils
ont perdue infenfiblement, & de repofer, pour ainfi dire, par des mouvemens plus lents & plus étendus,
les mufcles dont le reffort a été trop
tendu pendant ces vibrations courtes
& fréquentes.

On voit par-là pourquoi les oifeaux domeftiques, ou ceux qui s'en-
graiffent beaucoup en certaines faifons, volent fi peu ou fi mal. A mefure qu'ils augmentent en maffe, il
faudroit auffi que leurs aîles devinffent
plus grandes, pour embraffer un plus
grand volume d'air, ou que leurs forces augmentaffent par proportion
pour les faire agir avec plus de vîtef-

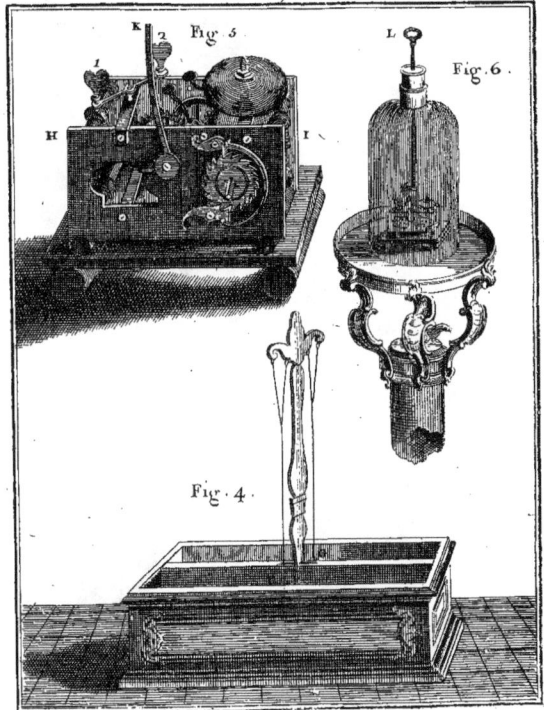

Fig. 5

Fig. 6

Fig. 4

se : mais le dégré de force, & la con-

formation dans chaque espéce, ne
sont pas variables comme l'embon-
point.

Que l'on compare maintenant le
poids d'un homme avec la force qu'il
lui faudroit avoir dans les bras, pour
mouvoir des aîles d'une grandeur proportionnée à sa masse, avec une vîtesse capable de le soutenir en l'air,
& l'on verra quelle a été la folie de
ceux qui ont cherché les moyens de
voler, & qui les ont regardés comme possibles. En vain s'imagineroit-
on qu'il ne faudroit que de la dextérité & de l'exercice; il seroit facile de
faire voir que les bras d'un homme le
plus robuste & le plus exercé, ne sont
pas capables d'un effort suivi, qui pût
produire un tel effet.

III. EXPERIENCE.

PRÉPARATION.

L'instrument que représente la *Fig.*
7. est un double moulinet dont les
aîles en même nombre pour chacun,
sont aussi de même poids, de même
largeur & de même longueur; avec

III.
Leçon.

cette différence , qu'à l'un des deux le plan de chaque aîle peut s'incliner à l'axe , de telle façon que l'on veut: un même reſſort qui ſe détend , quand on baiſſe un bouton qu'on voit en *M* , pouſſe également deux petites broches *NN* , qui ſont fixées aux moyeux des moulinets ; ainſi en obéiſſant tous deux à cette impulſion commune , ils commencent à ſe mouvoir avec des vîteſſes égales.

Effets.

Si toutes les aîles des moulinets ſont dans des poſitions ſemblables relativement à leurs axes , par exemple , ſi dans l'un & dans l'autre le plan de chaque aîle eſt paralléle à l'axe commun , le mouvement imprimé par le reſſort dure également dans tous les deux ; ils font un pareil nombre de tours , & finiſſent enſemble de ſe mouvoir. Si au contraire dans l'un des deux moulinets la largeur des aîles tombe ſur l'axe à angles droits , ou , (ce qui eſt la même choſe ,) que leurs plans ſe trouvent tous dans celui d'un même cercle ; alors la même impulſion fait tourner celui-ci

bien plus vîte & beaucoup plus long-
tems que l'autre.

EXPLICATIONS.

Dans le premier cas de l'expérience
précédente, les aîles de chaque moulinet se préfentent de face au milieu
commun qu'elles ont à déplacer, pour
fe mouvoir: elles ne différent d'ailleurs
par aucune circonftance, comme on
le fuppofe; elles éprouvent donc en
même tems des réfiftances égales;
elles perdent par conféquent pareilles quantités de forces dans les mêmes inftans; quand la vîteffe manque
tout-à-fait à l'un des deux moulinets,
elle doit pareillement manquer à l'autre. Tout au contraire dans le fecond
cas, l'un des deux moulinets préfente
fes aîles de champ; dans cette pofition ce ne font plus que des lames
qui divifent facilement l'air, & qui
n'éprouvent plus à beaucoup près la
même oppofition de fa part, puifque
le volume qui doit fe déplacer eft
beaucoup moindre; ainfi celui qui
dans des tems égaux perd moins de
fa force, doit tourner plus vîte & plus
long-tems que l'autre.

APPLICATIONS.

Cette derniére expérience fait voir qu'une même masse peut éprouver des résistances différentes dans le même milieu, selon qu'elle lui présente directement une surface plus ou moins grande. Le batelier fait agir sa rame par le plat, quand il cherche un point d'appui dans la résistance de l'eau ; mais il la reléve par le tranchant, pour se moins fatiguer, quand il veut se mettre en état de recommencer.

C'est par la même raison, qu'un corps conserve ordinairement mieux son mouvement, lorsqu'il est entier, que s'il est divisé : car la division multiplie les surfaces, & par conséquent la résistance du milieu. Quand une once de plomb sort d'un fusil, sous quelque quantité de surface qu'elle soit, l'impulsion de la poudre qui détermine sa vîtesse est la même : cependant tout le monde sçait qu'une balle est toujours portée beaucoup plus loin qu'une pareille quantité de plomb en grains : cette différence vient de la résistance de

l'air qui agit en raison des surfaces ;
car chaque petit grain de plomb ainsi
que la balle, présente toujours à l'air
qu'il divise, la moitié de sa superficie
sphérique ; & à poids égaux, la somme des petites surfaces hémisphéri-
ques du plomb grainé, excéde beaucoup celle d'une seule balle.

Comme il arrive souvent qu'on ne
compte point assez sur la résistance
du milieu, quelquefois aussi le préjugé lui en prête plus qu'il n'en a. Qui
est-ce qui n'a pas ouï dire, par exemple, qu'un coup de fusil qui passe au-
dessus de l'eau, ou qui traverse d'un
bord à l'autre d'une riviére ou d'un
étang, ne porte pas le plomb aussi
loin que par-tout ailleurs ? La raison
qu'on en donne, en disant que la vapeur de l'eau épaissit l'air, a bien
quelque vrai-semblance ; mais on la
fait trop valoir, quand on attribue
des effets sensibles à ce prétendu
épaississement de l'air. L'expérience
précédente a fait voir qu'on ne fait
varier considérablement sa résistance,
qu'en faisant naître des différences
considérables dans sa densité ; & des
épreuves que j'ai plusieurs fois répé-

tées avec soin, m'ont appris que le fait en question est pour le moins une exagération. Si quelqu'un s'est apperçu qu'il n'atteignoit point les objets étant sur l'eau, comme lorsqu'on tire ailleurs, c'est qu'il a été trompé par la distance, qui nous paroît toujours moindre, quand nous ne voyons qu'une étendue trop uniforme, & que nous n'y trouvons pas d'objets qui nous aident à l'estimer. Ainsi il ne seroit pas surprenant qu'on eût manqué de tuer à 60 pas un oiseau, qu'on croyoit tirer à 50; mais la densité du milieu augmentée par la vapeur de l'eau, auroit bien peu de part à cet effet. Ajoutez à cela, que presque tous les oiseaux aquatiques plus difficiles que les autres à percer, doivent être tirés de plus près.

Jusques ici nous avons considéré le milieu comme tranquille; mais s'il est agité, sa résistance sera augmentée ou diminuée par son propre mouvement. Le poisson qui remonte le courant d'une riviére, a deux résistances à vaincre: l'une est le mouvement de l'eau dont la direction est contraire à la sienne; l'autre est l'inertie du volume auquel il répond , & qu'il doit déplacer , comme il feroit dans une eau dormante. Un homme qui marche contre le vent , a la même chofe à faire; & c'eſt pour cette raiſon, que quand on fait mouvoir un corps contre la direction d'un fluide dont le mouvement eſt rapide , on diminue ſon volume, autant qu'il eſt poſſible , pour donner moins de priſe à l'effort du courant. Un vaiſſeau qui a le vent contraire, plie ſes voiles ; & en pareil cas , le batelier fait aſſeoir ceux qu'il paſſe d'un bord à l'autre de la riviére.

Si le mobile & le fluide qui lui ſert de milieu, ſe meuvent tous deux dans la même direction ; ou ils ont des vîteſſes égales , ou l'un des deux en a plus que l'autre : dans le premier cas, la réſiſtance du milieu eſt nulle ; tel eſt le mouvement d'un poiſſon qui ſuit préciſément le courant de l'eau : dans le dernier cas, celui des deux qui a le plus de vîteſſe , en communique à l'autre, aux dépens de celle qu'il a. Un boulet de canon qui part dans la direction du vent, ne trouve pas autant de réſiſtance dans l'air , qu'il en ſouffriroit dans un tems calme ; mais com-

III.
Leçon.

me il va plus vîte que le vent, il faut toujours qu'il s'ouvre un paſſage dans ce milieu qui fuit devant lui avec trop de lenteur. Si l'on connoît par les régles que nous avons établies, quelle ſeroit la réſiſtance d'un milieu, s'il étoit en repos ; on connoîtra de même ce que ſon dégré de vîteſſe pour ou contre ajoute ou retranche à cette réſiſtance.

Article II.

De la réſiſtance des frottemens.

Pour ſe faire une juſte idée des frottemens, il faut obſerver que la ſurface d'un corps quelconque n'eſt jamais parfaitement unie : quand on ſuppoſeroit que toutes les parties ſolides qui la compoſent ſont exactement dans le même plan, (& quand cela ſe trouve-t-il ?) les pores qui les ſéparent nous obligeroient encore à nous repréſenter cette ſuperficie comme un aſſemblage de petites éminences & de petites cavités. Suppoſons que deux plans de cette eſpéce ſe touchent dans toute leur étendue, les parties hautes de l'une entreront dans les creux de l'autre ,

comme il arrive à-peu-près à une pelote couverte de velours, que l'on
pose sur un tapis de même étoffe ; ou
bien, si c'est un corps solide que l'on
plonge dans un liquide, celui-ci en
conséquence de la ténuité & de la
fluidité de ses parties, se moule exactement dans toutes les cavités de l'autre, comme on peut le remarquer par
l'humidité qu'on y apperçoit, quand
il en sort.

S'il s'agit maintenant de faire parcourir à un corps la surface d'un autre
corps, cela peut s'exécuter de deux
maniéres différentes qu'il est important de bien distinguer : 1°. En appliquant successivement les mêmes parties de l'un à différentes parties de
l'autre, comme quand on fait glisser
un livre sur une table : & nous nommerons ce frottement, celui de la premiére espéce. 2°. En faisant toucher
successivement différentes parties d'u-
ne surface à différentes parties d'une
autre surface, comme lorsqu'on fait
rouler une boule sur un billard : &
nous nommerons ce dernier frottement, de la seconde espéce.

Dans le premier cas, le mouvement

que l'on fait faire à celui des deux corps qui paffe fur l'autre, a une direction perpendiculaire à celle felon laquelle les parties des furfaces font réciproquement engagées. Car felon notre fuppofition, la furface que l'on fait gliffer horizontalement, eft celle d'un corps grave que fon poids appuie verticalement fur la table; & cette efpéce de frottement occafionne fouvent la rupture de ces petites éminences qui forment l'inégalité des fuperficies, comme on peut le remarquer par la pouffiére qu'on fait naître de deux marbres, ou de deux morceaux de bois dreffés, qu'on frotte l'un fur l'autre un peu rudement.

Dans le fecond cas, ces mêmes parties engagées fe quittent à-peu-près comme les dents des deux roues de montre fe défengrennent en roulant l'une fur l'autre : s'il arrive qu'elles ayent peine à fe quitter, c'eft qu'il y a difproportion entre les parties faillantes, & les vuides qui les reçoivent; mais jamais cette derniére efpéce de frottement n'eft auffi efficace que l'autre, pour rallentir le mouvement.

L'ufage

L'ufage où l'on eft d'enrayer les roues des voitures dans les defcentes rapides, nous fournit un exemple familier des différens effets que produifent ces deux fortes de frottemens. Quand on craint qu'un carroffe, ou une charrette, ne fe précipite en defcendant trop vîte, on empêche les roues de tourner fur leur axe; alors le même point de la circonférence traîne fucceffivement fur une fuite de points pris fur le terrein; c'eft un frottement de la première efpéce, qui réfifte confidérablement au mouvement de la voiture. Il n'en eft pas de même quand chaque roue tourne à l'ordinaire fur fon effieu; elle fe déploie fur les différentes parties du plan qu'elle a à parcourir; fon frottement, quant à fa circonférence, n'eft que de la feconde efpéce; & fon mouvement beaucoup plus libre, le feroit trop, s'il fe trouvoit encore favorifé par une pente trop roide.

Il n'eft pas auffi facile d'eftimer la réfiftance qui vient des frottemens, que celle des milieux confidérés par rapport à leur denfité, au volume & à la vîteffe du mobile qui les dé-

V

place. Le paſſage ſucceſſif d'une ſurface ſur une autre, eſt d'autant plus
retardé, qu'elles ont toutes deux plus
d'inégalités; mais ce *plus* ou ce *moins*
varie à l'infini, non-ſeulement par la
nature des corps, mais auſſi par le
dégré de perfection qu'ils peuvent
recevoir de l'art. Un ouvrier ne peut
jamais dire qu'il a poli également
deux morceaux du même bois, du
même métal, de la même pierre, &c.
& quand il auroit une régle certaine
pour s'en aſſûrer, on ne pourroit pas
compter ſur la conſtance de cet état;
toutes les matiéres s'uſent & s'al-
tèrent peu-à-peu, & ces accidens
dont on ne peut guère eſtimer la valeur, augmentent quelquefois, &
plus ſouvent diminuent le poli des
ſurfaces.

Les autres quantités qui entrent
dans l'évaluation des frottemens, la
grandeur des ſuperficies, la preſſion
qu'elles ont l'une ſur l'autre, leur dégré de vîteſſe, ſont des choſes plus
faciles à meſurer; mais comme leur
valeur eſt relative à l'état actuel des
ſurfaces, il reſte toujours beaucoup
d'incertitude dans l'eſtimation des

résistances qui en résultent. On se contente pour l'ordinaire d'un à-peu-près qui souvent n'en est point un, en supposant qu'un tiers de la puissance, ou du mouvement imprimé à une machine, est employé à vaincre les frottemens : mais on voit bien que cela doit s'entendre d'une machine en grand, & qu'il doit y avoir beaucoup de variété, suivant son dégré de simplicité, & selon la perfection des piéces qui la composent.

Quelques Physiciens * ont prétendu que la grandeur des surfaces n'entroit pour rien dans le frottement, & qu'on ne devoit avoir égard qu'au dégré de pression. « Un corps, disent-» ils, qui a plus de largeur que d'épais-» seur, ne doit pas faire plus de résis-» tance, quand on le traîne sur sa plus » grande surface, que lorsqu'il frotte » par son côté le plus étroit ; parce » que la pression qui vient de son » poids, étant la même dans l'un & » dans l'autre cas ; si dans le premier » il y a plus de parties engagées, el-» les le sont moins profondément que » dans le second. »

*M. Amontons, hist. de l'Acad. des Sc. 1699. p. 104.
Exp. de M. de la Hire. Ibid.

Ce raisonnement, qui ne conclu-

V ij

III.
Leçon.
*V. l'Hist. de
l'Acad. des
Sciences de
1703. p. 108.
& suiv.

roit pas seul, & auquel on peut en op-
poser bien d'autres *, a été appuyé
de quelques expériences très-ingé-
nieuses, & en apparence très-favo-
rables à l'opinion qu'on vient d'exposer ; mais dans une matiére comme
celle-ci, où l'on ne peut pas tirer
des conséquences du particulier au
général, il faut se régler sur ce qui
arrive le plus ordinairement. Des
épreuves réitérées m'ont presque toujours fait voir, comme à M. Muschen-
broek, qui en a fait beaucoup en ce
genre, qu'il falloit compter les surfaces pour quelque chose, pour beaucoup moins cependant que les pressions ; quant au rapport des unes &
des autres avec les effets, je n'ai rien
trouvé d'assez constant, pour en pouvoir faire le fondement d'une exacte
théorie.

Outre la pression & la grandeur
des surfaces, on doit encore faire entrer la vîtesse dans l'évaluation des
frottemens ; car comme cette sorte
de résistance vient des parties engagées qu'il faut rompre, ou qu'on ne
peut dégager qu'en faisant céder la
pression qui tient les surfaces appli-

quées l'une à l'autre ; il eſt évident
que la ſomme des réſiſtances doit
être d'autant plus grande , que le
corps frottant aura plus de chemin
à faire dans un tems déterminé ; parce qu'alors il faut que les parties engagées ſe rompent en plus grand
nombre , ou ſe dégagent plus fréquemment.

Mais une choſe très-remarquable ,
c'eſt que cette augmentation de réſiſtance qui vient de la vîteſſe avec
laquelle on fait frotter les ſurfaces ,
a ſes bornes , au-delà deſquelles on
peut accélérer les mouvemens , ſans
que les frottemens en deviennent plus
conſidérables ; ainſi l'on peut dire
en quelque façon , qu'en augmentant
la cauſe , on n'augmente plus ſon effet ; paradoxe qui mérite d'être expliqué.

Suppoſons que *DE*, & *FG*, *Fig.*
8. repréſentent deux ſurfaces de corps
durs , dont les inégalités inſenſibles
ſoient engrenées les unes dans les
autres ; que la preſſion qui les joint ,
agiſſe dans la direction *AB*, perpendiculaire à celle du mouvement qui
fait gliſſer ces deux corps l'un ſur l'au-

tre. On voit bien que celui de def-
sus ne peut se mouvoir selon la direction *BC*, à moins que ses parties les
plus élevées *e*, *f*, *g*, *h*, ne se dégagent des creux dans lesquels elles
sont enfoncées, ce qui ne se peut faire qu'autant que le corps entier *D E*,
sera soulevé contre l'effort de la pression. Si cette pression est assez grande pour faire retomber ces parties qui
ont été dégagées, dans les creux qui
suivent immédiatement ceux qu'elles
ont quittés, c'est-à-dire, que la partie *e*, sortant du 1 retombe au 2, au
3, &c. il est visible que l'effort qu'il
faudra faire pour soulever le corps
DE, ou (ce qui est la même chose,)
pour désengrener les parties, se ré-
pétera autant de fois qu'il y a de ces
petites élévations à la surface *FG*;
& plus le corps frottant fera de chemin dans un tems donné, sur celui
auquel il est appliqué, plus ces sou-
lévemens & ces rechûtes auront lieu;
ainsi la résistance des frottemens augmente par la vîtesse, tant que cette
vîtesse n'empêche pas que les parties
hautes d'une surface se logent successivement dans toutes les parties

basses de l'autre surface, de la manière qu'on vient de l'exposer.

Mais il peut arriver que le mouvement qui se fait selon la direction *BC*, soit si rapide, que lorsque les parties saillantes *e*, *f*, *g*, *h*, ont été dégagées, elles soient entraînées d'une quantité considérable avant que la pression les engage de nouveau; que la partie *e*, par exemple, ayant quitté le 1. creux de la surface *FG*, au lieu de retomber dans le 2, soit transportée jusqu'au 3, ou jusqu'au 4, & alors on conçoit aisément que le corps frottant *DE*, pourra parcourir 2 ou 3 fois autant de surface sur *FG*, sans cependant que ses parties y soient plus fréquemment engagées.

Les expériences que je vais rapporter, feront voir ce qui m'a paru invariable dans les frottemens. 1°. Que le frottement de la première espéce fait beaucoup plus de résistance, que celui de la seconde. 2°. Que le frottement augmente par l'augmentation des surfaces, toutes choses égales d'ailleurs. 3°. Que la pression fait croître aussi la résistance du frottement, de quelque espéce qu'il foit. 4°. Qu'à proportions égales, la réfiftance des frottemens augmente plus confidérablement par les preffions que par les furfaces.

PREMIERE EXPERIENCE.

Préparation.

La *Fig.* 9. repréfente un inftrument compofé 1°. de quatre rouleaux, 1, 2, 3, 4, fufpendus par des pivots très-fins dans deux doubles montans *PP*; 2°. d'un autre rouleau plus grand que les précédens, & dont l'axe *O O* a dans toute fa longueur environ 2 lignes ½ de diamétre, & fe termine par deux pivots d'acier, qui roulent dans deux vis *QQ*, percées felon leur longueur, ou bien fur les deux interfections des deux paires de rouleaux; un reffort fpiral fixé d'une part à l'un des doubles montans, & de l'autre à l'axe de ce dernier rouleau, le fait tourner alternativement fur deux fens, & l'on compte la durée du mouvement du rouleau par le nombre des vibrations du reffort : 3°. d'une piéce *R*, repréfentée feule par la *Fig.* 10. qui repofe fur l'axe

l'axe du rouleau, tantôt par une surface *s*, tantôt par deux autres *t t*,
femblables à *s*, & au bout de laquelle on attache un ou plufieurs petits
poids, pour augmenter la preffion
fur l'axe. Quand on tend le reffort,
on avance le levier *V*, pour appuyer
un des croifillons du grand rouleau,
afin d'être fûr du degré de tenfion, &
pour le détendre avec juftesse.

On met d'abord les pivots du rouleau dans les trous des vis, *Q Q*, &
enfuite on les fait repofer fur les interfections des rouleaux, fans char-
ger l'axe avec la piéce *R* ; & dans l'une
& dans l'autre épreuve, on a foin que
le reffort foit tendu également.

Effets.

LE reffort ayant été détendu ; fi dans
le premier cas on a compté 29 ou
30 vibrations avant que le mouvement ceffe entiérement ; dans le fecond on en compte environ 400, dont
chacune dure près d'une feconde.

Explications.

L'EXPÉRIENCE précédente confidé-
rée dans les deux faits qu'elle établit,

Tome I.   X

prouve vifiblement que les frotte-mens, de quelque forte qu'ils foient, détruifent le mouvement par une ré-fiftance qui ne diffère que du plus au moins. Mais elle fait voir en mê-me tems, que des deux efpéces de frottemens que nous avons diftin-guées, la première a des effets bien plus confidérables que l'autre : quand les pivots tournent dans les vis per-cées, c'eft un frottement de la pre-miére forte ; toute leur furface cylin-drique paffe fucceffivement fur la par-tie inférieure de chacun des trous : quand au contraire ces mêmes pivots font tourner par leur mouvement les rouleaux qui les portent, ce n'eft plus qu'un frottement de la feconde efpéce; car alors la circonférence des uns ne fait plus que fe développer fur celle des autres ; la partie qui a touché, ne touche plus l'inftant d'a-près, & celle qui la précéde lui fert de point d'appui, pour fe dégager fuivant une direction favorable, com-me la dent d'une roue qui commen-ce à engrener le pignon, favorife le défengrénage de celle qui avoit en-grené avant elle.

APPLICATIONS.

RIEN n'eſt ſi commun que les effets du frottement ; on les rencontre par-tout, & l'on peut dire en général que c'eſt la principale cauſe des altérations & du dépériſſement que nous remarquons dans tous les ouvrages de l'art, & ſur-tout dans ceux dont nous faiſons un fréquent uſage. Les habits, les meubles, les bijoux, les inſtrumens, &c. ne durent qu'un certain tems, parce que les frottemens auſquels ils ſont continuellement expoſés, changent inſenſiblement les ſurfaces & les formes, & leur font perdre les qualités qui en dépendent. Les matiéres les plus dures & les plus ſolides, ne tiennent point contre un long ſervice ſans donner des marques de diminution ; un raſoir, un couteau, une hache, perdent bientôt le fil de leur tranchant ; le ſoc d'une charrue a beſoin d'être réparé de tems en tems ; & le cheval dont le pied gliſſe ſur le pavé, y laiſſe une trace où les yeux les moins attentifs ne peuvent méconnoître les parties de ſon fer, que le frottement

X ij

y a fait refter. Mais comme rien ne s'anéantit dans l'univers, toutes ces particules ainfi détachées de leurs maffes, fe mêlent avec différentes matiéres, dans lefquelles elles fe retrouvent lorfqu'on y penfe le moins. De bons Phyficiens ont été furpris de trouver du fer dans l'argile & dans la cendre des plantes, parce qu'ils ne faifoient point affez d'attention à la prodigieufe divifibilité des métaux en général, & en particulier à la difperfion continuelle qui fe fait des parties de celui-ci, tant par les outils que l'on ufe à cultiver la terre, que par une infinité d'autres ufages qui le mettent en état d'être répandu partout. D'autres plus attentifs à cette grande & continuelle confommation des ouvrages de fer, l'ont reconnu, ce métal, dans la boue des grandes villes, & lui ont attribué la couleur noire qu'elles ont, & dont il eft très-vraifemblablement la caufe. Si l'or étoit auffi commun que le fer, & qu'on en fît un ufage auffi fréquent & auffi étendu, ne doutons pas qu'on ne le rencontrât de même dans toutes les matiéres où l'on prendroit la

peine de le chercher avec foin : mais
celui qui l'auroit trouvé quelque part

que ce pût être, feroit-il en droit de
dire qu'il a fait de l'or ? pas plus, ce
me femble, que celui qui trouve aujourd'hui du fer dans la cendre, ne
peut fe vanter d'avoir fait du fer. Parmi tous ces fameux Adeptes qui ont
enrichi le monde de leurs promeffes,
s'il s'eft trouvé quelque faifeur d'or
qui le fût de bonne foi, c'eft que dans
un grand nombre de matiéres paffées
au creufet, il fe fera trouvé par hafard
quelque parcelle d'or qui ne devoit
rien autre chofe à l'opération de l'ar-
tifte,que d'avoir été féparée des corps
étrangers dans lefquels elle étoit cachée. Faire de l'or de cette maniére
me paroît une chofe poffible ; mais
je doute fort qu'on en fît affez pour
payer la dépenfe du charbon.

Si les frottemens nuifent en beaucoup d'occafions, il y en a bien d'autres auffi où nous les mettons à profit ; les arts ont fçu tourner à leur
avantage, jufques aux chofes même
qui femblent oppofées à leur progrès. Une lime n'eft autre chofe qu'u-
ne furface hériffée exprès de pointes

& de tranchans ; son frottement sur les matiéres les plus dures , est un moyen très-commode de les figurer à son gré par une diminution de volume bien ménagée ; aussi cet outil est-il en usage dans un grand nombre de métiers. L'ouvrier intelligent qui l'employe , tire du même moyen différens avantages suivant les modifications qu'il y met. Tantôt pour gagner du tems , il fait agir une lime dont l'âpreté exige plus de force de sa part ; tantôt il la choisit d'une taille plus fine , pour adoucir ce que la premiére n'a fait qu'ébaucher ; & enfin quand la plus douce de ses limes ne l'est point encore assez , il la frotte d'huile qui retient les parties du métal à mesure qu'elles se détachent ; par ce moyen les petits creux de l'outil se remplissent , de façon que ses pointes en deviennent plus courtes , & sa surface moins rude.

Ce que nous disons des limes , doit s'entendre des meules & autres pierres à aiguiser , qui n'en différent , quant à l'effet du frottement , que par une plus grande dureté.

Les compas , & généralement tous

les inſtrumens à charniéres, qui doivent reſter ouverts ou fermés à différens dégrés, tiennent pour l'ordinaire cette propriété d'un frottement
bien égal; & l'on gagne beaucoup de
tems dans l'uſage qu'on en fait, quand
on n'eſt point obligé de les fixer par
d'autres moyens, comme lorſqu'on
les arrête avec des vis ou autrement.

On diminue la réſiſtance des frottemens, en enduiſant les ſurfaces de
quelque fluide ou de quelque matiére graſſe. On frotte de ſavon les bords
d'une boîte dont le couvercle tient
trop; on met de l'huile aux charniéres pour en faciliter le jeu; on graiſſe
les moyeux des roues en dedans; ce
ſont autant de moyens par leſquels
on remplit les inégalités les plus groſ-
ſiéres des ſurfaces, & qui par conſéquent les rendent plus liſſes & plus
propres à gliſſer l'une ſur l'autre. D'ailleurs les parties de ces fluides ou de
ces corps gras interpoſés, changent
l'eſpece du frottement : ce ſont autant de petits globules qui roulent
entre les ſurfaces, qui leur ſervent
de véhicule commun, & qui font en
petit ce que nous voyons d'une ma-

X iv

niére plus fenfible, quand on met des rouleaux fous une pierre, ou fous une poutre pour en faciliter le tranfport.

II. EXPERIENCE.

PREPARATION.

ON laiffe les pivots du grand rouleau fur les interfections des 4 petits : & l'on tend le reffort au même dégré que dans l'expérience précédente. On fait d'abord pofer la piéce *R* fur l'axe du grand rouleau par une feule furface *s*, & avec fon propre poids feulement ; & enfuite on la retourne pour faire porter les deux furfaces *tt*, fans augmenter le poids, & l'on compte les vibrations dans l'un & dans l'autre cas.

EFFETS.

Lorfque le frottement fe fait par une feule furface, comme dans le premier cas, on compte 40 vibrations ; lorfque la furface qui frotte eft double comme dans le fecond, on n'en compte plus que $29\frac{1}{2}$; toutes chofes étant égales d'ailleurs, ainfi qu'on l'a fuppofé.

EXPLICATIONS.

L'INEGALITÉ des surfaces étant la cause premiére des frottemens, il est bien plausible qu'en augmentant l'étendue qui frotte, on doit faire croître aussi le nombre de ces inégalités : s'il se trouve quelque cas où cela n'arrive point sensiblement, ce sera sans doute une exception dûe à la disposition particuliére des superficies ; ou bien lorsqu'on employera une si grande quantité de mouvement que la résistance des frottemens deviendra trop peu considérable pour être mesurée, & par conséquent pour être comparée. Mais comme dans les grandes machines, où les frottemens sont d'une bien plus grande conséquence qu'ailleurs, les piéces ont toujours des surfaces assez rudes, nous croyons qu'on ne doit point négliger la quantité de leur étendue. On voit cependant par l'expérience précédente, que la résistance des frottemens, quoique dépendante en partie de la grandeur des surfaces, ne la suit pas dans toutes ses proportions. Dans l'un des deux cas cités la superficie étant double, les frottemens ne font point doublés : & il feroit très-difficile, pour ne rien dire de plus, de déterminer le rapport de ces réfiftances avec une quantité de furface donnée.

APPLICATIONS.

LES frottemens confidérés en raifon des furfaces, retardent la vîteffe de tous les corps indifféremment ; nous venons de le prouver pour les folides, & l'on peut remarquer tous les jours que la même chofe fe paffe à l'égard des fluides & des liqueurs. Les jets d'eau ne s'élévent jamais à la hauteur à laquelle ils devroient monter, eu égard à leur quantité de mouvement ; & les riviéres coulent plus léntement dans le tems des eaux baffes.

L'eau qui eft amenée par un tuyau & qui rejaillit en l'air, éprouve partout du frottement ; la furface intérieure & immobile du tuyau la retarde d'une part, & quand elle paffe dans l'air, elle doit être regardée encore comme dans un autre tuyau, dont la furface ne différe de l'autre

que par la rareté & par la mobilité de
ſes parties.

Quoique la ſurface d'un gros tuyau
ſoit plus grande que celle d'un plus
étroit, elle eſt cependant moindre
relativement à ſa capacité ; car c'eſt
une choſe démontrée, que celui qui
a 2 pouces de diamétre (nous parlons de tuyaux ronds & cylindriques)
contient quatre foïs plus d'eau que
celui dont le diamétre n'eſt que d'un
pouce ; & que la circonférence du
premier n'eſt que deux fois auſſi grande que celle du dernier. On voit par-
là que dans de pareils tuyaux, le frottement qui vient des ſurfaces, diminue à meſure qu'on augmente la capacité ; puiſque ſi le volume d'eau
qui eſt quadruple dans le plus gros ,
étoit contenu dans quatre ſemblables
au petit, il répondroit à des ſurfaces dont la ſomme ſeroit double de
celle qui le contient. L'expérience
eſt tout-à-fait d'accord avec cette
théorie ; car plus on diminue la capacité des tuyaux dans les pompes ,
dans les aqueducs, dans les fontai-
nes , &c. plus on trouve de retardement dans la vîteſſe des eaux.

C'est par la même raison, que les riviéres sont plus rapides dans le tems des grandes eaux ; les frottemens qu'elles ont à vaincre de la part de leurs lits sont partagés alors à une masse plus considérable, & s'opposent moins par conséquent au mouvement du fluide.

III. EXPERIENCE.

Préparation.

L'instrument étant disposé comme dans l'expérience précédente, il faut que la piéce *R* repose sur l'axe du grand rouleau par la surface *s*, & attacher en *X* le petit poids *Y* qui double la pression.

Effets.

Dans ce dernier cas on ne compte que 21 vibrations, quoique le ressort ait été tendu comme dans les épreuves précédentes.

Explications.

Le poids qu'on ajoute augmentant la pression, fait croître aussi le frottement, parce que les parties des surfaces qui s'engagent mutuellement, s'enfoncent bien plus avant, & résistent davantage au mouvement qui tend à les séparer. On voit par cette derniére expérience, qu'une double preſſion fait plus qu'une ſurface augmentée de moitié ; car nous avons vû précédemment, qu'en faiſant frotter deux ſurfaces au lieu d'une, le nombre des vibrations n'a été diminué que d'un quart, & nous voyons maintenant en mettant la preſſion double, qu'il ne ſe fait plus que 21 vibrations au lieu de 40, ce qui eſt preſque la moitié de diminution.

Applications.

Dans les grandes chaleurs les mouvemens d'horlogerie ſe rallentiſſent ſenſiblement ; cet accident qui dérange les pendules & les montres, dépend ordinairement de pluſieurs cauſes qui concourent au même effet. Il en eſt une à laquelle on fait peu d'attention, mais qui mérite cependant d'être comptée comme les autres : c'eſt le frottement qui augmente par la preſſion à meſure que les piéces s'échauffent. Car on ſçait, &

nous le prouverons quand il en fera tems, que les métaux, ainfi que toutes les autres matiéres augmentent en volume par le chaud, comme ils diminuent de grandeur par le froid ; la même caufe dilatant les platines rend les trous plus étroits, & groffit les pivots, de maniére que par ce double effet, le frottement augmente par preffion, & le mouvement en eft d'autant plus gêné.

Un Tourneur qui façonne un morceau de métal entre deux pointes fixes, eft quelquefois furpris de fentir que fa piéce réfifte au mouvement de l'archet après avoir tourné librement pendant quelques minutes ; c'eft que le frottement augmente par la preffion à mefure que le métal s'allonge en s'échauffant : auffi le reméde le plus prompt & le plus en ufage, c'eft de le mouiller avec un peu d'eau pour le refroidir.

Le fervice que l'on tire des pinces, des tenailles, & de tout ce qui eft analogue à ces inftrumens, ne vient encore que d'un frottement augmenté par une forte preffion.

Une remarque qu'il eft à propos

de faire ici, c'eſt que les machines qui
font leur effet en petit, ne le font pas
toujours quand on vient à les exécuter en grand, quoiqu'on y garde les
mêmes proportions : cela vient pour
l'ordinaire de ce que les frottemens ne
ſuivent point dans leur accroiſſement,
la proportion des ſurfaces ſeulement,
mais plutôt celles des preſſions qui
augmentent aſſez ſouvent, comme le
poids ou la ſolidité des piéces ; c'eſt-
à-dire, par exemple, que ſi dans le
modéle on avoit réduit toutes les dimenſions au pouce pour pied, en
conſtruiſant en grand, le chevron qui
auroit 12 pieds de long, & 6 pouces
d'écarriſſage, péſeroit 1728 fois autant que ce qui le répréſente en petit,
s'il eſt de même matiére. Cette conſi-
dération qu'on ne peut négliger quand
on a des principes, fait quelquefois
juger déſavantageuſement d'une machine dont le ſuccès paroît être aſſu-
ré par l'expériénce même.

DE tout ce que nous avons dit &
prouvé touchant la réſiſtance des
milieux & des frottemens, il faut
conclure que dans l'état naturel il ne

peut y avoir aucun mouvement mé-chanique inaltérable ; 1°. parce qu'un corps ne peut se mouvoir que dans un espace, & qu'il n'y a aucun lieu parfaitement vuide de toute matiére ; 2°, parce qu'un corps, tel qu'il soit, ne peut exercer son mouvement que sur quelque surface, ou bien il faut le suspendre à quelque point fixe, au-tour duquel il se puisse mouvoir : dans l'un & dans l'autre cas il y a frotte-ment, ou sur le plan, ou au point de suspension, ou dans le milieu même dans lequel il passe. La quantité du mouvement qu'on lui aura imprimée, sera donc nécessairement diminuée par ce double obstacle : ainsi pour se mouvoir perpétuellement, il fau-droit qu'il prît à chaque instant de nouvelles forces, pour réparer celles qu'il perd ; ce qui est contraire à la premiere loi du mouvement, qui veut qu'un mobile garde constamment l'état qu'on lui a fait prendre, si cet état n'est changé par une cause nou-velle. De-là il paroît évidemment démontré qu'il ne peut y avoir de mouvement perpétuel méchanique dans l'état naturel, & que ceux qui

le

le cherchent avec obftination , &
qui multiplient les frais dans cette
vûe, perdent leur tems, leurs peines,
& leurs dépenfes.

Si quelqu'un prend pour perpétuel,
le mouvement d'un pendule qui continue fes vibrations égales par le
moyen d'un reffort ou d'un poids
qu'on remonte au bout d'un tems, ou
de toute autre chofe équivalente, il
n'entend pas l'état de la queftion ; car
il s'agit d'un mouvement une fois imprimé, auquel on n'ajoute plus rien
par la fuite, & qui fe fuffife à lui-
même pour fe perpétuer. Le reffort ou
le poids par fon effort conftant, répare
fans ceffe le dégré de vîteffe perdu
dans l'inftant précédent, & cette réparation eft une addition au mouvement primitif.

Ceux qui s'en laiffent impofer par
l'infpection d'une machine, ou par
une prétendue démonftration géométrique, fur laquelle on s'appuie
quelquefois, pour établir la découverte du mouvement perpétuel,
font les dupes de la mauvaife foi ou
d'un paralogifme qui ne tiennent
guères contre des gens inftruits. Le

Tome I.   Y

III.
LEÇON.

mouvement perpétuel eſt la pierre philoſophale de la méchanique ; ordinairement ceux qui s'y heurtent, ne ſont pas fort initiés dans cette ſcience , de même qu'une recherche obſtinée de la quadrature du cercle, ou du grand œuvre , n'annoncent à préſent ni un Géométre ſublime , ni un habile Chymiſte.

Fig. 7.

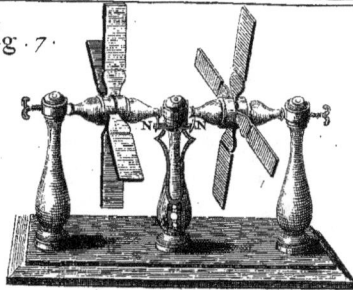

Fig. 8.

Fig. 9.

Fig. 10.

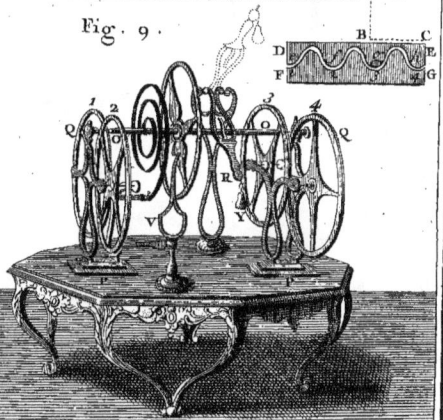

✳✳✳✳✳✳✳✳✳✳✳✳✳✳✳✳✳✳✳✳✳✳✳✳
✳-◦-✳-◦-✳-◦-✳-◦-✳-◦-✳-◦-✳-◦-✳-◦-✳-◦-✳-◦-✳
✳✳✳✳✳✳✳✳✳✳✳✳✳✳✳✳✳✳✳✳✳✳✳✳

IV. LEÇON.

*Suite des Loix du Mouvement
simple.*

*Des causes qui changent la direc-
tion du Mouvement.*

APRE's avoir enseigné dans la derniére section de la Leçon précédente, ce qui diminue indispensablement
la vîtesse du mobile, il nous reste à
faire connoître les causes qui changent sa direction, quand il ne garde
pas celle qu'il avoit d'abord. Mais
pour le faire d'une maniére plus intelligible, nous commencerons par
établir la seconde & la troisiéme loi
du mouvement simple, sur lesquelles
sont fondées la plûpart des choses
que nous avons à dire touchant cette
matiére.

Y ij

Seconde Loi du Mouvement simple.

Le changement qui arrive en plus ou en moins au mouvement d'un corps, est toujours proportionnel à la cause qui le produit.

Dans un mobile dont on suppose la masse constante, il n'y a de variables que sa vîtesse & sa direction: pour changer l'une ou l'autre, il faut une force positive qui n'est point dans le mobile avant le changement, & qu'il n'a pas la faculté de se donner à lui-même. Cette force, quand elle agit, ne peut produire que ce dont elle est capable, ainsi l'on peut juger de sa valeur par celle de son effet. Comme une livre de plomb dans le bassin d'une balance, n'a ni plus ni moins que le poids d'une livre, on ne doit pas s'attendre que son action contre l'autre bassin excéde, ou vaille moins qu'un pareil poids, si la balance est juste ; & réciproquement si ce dernier bassin est tenu en équilibre, on peut en toute sûreté conclure que le poids de l'autre part qui en est la cause, égale une livre.

Troisiéme Loi du Mouvement simple.

La réaction eſt égale à la compreſſion.

Lorſqu'un corps en mouvement, ou qui tend à ſe mouvoir, agit ſur un autre corps , il le comprime, & ce dernier exerce réciproquement ſur lui une compreſſion égale. Quand avec le bout du doigt j'appuie ſur un baſſin vuide de balance , pour ſoulever une livre de plomb qui eſt dans l'autre baſſin, c'eſt la même choſé que ſi je recevois la livre de plomb ſur le bout de mon doigt pour la ſoutenir. Qu'un homme ſur le rivage tire ſon bateau à bord avec une corde, ou qu'il ſe tienne dans le bateau pour tirer la même corde attachée à un pieu ſur le rivage , il s'enſuivra le même effet ; car la réſiſtance ou la réaction du point fixe , égale l'action de celui qui agit contre elle.

Examinons maintenant comment un mobile change de direction, & quelle régle il ſuit dans ce changement.

Quand un corps en mouvement change de direction, c'eſt qu'il y eſt forcé par un obſtacle ; car ſelon la première loi, il tend de lui-même à perſévérer dans ſon état : mais cet obſtacle peut être une matiére fluide, dans laquelle il s'ouvre un paſſage ; ou bien un corps ſolide qui lui oppoſe toute ſa maſſe à cauſe de la liaiſon de ſes parties. Une pierre jettée dans l'eau nous repréſente le premier cas ; une balle de paume lancée contre la muraille, eſt un exemple du ſecond.

PREMIERE SECTION.

Du changement de Direction occaſionné par la rencontre d'une matiére fluide.

SI le mobile que l'on a déterminé vers un certain point, vient à rencontrer quelque matiére fluide, ou comme telle à ſon égard, il ne fait que paſſer d'un milieu dans un autre ; & ordinairement ces milieux ne ſont point également pénétrables pour lui, ſoit par la différence de leurs denſités, ſoit par quelque autre cau-

se qu'il n'est point tems d'examiner
ici. Ce plus ou moins de résistance
qu'il éprouve en entrant dans le nouveau milieu, ne manque point de lui
faire quitter sa premiére direction,
toutes les fois qu'il entre obliquement ; & ce changement se nomme
réfraction, pour faire entendre que la
direction du mobile est comme brisée
à l'endroit où les deux milieux se joignent. Eclaircissons ceci par une figure, & par quelques exemples.

Supposons un grand bassin plein
d'eau dont la coupe soit représentée
par *A B C D*, *Fig.* 1. & une pierre,
ou tout autre corps dur *E*, placé dans
l'air, & que l'on dirige vers la surface
de l'eau avec assez de vîtesse pour l'y
faire entrer, & l'y faire continuer son
mouvement.

Pour cet effet, on ne peut diriger
cette pierre que de deux maniéres :
sçavoir par la ligne perpendiculaire
P F, ou bien par une ligne oblique
prise entre *P F*, & *C F*. Car il est évident que si elle suivoit *C F*, ou sa paralléle, elle n'entreroit jamais dans
l'eau, ou (ce qui est la même chose)
elle ne changeroit point de milieu.

Si le corps *E* vient à la surface de l'eau par la ligne *P F*, il continue de se mouvoir par *Fp*, & sa direction ne reçoit aucun changement.

Mais s'il suit une ligne oblique comme *e F*, dès qu'il sera parvenu en *F*, l'eau sera pour lui un milieu *réfringent* : au lieu de continuer son mouvement par *F G*, il prendra une nouvelle direction qui sera entre *F G* & *F A*, telle, par exemple, que *F H*. C'est-à-dire, que la pierre, ou en général le mobile, souffrira réfraction, & que cette réfraction l'éloignera de la perpendiculaire imaginée *Fp*, plus qu'il n'auroit fait, s'il avoit continué de se mouvoir selon sa premiére direction.

La réfraction se feroit en sens contraire, si le mobile passoit d'un milieu plus résistant, dans un autre qui le fût moins, par exemple, s'il sortoit de l'eau pour entrer dans l'air : de façon que s'il avoit décrit la ligne *H F*, il ne continueroit point par *F K*, ni par aucune autre entre *K* & *C*; mais la réfraction qu'il souffriroit en *F*, le détermineroit dans une nouvelle direction entre *K* & *P*, ce qui l'approcheroit

cheroit davantage de la perpendiculaire *P F.*

Pour ôter toute équivoque fur cette perpendiculaire que l'on prend pour terme de comparaifon, lorfqu'on veut exprimer en quel fens fe fait la réfraction; il eft bon d'obferver qu'elle n'a rien de commun avec l'horizon, qu'autant que la furface du milieu réfringent eft horizontale, comme il arrive quand c'eft un liquide en repos; car c'eft toujours de la perpendiculaire à cette furface qu'il s'agit, dans quelque pofition que puiffe être le milieu qui caufe la réfraction. Si, par exemple, au lieu d'une eau dormante, telle que nous l'avons fuppofée, on choififfoit celle d'une cafcade, ou d'une riviére qui eût une pente confidérable, pour y lancer une pierre; la perpendiculaire à laquelle on rapporteroit la direction de ce corps, tant avant qu'après fon entrée dans l'eau, feroit une ligne inclinée à l'horizon; elle feroit même horizontale, fi la furface réfringente étoit verticale.

La réfraction dépend donc de deux conditions, fans l'une ou l'autre desquelles elle n'a plus lieu : la premiére est l'obliquité d'incidence de la part du mobile ; la seconde, qu'il y ait plus de réfistance dans un milieu que dans l'autre : prouvons d'abord ceci par des faits, & tâchons enfuite d'en faire connoître la caufe.

PREMIERE EXPERIENCE.

PRÉPARATION,

La machine qui eft repréfentée par la *Fig.* 2. porte à deux pieds $\frac{1}{2}$ au-deffus de fa bafe un petit canon de cuivre *I*, par lequel on fait tomber une balle de plomb du poids d'une once environ, dans un vafe de cryftal *L*, qui a 12 ou 14 pouces de hauteur, & au fond duquel on a étendu un lit de terre glaife, ou de cire molle, d'un pouce d'épaiffeur.

La balle ayant marqué fa place par cette premiére chûte, on la fait tomber de même une feconde fois, après avoir empli d'eau le vaiffeau *L*.

EFFETS.

On trouve la balle de plomb après

la seconde chûte, dans le même endroit qu'elle avoit marqué en tombant la premiére fois.

EXPLICATIONS.

Il paroît par cette expérience, que
la balle de plomb a toujours conservé
sa premiére direction, soit qu'elle fît
tout son mouvement dans l'air, soit
qu'elle tombât en passant de l'air dans
l'eau. Mais par quelle raison se seroit-
elle détournée, si les obstacles qu'elle
a rencontrés, se sont toujours opposés également de toutes parts; si l'effort de sa pesanteur à qui elle obéissoit, n'a jamais eu à vaincre que des
résistances qui cédoient toutes ensemble avec la même facilité, ou qui la
retardoient avec des quantités égales?
Considérons cette balle dans les différens instans de sa chûte.

1°. Lorsqu'elle est encore entiérement dans l'air, ce fluide qu'on suppose en repos, & d'une densité uniforme autour du mobile, ne fait que
retarder sa vîtesse. Mais cette résistance n'influe en rien sur la direction,
puisqu'elle agit indifféremment en
toutes sortes de sens.

Z ij

2°. On peut dire la même chose en considérant la balle dans le tems qu'elle est entiérement plongée dans l'eau; car la difficulté qu'elle trouve à s'ouvrir un passage dans ce liquide, quoique plus grande que dans l'air, ne l'empêche point de tendre au même but, mais seulement d'y arriver avec autant de vîtesse qu'elle en auroit dans un milieu moins résistant.

3°. Enfin, si l'on examine ce qui se fait pendant que la balle passe de l'air dans l'eau, & qu'elle est encore partie dans l'un, & partie dans l'autre de ces deux milieux; on concevra facilement que cette immersion ne doit rien changer à sa premiére direction.

Car lorsque le corps M, *Fig. 3.* descend par la ligne $P\,p$; toutes les parties de la surface décrivent des paralléles comme $N\,T$, $n\,t$; & la résistance du milieu s'exerce sur tout l'hémisphère $N\,O\,n$. Quand il commence à se plonger, l'eau résiste directement en O; & à mesure qu'il s'enfonce, les parties $O\,S$, $S\,R$, $R\,N$, & leurs correspondantes $O\,s$, $s\,r$, $r\,n$, participent successivement à la résistance du nouveau milieu. Mais comme ces différentes parties forment des plans plus obliques les uns que les autres depuis *O* jusqu'en *N*, de part & d'autre ; la résistance de l'eau pendant cette dernière immersion , augmente par des quantités qui vont toujours en décroissant.

Dans tout ceci l'on n'apperçoit aucune cause qui doive faire perdre au corps *M*, sa première direction ; en conséquence de sa figure sphérique, les obstacles qui se rencontrent en *N*, en *R*, en *S*, &c. sont justement compensés par les résistances qui s'opposent aux parties *n*, *r*, *s*, &c. & cet équilibre maintient toujours le centre *M* dans la ligne *P p*. Cette expérience prouve donc que l'obliquité d'incidence de la part du mobile , est absolument nécessaire pour la réfraction, puisque sans elle il continue son mouvement suivant sa première direction , quoiqu'il passe d'un milieu moins résistant dans un autre milieu qui l'est plus.

APPLICATIONS.

Un corps grave que son propre

poids fait tomber dans l'eau, doit se
trouver au fond dans un endroit qui
réponde perpendiculairement à celui
de la surface par lequel il a passé en
tombant. Mais 1°. il faut supposer
pour cela que le fluide étoit en repos pendant le tems de la chûte.
Car on sçait que ce qui tombe dans
une riviére ou dans un torrent, est
entraîné par le courant de l'eau en
même tems qu'il obéit à la force de
sa pesanteur. C'est pourquoi les gens
qui se noyent dans les eaux qui coulent, ne se trouvent jamais vis-à-vis
du lieu où ils ont commencé à disparoître.

2°. La figure du corps qui s'enfonce dans un fluide, contribue beaucoup, ou à lui faire garder, ou à lui
faire perdre sa premiére direction indépendamment de la réfraction ; car
cette figure peut être telle qu'elle occasionne des inégalités dans la résistance du même fluide, Si, par exemple, au lieu de faire tomber dans
l'eau un corps sphérique, tel que celui de notre expérience, on se ser-
voit d'un hémisphère ou de quelque
chose semblable, & qu'on le diri-

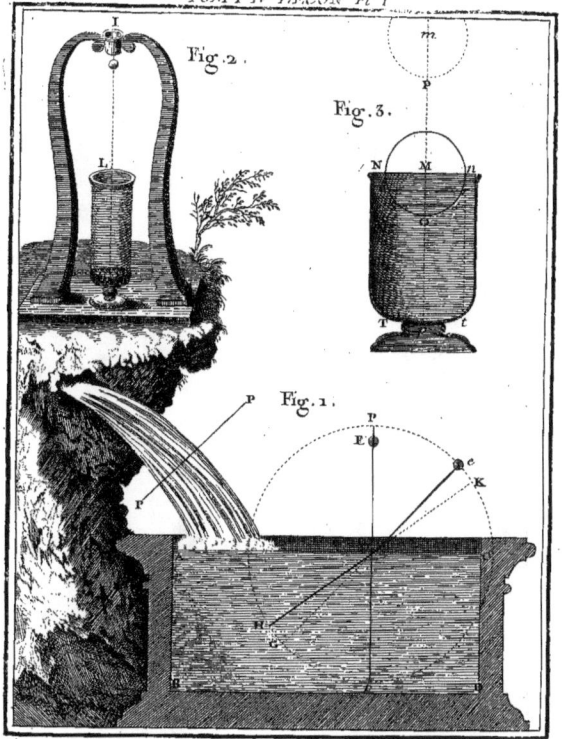

Fig. 2.

Fig. 3.

Fig. 1.

geât parallélement à sa partie plane;
il suit de l'explication que nous avons
donnée ci-dessus, que ce dernier mobile plus arrêté d'un côté que de l'autre par le fluide qu'il divise, à cause
de sa figure, ne garderoit point sa premiére direction, & qu'il décriroit une
ligne courbe, quoique dans un milieu très-uniforme.

C'est une chose qui se trouve bien
confirmée par une expérience aussi
simple que fréquente. Toutes les fois
qu'on jette horizontalement quelque
corps tranchant & convexe d'un
côté, comme une écaille d'huître,
ou toute autre chose équivalante,
on ne le voit jamais suivre la direction qu'on lui a donnée; & si l'on a
tourné la convexité en embas, on
remarque très-souvent qu'il s'éléve
malgré le penchant de son propre
poids.

On peut observer aussi que les oiseaux pesants, comme les corbeaux,
les pigeons, les pies, &c. quand ils
s'abattent après un long vol; ne
manquent point de courber leurs aîles & leur queue, pour se donner
une figure convexe en-dessous; ce

Z iv

qui les dirige néceſſairement dans une courbe fort allongée qui adoucit leur chûte. Ces mêmes oiſeaux au contraire ſe poſent d'une maniére peſante, & ſe heurtent ſouvent contre la terre, lorſqu'ils ſont trop jeunes , parce qu'ils deſcendent par une ligne moins inclinée à l'horizon, ſoit qu'ils ne ſçachent point encore prendre une figure qui les dirige autrement , ſoit que leurs plumes encore trop courtes , ou leurs membres trop foibles , ne le leur permettent pas.

II. EXPERIENCE.

PREPARATION.

ABC, *Fig.* 4. eſt un quart de cercle , auquel on a fixé un canon de fuſil ſur le rayon *AB* , & que l'on a attaché à une muraille , ou à quelque choſe d'inébranlable , de maniére cependant qu'il puiſſe tourner ſur le point *B* ; à 18 ou 20 pieds de diſtance, eſt un baquet ou une baignoire de 4 ou 5 pieds de longueur, pleine d'eau , dont on couvre la ſurface avec une gaze tendue , ou avec de grandes feuilles de papier. *F* eſt un

chaſſis garni de gaze ou de papier,
qui a environ 18 pouces de hauteur
& 1 pied de largeur. Ce chaſſis s'éléve
perpendiculairement à la ſurface de
l'eau ; & ſa baſſe *D E* , qui eſt une
planche un peu peſante , ſe place ſur
les bords du baquet, à une diſtance
ſuffiſante de ſon extrémité *G*. Il faut
avoir ſoin de revêtir le petit côté *G*
du baquet avec une planche de ſapin
fort épaiſſe & bien unie, qui le pré-
ſerve d'accident , & ſur laquelle on
puiſſe appercevoir l'impreſſion d'une
balle. Enfin, tout étant ainſi diſpoſé,
on charge le canon avec de la poudre en ſuffiſante quantité , & avec une
balle de plomb, qui ſoit de calibre,
s'il eſt poſſible ; on le dirige vers le
point *I* , de maniére qu'il faſſe avec
la ſurface de l'eau un angle de 30 ou
40 dégrés , & l'on y met le feu avec
une petite méche placée en *a*. Voyez
la figure citée.

E F F E T S.

La balle après avoir percé les deux
gazes en *I* & en *K* , au lieu de continuer ſon mouvement dans cette direction pour venir en *L* , va frapper

la planche de fapin en *H*, par une ligne qui fait angle avec la premiére
qu'elle a fuivie en venant d' *A* en *K* :
ce que l'on apperçoit facilement en
faifant écouler l'eau du baquet, & en
plaçant l'œil enfuite en *I*; car on remarque que le point *H* eft fenfiblement au-deffus de fa premiére direction,& que la réfraction qu'elle a foufferte au point *K*, en entrant dans l'eau,
l'a éloignée de la perpendiculaire *P p*,
plus qu'elle ne l'auroit été, fi elle
avoit continué de fe mouvoir directement jufqu'en *L*.

Explications.

C'eft une fuite des loix du mouvement, qu'un mobile fe porte toujours
du côté où il trouve moins de réfiftance ; car l'effet étant proportionnel à fa caufe, un corps qui rencontre en même tems deux obftacles,
doit fouffrir davantage de celui qui
eft le plus fort, & vaincre auffi plus
aifément celui qui l'eft moins : or
vaincre plus aifément un obftacle,
c'eft le repouffer d'une certaine quantité en moins de tems, ou le repouffer davantage dans un tems déter-

miné. Car un obstacle, tel qu'il soit,
ne cède jamais sensiblement dans un
instant indivisible ; le plus foible est
donc celui qui se laisse vaincre dans
un tems plus court.

L'air & l'eau dans lesquels la balle
de notre expérience a passé successivement, ont fait obstacle l'un après
l'autre à son mouvement ; mais tant
qu'elle a été entiérement dans l'un
ou dans l'autre de ces deux milieux,
la résistance ayant été également dis-
persée à toutes les parties de l'hémisphère antérieur, comme nous l'avons
fait voir dans l'explication de la premiere expérience, sa direction n'a
point dû changer ; les obstacles, ou
les parties résistantes du fluide se faisant équilibre de part & d'autre, elle
a dû persévérer constamment dans
la ligne *A K*, & ensuite dans la ligne
K H.

Si l'égalité des obstacles contre
toutes les parties de l'hémisphère antérieur *n o p, Fig. 5.* entretient le corps
m dans sa direction, tant qu'il est dans
un seul & même milieu ; il est évident
qu'en passant obliquement de l'air
dans l'eau, ce même hémisphère, pen-

dant tout le tems de fon immerfion, rencontre des obftacles plus diffici-les à vaincre d'un côté que de l'autre de fa furface. Car, par exemple, le point R venant à toucher l'eau, éprou-ve plus de réfiftance que le point Q, qui ne rencontre encore que de l'air. Ainfi l'équilibre étant rompu entre les obftacles de part & d'autre, le cen-tre M fe porte du côté des plus foi-bles, & commence à s'écarter de fa premiére direction ST. Mais comme la différence qu'il y a entre la réfif-tance de l'eau & celle de l'air, eft principalement fondée fur le tems qu'il faut employer pour repouffer l'un ou l'autre de ces deux fluides, cette différence augmente à mefure que la vîteffe du mobile diminue ; car fi la balle de plomb repouffoit l'air & l'eau avec une vîteffe infinie, leurs réfiftances étant nulles, ou in-finiment petites, il n'y auroit point de différence entre elles.

Le mouvement du corps M rallen-ti de plus en plus par fon immerfion dans l'eau, doit donc fe reffentir de cette différence augmentée entre la réfiftance qui fe fait en la partie ORP,

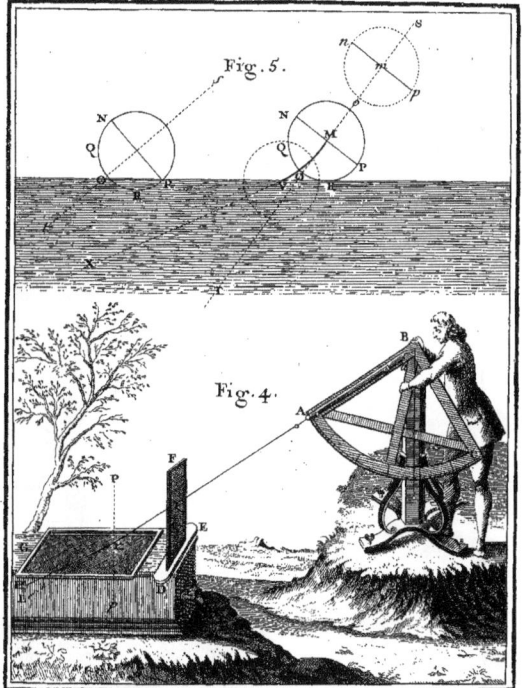

Fig. 5.

Fig. 4.

& celle qui agit contre $O\,Q\,N$. Ainſi le centre M doit abandonner de plus en plus ſa premiére direction, & deſcendre par une petite ligne courbe, dont le dernier élément commence la nouvelle direction $V\,X$, que la balle ſuit après ſon immerſion.

APPLICATIONS.

L'expérience précédente nous conduit naturellement à une remarque qui peut être de quelque utilité à ceux qui veulent tuer du poiſſon à coups de fuſil. Quelque bons tireurs qu'ils puiſſent être, ils manqueroient ſouvent leur proie, s'ils omettoient d'avoir égard à la réfraction que doit ſouffrir le plomb en entrant dans l'eau. Ce que nous avons fait voir ci-deſſus, prouve qu'il faut tirer plus bas que l'objet, puiſque le coup ſe reléve toujours dans l'eau, quand on tire obliquement. A la vérité, comme on ne peut tirer qu'à une petite profondeur, à cauſe de la grande réſiſtance de l'eau, & que la peſanteur du plomb dont la vîteſſe eſt affoiblie, détruit une partie de la réfraction en le faiſant baiſſer; comme d'ailleurs on doit suppofer que l'objet qu'on fe propofe de toucher, a une certaine étendue ; il femble que dans la pratique ce changement de direction qu'éprouve le plomb en entrant dans l'eau, n'eft point une chofe fort importante par elle-même, & qu'on pourroit la négliger. Mais il faut faire attention que le poiffon que nous voulons tirer, ne fe voit que par des rayons de lumiére qui viennent de lui à nous, qui paffent obliquement de l'eau dans l'air, & qui étant par conféquent dans le cas de la réfraction, ne nous repréfentent point l'objet dans le vrai lieu où il eft. Ajoutez à cela, (& c'eft ce qu'il y a de plus néceffaire à remarquer,) que la réfraction de la lumiére fe fait en fens contraire de celle des autres corps, comme nous le ferons voir en traitant de l'optique ; de forte que le lieu apparent du poiffon eft plus élevé que fon lieu réel : ce qui donne de nouvelles forces à la raifon qu'on auroit de tirer plus bas, quand on n'auroit égard qu'à la réfraction du plomb.

Quoique les réfractions s'obfervent

le plus ordinairement dans des milieux fluides, on peut dire en général
qu'elles ont lieu dans tous les corps ,
même folides , lorfque le mobile qui
les pénétre, y rencontre obliquement
des couches de matiéres plus réfif-
tantes les unes que les autres. Il arrive,
par exemple, très-fouvent , lorfqu'on
veut percer une planche avec un
poinçon , ou avec une aiguille mince
& flexible, que le fer fe courbe , &
ne fuit point la direction qu'on s'eft
efforcé de lui donner ; c'eft que la
pointe a rencontré obliquement des
parties plus dures les unes que les autres , comme il eft aifé d'en remarquer dans le fapin, où ces fortes de réfractions fe font fouvent; car on a de la
peine à y chaffer un clou felon fon
gré, fur-tout s'il eft long & mince.

    La réfraction eft fufceptible de plus
& de moins. Nous avons vu qu'elle
eft nulle , lorfque la direction du mobile eft perpendiculaire à la furface
du milieu réfringent ; elle commence avec l'obliquité d'incidence , &
elle augmente avec elle , & proportionnellement à elle. Car la balle qui
tombe par *ST*, *Fig.* 5. fouffre moins

de réfraction, que celle qui eſt dirigée par *s t* ; & ſi l'on ſe rappelle ce
que nous avons dit pour rendre raiſon de la réfraction en général, on
appercevra facilement, & par l'inſ-
pection ſeule de la figure, que la cauſe
de cet effet augmente à meſure que
l'immerſion devient plus oblique.Car
on voit que plus la direction eſt inclinée à la ſurface de l'eau, plus la
partie *O Q N* de l'hémiſphère antérieur eſt de tems dans l'air ; & par
conſéquent, plus les réſiſtances qui
ſe font de la part de l'eau en la partie *O R P*, ont l'avantage ſur celles
qui agiſſent contre les points correſ-
pondans *O Q N*.

Mais dans quelque dégré que l'on
conſidère la réfraction, on la trouve
toujours proportionnelle à l'incidence du mobile, quand les milieux ne
changent point ; & l'on en juge en
comparant les angles d'incidence
A C P & *B F D Fig. 6*, avec ceux de
réfraction *a C p* & *b F d*, que l'on
meſure par les lignes *P A*, *a p*, qui
en ſont les ſinus ; car ſi *P A* eſt à *a p*,
comme 2 eſt à 3, les deux lignes
ſemblables *D B* & *d b*, qui repréſentent

le

le cas d'une réfraction plus grande,
font encore dans le même rapport entre elles.

Nous n'entreprendrons point de
prouver ceci par des expériences ; la
difficulté de diriger des corps graves
dans des lignes parfaitement droites
& obliques à la direction naturelle de
leur pesanteur, ne nous le permet
pas. Nous aurons lieu de le faire commodément, en traitant de la lumiére
qui n'a pas cet inconvénient.

Nous ajouterons seulement, & nous
le prouverons par le fait, que quand
l'incidence est parvenue à un certain
point d'obliquité, la réfraction se fait
hors du milieu réfringent, (ce que
l'on nomme alors *réflection*,) de maniére, par exemple, qu'une pierre, ou
une balle de plomb, au lieu de paffer de l'air dans l'eau, comme nous
l'avons vû précédemment, se reléve
après avoir touché la surface, & forme avec elle un angle presque semblable à celui qu'elle avoit fait en
tombant. Voyez la *Fig.* 7.

Tome I.   A a

III. EXPERIENCE.

PREPARATION.

Il faut difpofer le quart de cercle de la *Fig.* 4. de maniére que le canon & fa ligne de direction *M N*, *Fig.* 7. faffent avec la furface de l'eau *N P*, un angle d'environ 5 dégrés, & placer à l'autre bout du baquet une planche de bois tendre *S*, qui s'éléve perpendiculairement à la furface de l'eau, & qui fe préfente de face à la longueur du même baquet; il faut auffi placer à fleur d'eau un chaffis de gaze, qui ait environ un pied de longueur. Le canon ayant été chargé comme précédemment, il faut y mettre le feu.

EFFETS.

La balle de plomb étant parvenue en *N*, au lieu d'entrer dans l'eau, & d'y fouffrir une réfraction, comme dans la feconde expérience, rejaillit du point de contact, & va frapper la planche en *S*, faifant fon angle de réflection *O N S*, à peu près égal à celui de fon incidence *M N P*.

EXPLICATIONS.

En expliquant ci-deffus les caufes de la réfraction, nous avons fait connoître que la résistance du milieu contre une boule qui se meut en ligne droite, s'exerce sur la moitié de la surface sphérique *N O n, Figure 3.* nous avons fait voir aussi en expliquant la seconde expérience, que quand cet hémisphère vient à toucher en même tems deux milieux dont l'un résiste plus que l'autre, le corps entier dont il fait partie, se porte davantage du côté du plus foible. De-là il suit que cette déviation doit être d'autant plus grande, que les fluides résistans diffèrent plus entre eux, & que le plus foible des deux occupe une plus grande partie de l'hémisphère *P R O Q N. Fig. 5.* La résistance de l'air est très-petite, ou dure très-peu en comparaison de celle de l'eau, & quand la balle de plomb est dirigée par une ligne fort inclinée, comme dans notre expérience, on peut voir par la *Figure* que la partie qui répond à l'air, est beaucoup plus grande que celle qui touche l'eau. Ainsi l'excès de résistance de la part de ce dernier milieu, devient comme un point fixe qui refuse le passage au mobile, assez long-

tems pour lui donner lieu de continuer fon mouvement dans l'air, qui
lui céde très-promptement.

Jufqu'ici l'on voit affez bien pourquoi la balle n'entre point dans l'eau,
& par quelle raifon elle achéve fon
mouvement dans l'air , après avoir
touché par une direction fort oblique le milieu le plus réfiftant. Mais
il faut convenir que ce que nous
avons dit ne fuffit pas pour faire entendre ce qui la détermine à remonter de bas en haut , par une autre direction oblique, qui fe trouve dans
le même plan que celle de fon incidence : car de ce qu'elle doit achever fon mouvement dans l'air , il ne
s'enfuit pas qu'elle foit obligée de
s'élever après avoir defcendu ; s'il n'y
avoit aucune caufe pour produire cet
effet, il paroît qu'on ne devroit s'attendre qu'à voir gliffer ou rouler cette
balle fur la furface de l'eau, quand une
fois elle y feroit parvenue , & qu'il
lui refteroit affez de vîteffe pour rendre l'effet de fa pefanteur infenfible.
En un mot , tout ce que peut faire la
réfiftance de l'eau , c'eft d'interdire
le paffage au mobile ; mais en ne con-

fidérant en elle qu'un obſtacle invincible, on ne voit pas qu'elle puiſſe déterminer à monter, ce qui juſqu'au point de contaſt eſt bien déterminé à deſcendre. Il y a donc quelque choſe de plus à conſidérer, ſoit
dans l'eau qui réfléchit, ſoit dans la
balle qui ſouffre cette réflection, ou
bien dans l'une & dans l'autre, relativement aux circonſtances où elles ſe trouvent dans notre expérience. Mais comme ce qui ſe paſſe ici à la
rencontre d'une ſurface fluide dans
le cas d'une incidence fort oblique, arrive toujours, quand un mobile tombe ſur un plan ſolide à telle inclinai-
ſon que ce ſoit ; nous remettons à
en examiner la cauſe en parlant du
mouvement réfléchi dans la ſection
ſuivante : il nous ſuffira pour le préſent d'avoir fait connoître qu'il y a
telle obliquité d'incidence où la ſurface de l'eau ſe comporte à l'égard
d'une balle de plomb, ou de tout autre corps dur, comme un plan ſolide
& impénétrable.

APPLICATIONS.

L'expérience que nous venons
d'expliquer, doit ſervir de régle à

ceux qui tirent dans l'eau. S'ils ne tirent pas de fort près ou d'un lieu élevé, la direction du coup peut devenir trop oblique, & le plomb pourroit bien ne pas entrer dans l'eau. Telle personne qui se croiroit en sûreté sur le rivage opposé, courroit rique d'être blessée : & c'est toujours une précaution fort sage, de ne se point rencontrer dans le plan de la réflexion. Dans un combat naval, combien de boulets de canon voit-on se relever ainsi, après avoir touché la mer, & faire par un mouvement réfléchi ce qui sembleroit devoir manquer par leur premiére direction.

Mais sans aller chercher des exemples si terribles, un jeu d'enfans que tout le monde connoît sur le nom de *ricochets*, nous montre la même chose avec moins de danger. Une pierre un peu tranchante par les bords, plus épaisse du milieu, & lancée fort obliquement à la surface de l'eau, se reléve du point de contact par les raisons que nous avons rapportées; & si elle a reçu une quantité suffisante de mouvement, lors-

que son propre poids la détermine de
nouveau dans une incidence oblique,
il donne occasion à une nouvelle
réflection qui se réitère souvent 5 ou
6 fois de suite.

Des expériences que j'ai répétées
avec soin, mais que je n'ai point encore eû occasion de faire assez en
grand, pour voir jusqu'à quel point
la pratique s'approche de la théorie,
m'ont déja fait voir que la surface
de l'eau ne commence point à réfléchir sous le même angle, ou à pareille obliquité d'incidence, toutes
fortes de corps indifféremment. J'ai
remarqué qu'une balle de 6 lignes de
diamétre entroit dans l'eau, quand sa
direction faisoit un angle de 6 dégrés
avec la surface, tandis qu'une plus
grosse, à pareille incidence, étoit réfléchie : & je ne doute pas qu'un boulet de canon ne le soit sous un angle
beaucoup plus ouvert, & que cela
ne varie autant que le diamétre des
boulets. Car la résistance de l'eau est
d'autant plus grande, que les parties
choquées sont en plus grand nombre; quand un mobile sphérique tombe sur sa surface, & vient à la tou-

cher avec un mouvement confidérable, on ne doit point croire que ce
foit par un feul point, c'eft toujours
par un fegment, & ce fegment éprouve d'autant plus de réfiftance, qu'il
fait partie d'une fphère plus grande;
parce qu'ayant plus d'étendue avec
moins de convexité, il heurte plus
directement, & un plus grand nombre de parties d'eau.

En général on peut dire que la déviation occafionnée par la rencontre
du nouveau milieu, dépend de la réfiftance plus ou moins grande qu'il oppofe à une partie de l'hémifphère antérieur du boulet : or pour évaluer
cette réfiftance, il faut avoir égard à
la denfité du milieu réfringent, à la
grandeur du mobile, à la vîteffe, &
à l'obliquité de fon incidence.

Après avoir examiné les changemens qui arrivent à la direction d'un
mobile, quand il rencontre un obftacle qu'il peut pénétrer, ou dans lequel il peut continuer fon mouvement ; voyons maintenant ce qui arrive à ce même mobile, quand l'obftacle eft un corps folide qui lui refufe
le paffage.

II.

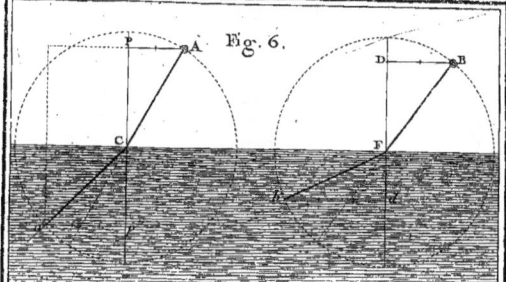

Fig. 6.

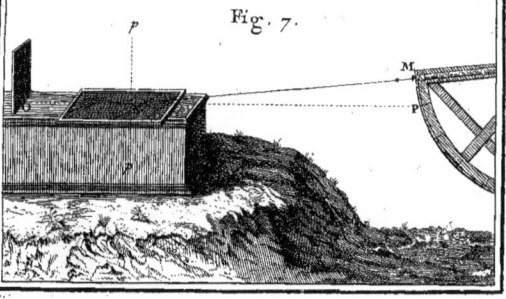

Fig. 7.

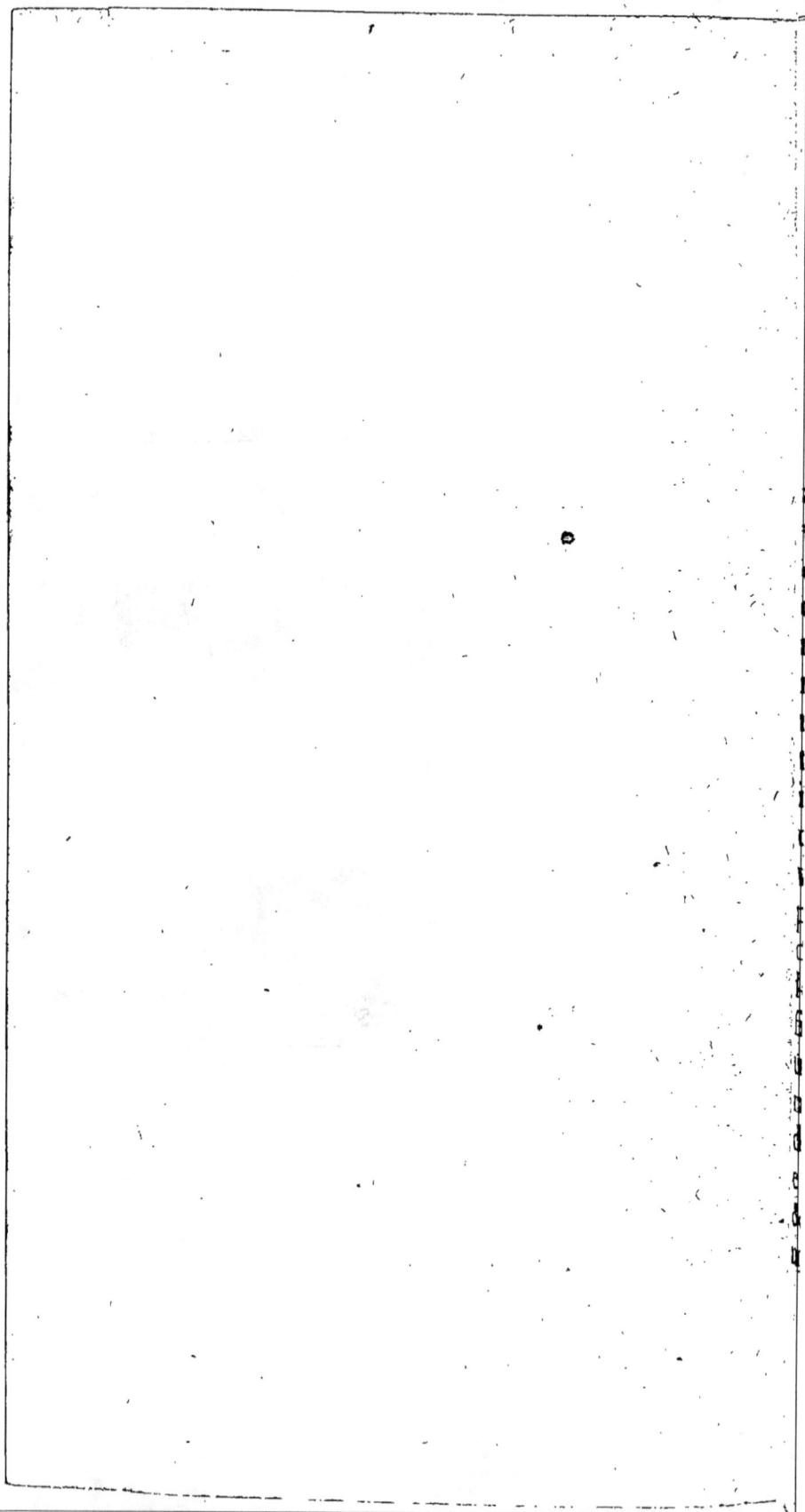

II. SECTION.

Du Mouvement réfléchi.

Nous avons supposé dans la Section précédente, que ce qui tendoit à changer la direction du mobile, étoit une matière qu'il pouvoit pénétrer, & dans laquelle il avoit la liberté de continuer son mouvement d'une manière assez considérable, pour donner lieu d'appercevoir s'il obéissoit à une nouvelle détermination. Maintenant nous supposons un obstacle invincible, une masse inébranlable qu'il ne puisse déplacer, ni entr'ouvrir, pour passer outre. Je dis, pour passer outre : car comme il n'y a point de matière parfaitement dure, & dont les parties ne cédent à une force suffisante ; lorsqu'un corps en choque un autre, quand bien même ce dernier ne pourroit être déplacé à cause de sa grandeur, il se fait toujours un enfoncement à l'endroit du contact ; & si cet enfoncement est tel que le mobile s'introduise dans la masse,

Tome I.   Bb

comme lorsqu'un boulet de canon s'enterre, ou qu'on tire une balle de mousquet dans du sable, où dans de la neige accumulée ; alors l'obstacle enfoncé devient un nouveau milieu, & s'il y a réfraction, elle se fait selon les loix que nous avons établies ci-dessus.

L'obstacle, ou le corps choqué, étant donc tel qu'on le suppose, iné-branlable quant à sa masse totale, mais flexible quant à ses parties, il est ques-tion de sçavoir comment le mobile sera dirigé après le choc.

Mais avant que de répondre à cet-te demande, il est à propos d'exa-miner si le corps qui choque, conti-nuera de se mouvoir ; car s'il devoit rester sans mouvement, en vain cher-cheroit-on quelle doit être sa direc-tion, & il y a bien des cas où l'obsta-cle le réduit au repos, sans lui rien rendre de ce qu'il lui a fait perdre.

Pour fixer nos idées, représentons-nous une bille d'acier lancée contre une muraille ; & pour plus de sim-plicité, regardons le corps choquant comme parfaitement dur, & ne con-sidérons que la flexibilité du corps

choqué. Au premier inſtant du contact la bille exerce, contre un très-
petit eſpace de la pierre qu'elle rencontre, un effort qui eſt comme ſa
maſſe & ſa vîteſſe actuelle. Ce petit
nombre de parties ainſi comprimées
par l'acier, cédent à ſon mouvement,
reculent ſur les parties les plus prochaines, & celles-ci ſur d'autres ; la
pierre ſe condenſe en cet endroit, &
il ſe fait un petit enfoncement ; mais
cet effet ne ſe produit pas avec une
vîteſſe égale à celle qu'avoit le mobile au moment qu'il a commencé à
toucher ; car ce qui a été déplacé, a
réſiſté, & toute réſiſtance (quoique
vaincue) détruit une partie de la force qui la fait céder : ainſi à la fin du
premier inſtant la bille d'acier ſe trouve retardée, & ſon effort au commencement du ſecond inſtant eſt moindre
qu'il n'étoit d'abord.

Mais comme les parties choquées
pendant le premier inſtant, ont cédé
en arriére, leur introceſſion, ou enfoncement, a donné lieu à la bille
d'acier de toucher la pierre par une
plus grande ſurface. Le mobile perdra
donc plus de ſa vîteſſe pendant le ſe-

B b ij

cond inſtant que pendant le premier :

1°. parce qu'il aura plus de parties à repouſſer ; 2°. parce que celles du milieu qui ont été enfoncées précédemment, réſiſtent davantage qu'elles n'ont pû faire pendant le premier inſtant ; car alors la matiére choquée étoit moins condenſée, & le corps choquant avoit plus de mouvement.

On voit par l'examen de ces deux premiers inſtans, que la bille d'acier en formant un enfoncement dans la pierre, doit diminuer de vîteſſe, par des quantités qui vont toujours en augmentant, puiſque les parties qui reçoivent ſon effort, ſe multiplient à chaque inſtant, & que ſe trouvant de plus en plus appuyées par celles de derriére, leur réſiſtance commune croît pour le moins en raiſon de ces deux cauſes.

La vîteſſe du mobile a beau être retardée uniformément, ou non, cette diminution ne doit point empêcher qu'il ne perſévère dans ſa premiére direction, tant qu'il lui reſte du mouvement : ainſi l'enfoncement qui ſe fait dans la pierre, n'eſt achevé que quand la bille ceſſe de ſe mou-

voir ; & réciproquement on peut conclure qu'elle eſt réduite au repos,
quand les parties de la pierre ne cédent plus : de ſorte que s'il ne ſe trouve alors quelque nouvelle cauſe pour
rétablir le moüvement dans la bille,
comme elle a conſumé entiérement
celui qu'elle avoit reçu dans ſa premiére détermination, on ne voit pas
qu'elle puiſſe ſe mouvoir davantage,
& en effet l'expérience fait voir qu'elle ne ſe meut plus ; car, ſi l'endroit
de la muraille qui eſt expoſé au choc
eſt de la pierre tendre, ou du plâtre,
la bille demeure dans le trou qu'elle
a fait, ou bien elle retombe par ſon
propre poids, ſi rien ne l'arrête.

. Il n'en eſt pas de même ſi le mobile
rencontre pour obſtacle une pierre
dure, on le voit rejaillir après le choc,
& dans un ſens différent de ſa premiére direction : ce mouvement ſe
nomme *réfléchi*. Voyons donc quelle
en eſt la cauſe, & quelles ſont les loix
qui le dirigent.

. Dans la pierre, comme dans le
plâtre, il ſe fait pendant le choc un enfoncement qui ne diffère que du plus
au moins. Mais quand l'obſtacle eſt

élastique, que les parties enfoncées ont la vertu de se rétablir dans le lieu & dans l'ordre où elles étoient avant leur déplacement, il est aisé de voir pourquoi le corps choquant recommence à se mouvoir, & ce qui le détermine dans une direction différente de celle qu'il avoit d'abord : car ces parties enfoncées en se rétablissant, repoussent le mobile devant elles, & tendent à le diriger comme elles le font elles-mêmes.

Mais tous les corps élastiques ne le font pas également, & l'on peut dire qu'on n'en connoît aucun qui le soit parfaitement : nous le supposerons cependant pour rendre notre théorie plus simple, & nous considérerons d'abord le choc direct, c'est-à-dire, celui d'un mobile dirigé perpendiculairement à la surface de l'obstacle.

En supposant que l'obstacle DE, *Fig.* 8. est un corps dont l'élasticité est parfaite, le point de contact A, porté en B, par l'effort du mobile C, doit revenir de B en A, avec une vîtesse égale à celle avec laquelle il avoit été déplacé. Le corps C, qu'il

chasse devant lui, parcourt en même
tems le même chemin ; & lorsque par
cette réaction il est redevenu tangent
à la surface *D E*, il se trouve qu'il a
pour aller d'*A* en *F*, le même dégré
de mouvement qu'il avoit lorsqu'en
arrivant d'*F* en *A*, il a commencé
l'enfoncement *d B e*. Ainsi l'obstacle
dont le ressort seroit parfait, rendroit
au mobile, par une réaction complette, tout le mouvement qu'il lui
auroit fait perdre dans le tems de la
compression. Il s'agit maintenant de
régler la direction de ce mouvement
réfléchi.

En expliquant la réfraction, * nous
avons fait voir que quand le mobile
M tombe perpendiculairement sur le
milieu réfringent, il ne quitte point
la ligne de sa premiere direction, &
qu'après comme avant l'immersion,
il tend au même terme ; parce que
toutes les parties de son hémisphère
antérieur sont également soutenues
par la résistance du fluide, & qu'il
n'y a aucune cause qui favorise ou
qui rallentisse son mouvement plus
d'un côté que de l'autre. Par une raison semblable, si la surface *DE*, *Fig. 8*.

* *Pag.* 263,
Fig. 3.

B b iv

eft folide & parfaitement élaftique, le
mobile qui vient d'*F* en *A*, après
avoir formé l'enfoncement *d B e*, fera renvoyé dans la même ligne exactement & vers le point *F*, parce que
les parties correfpondantes *G*, *H*,
obéiffent à des réactions parfaitement
femblables, dont l'équilibre entretient néceffairement le centre *C* dans
une ligne qui a pour termes *A*, *F*.

* *Pag.* 275.
Fig. 5.

Nous avons encore prouvé * que
dans le cas de l'immerfion oblique,
le mobile abandonne fa premiére direction, & nous en avons fait voir la
caufe dans l'inégalité des réfiftances
qui agiffent fur les points *P*, *R*, *O*,
Q, *N*, pendant que cet hémifphère
fe plonge dans le milieu réfringent.
Nous avons remarqué auffi que cette
déviation du mobile étant caufée
par des retardemens qui vont toujours en augmentant, jufqu'à ce
qu'il foit plongé, le centre *M* fuit
une petite courbe *M V*.

La même chofe arrive, & par des
raifons femblables, lorfqu'un corps
fphérique tombe obliquement fur un
plan folide & à reffort. *Fig.* 9. Les parties enfoncées font autant de petits

reſſorts qui ont été tendus par l'effort du mobile, & qui rallentiſſent ſa vî- teſſe de plus en plus, juſqu'à ce qu'enfin il ait conſumé tout le mouvement qu'il avoit lorſqu'il a commencé à toucher la ſurface du plan en *I*. De-là vient la petite courbe *i l*, que décrit le centre du mobile ; & il eſt évident que ſi ce plan enfoncé finiſſoit au point *L*, la bille s'échapperoit par la ligne *L M*; & ſon centre par conſéquent ſuivroit la paralléle *lm*.

Mais comme pendant l'enfoncement elle touche le plan par une ſurface, & non par un point ; & que tous les reſſorts qu'elle a tendus ſe déploient ſucceſſivement, & ſelon l'ordre dans lequel ils ont été comprimés, il s'enſuit ce double effet : 1°. Elle reprend ſon premier dégré de mouvement ; parce qu'elle eſt repouſſée avec autant de force qu'elle a comprimé. 2°. Elle remonte par une courbe *M P*, *Fig.* 10. ſemblable à celle qu'elle a ſuivie en faiſant ſon enfoncement ; parce que les reſſorts qu'elle a tendus, ſe débandent contre ſa partie poſtérieure, & lui donnent une vîteſſe qui s'accélère depuis

M jufqu'en P, de même que celle qu'elle avoit d'abord a été retardée depuis I jufqu'en M. Ainfi comme l'extrémité I de la ligne de fon incidence a été le commencement de la premiére courbe, celle de la réflection PQ eft la continuation de la feconde, & de cette maniére l'angle RMQ devient égal à SMT.

L'égalité des angles d'incidence & de réflection fe démontre d'une maniére plus géométrique, en fuppofant un principe que nous prouverons ci-après, en parlant du mouvement compofé, fçavoir, que le mobile qui parcourt la ligne TM fe comporte comme s'il obéiffoit à deux puiffances; dont une lui auroit donné la vîteffe néceffaire pour parcourir la ligne TV, pendant que l'autre le feroit defcendre de la hauteur TS. Si, lorfqu'il eft parvenu en M, une caufe quelconque anéantit fon mouvement de haut en bas, fans rien diminuer de celui qui le tranfporte horizontalement; il eft évident que dans un tems femblable à celui qu'il a employé pour venir de T en M, il ira d'M en R, n'étant plus commandé

que par une feule puiffance. Mais au
lieu de cette fuppofition, fi lorfque
le mobile eft en M, la puiffance qui
le commandoit de haut en bas, fe
trouve tout d'un coup convertie en
une autre d'égale force, mais qui le
follicite à fe mouvoir de bas en haut ;
il remontera fans doute par MQ,
avec le même dégré de vîteffe qu'il
avoit en defcendant par TM. Or
nous avons vû précédemment comment de ces deux mouvemens dont
l'incidence oblique eft compofée,
celui qui eft perpendiculaire au plan
s'anéantit dans le mobile, & fe change, à pareil dégré, en un autre qui
eft oppofé dans la même ligne.

Jufqu'ici nous avons fuppofé le
mobile inflexible, & nous n'avons
confidéré que le reffort du plan qui
réfléchit ; mais il eft aifé de concevoir que les mêmes effets auroient
lieu, fi le plan étoit parfaitement dur,
& que la bille fût un corps à reffort ;
car dans le choc elle s'applatiroit, &
les parties enfoncées en fe rétabliffant, s'appuieroient fur le plan, &
repoufferoient le mobile avec la même vîteffe avec laquelle elles auroient

été comprimées, & dans un fens contraire.

A la vérité, ni l'une ni l'autre de ces deux fuppofitions ne repréfentent la nature ; car fi l'on ne connoît pas de corps dont le reffort foit parfait, on ne voit pas non plus de corps folides qui en foient entiérement privés. Ainfi toutes les fois qu'il y a réflection, l'on peut dire que le mobile & l'obftacle y ont tous deux parts, felon leur dégré d'élafticité.

Il peut même arriver qu'un troifiéme preffé entre l'un & l'autre dans le tems du choc, entre pour quelque chofe dans le mouvement réfléchi, en faifant l'office d'un reffort qui fe débande d'une part contre le plan, & de l'autre contre le mobile ; & alors, foit que l'incidence foit directe, foit qu'elle foit oblique, on doit encore en attendre tout ce qui a été énoncé ci-deffus, lorfque nous n'avons fuppofé du reffort que dans l'obftacle ou corps choqué.

Il paroît donc que les chofes les plus importantes à fçavoir touchant le mouvement réfléchi, peuvent fe

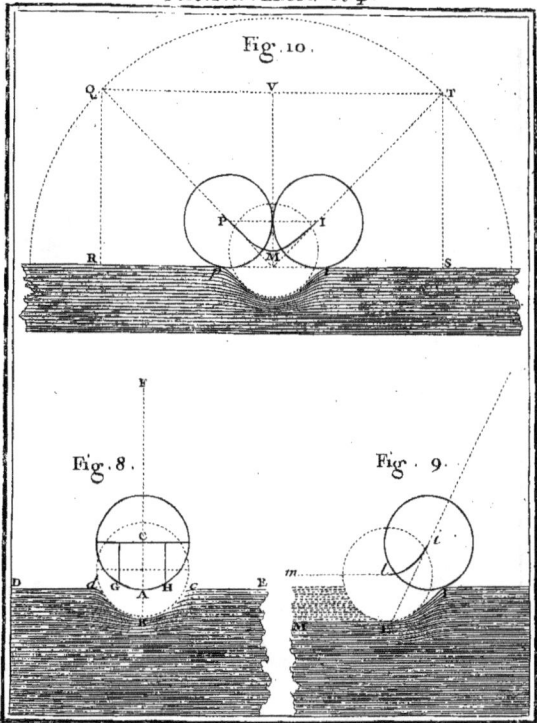

Fig.10.

Fig.8.

Fig.9.

réduire à ces deux chefs : 1°. Que le ressort est la cause nécessaire de la réflection ; 2°. Que la direction du mouvement réfléchi est telle que l'angle de réflection est égal à celui de l'incidence du mobile, lorsque la réaction est parfaite.

Quoique ces deux propositions ne puissent se prouver par des expériences rigoureusement exactes, parce que nous ne connoissons aucun corps solide qui ait un ressort parfait, ou qui n'en ait pas du tout, & que d'ailleurs la pesanteur du mobile & la résistance de l'air détruisent une partie des effets ; cependant on peut faire sentir ce qui doit être, en faisant voir par des à-peu-près ce qui est. Nous aurons soin de remarquer ce qui se mêlera d'étranger dans les faits, & le restant nous représentera suffisamment ce que nous venons d'enseigner.

PREMIERE EXPERIENCE.

PREPARATION.

La machine qui est représentée par la *Fig.* 11. doit être placée de maniè-

re que fa bafe foit dans un plan horizontal ; *A B* eft une cuvette qui a
environ un pouce de profondeur ; on
la remplit de terre-glaife que l'on a
mêlée avec du fable fin, en telle quantité qu'elle foit très-flexible, fans être
cependant trop vifqueufe. Cette cuvette fe peut mouvoir fur un pivot
qui eft au point *A*, & elle s'arrête
à tel dégré d'inclinaifon que l'on
veut, par le moyen d'une agraffe &
d'une vis qui eft en *B*. *C* eft un petit
canon de cuivre fixé à un coulant à
reffort, qui gliffe dans une rainure à
jour pratiquée au bras de la potence,
& par lequel on fait paffer une balle
de plomb calibrée.

Effets.

Quand on laiffe tomber la balle de
plomb par le petit canon *C*, foit qu'elle arrive perpendiculairement à la furface de la cuvette, foit que cette cuvette fe préfente obliquement à fa
chûte, il fe fait un enfoncement dans
la terre molle, & la balle y perd tout
fon mouvement.

EXPLICATIONS.

Quand la balle en tombant a commencé à toucher la terre molle, elle avoit une certaine quantité de mouvement ; c'est aux dépens de ce mouvement, qu'elle a déplacé une portion de la matiére flexible. Elle a donc dû cesser de se mouvoir quand les parties qu'elle a rencontrées en repos dans sa direction, ont été portées aussi loin que l'exigeoit la valeur de son effort ; & elle n'a pas dû cesser plutôt, parce qu'un corps en mouvement ne peut être réduit au repos, que par un obstacle dont la résistance égale le produit de sa force.

Que la balle tombe perpendiculairement sur un plan incliné à l'horizon, comme dans l'une des deux expériences précédentes, ou bien qu'elle vienne par une ligne oblique contre un plan horizontal, comme le représente la *Fig.* 12 ; c'est absolument la même chose, quant à l'effet qui doit s'ensuivre ; & si le plan est flexible & sans ressort, comme nous le supposons, le mouvement de la balle doit s'y consumer entiére-

ment, auffi-bien que dans le cas précédent ; car la direction oblique ne
change rien à ce que nous avons dit
pour la chûte perpendiculaire ; elle
ne pourroit tout au plus qu'occafion-
ner une petite réfraction que nous né-
gligeons, parce que nous fuppofons
l'enfoncement peu confidérable; mais
elle n'a rien par elle-même qui puiffe
remettre le mobile au-deffus du plan
qu'il a une fois touché.

APPLICATIONS.

Les corps fans reffort, ou dont
l'élafticité eft très-foible, font plus
propres que d'autres à rompre les efforts violens, parce qu'ils retardent
par dégrés la vîteffe du mobile, &
qu'ils le réduifent au repos en cédant
de plus en moins. Pour bien entendre ceci, il faut faire attention qu'il
n'y a nul mouvement, fi prompt qu'il
puiffe être, qui n'emploie un tems
fini; ainfi quand le corps M, Fig. 13.
defcend par la ligne DE, pour faire
la place de fon hémifphère dans la
terre molle, quoiqu'à nos fens cet
effet paroiffe fe paffer dans un inftant indivifible, il faut pourtant
concevoir

concevoir le tems de cet enfoncement comme partagé en plusieurs
inftans égaux, pendant lesquels le
mobile déploie sa force contre les
parties qui cédent. Mais cette force
diminue à chaque inftant, & elle diminue par des quantités qui croiffent
beaucoup plus que les tems ;
car au second inftant les résiftances
font en plus grand nombre que dans
le premier, puifque l'hémifphère plus
enfoncé préfente une plus grande
furface à la terre molle qu'il faut repouffer ; & les parties déja comprimées s'oppofent davantage à leur de-
placement. On peut donc confidérer les 3 efpaces D, F, E, comme les
produits de trois inftans égaux, pendant lefquels le corps M a confumé
toute fa vîteffe en parcourant la
ligne DE.

Tous les obftacles qui cédent ainfi,
partagent l'effort du mobile, & arrêtent comme en plufieurs fois une
puiffance qui ne manqueroit pas de
les forcer, fi toute fon action étoit
réunie dans un tems plus court. Un
tambour réfifteroit-il à un feul coup
qui égaleroit en force la fomme des

coups de baguettes qu'il reçoit en une heure ? Une planche de chêne arrête-t-elle une balle de mousquet qu'un sac rempli de laine ne manque point d'amortir ?

C'est par une semblable raison qu'on n'est point blessé par la chûte d'un corps dur qu'on reçoit dans sa main, pourvû que la main céde pendant quelques instans, au lieu de se roidir contre. On risqueroit de rompre la corde, quand on arrête un bateau que le courant de la riviére emporte, si l'on ne prenoit la précaution de la filer peu à peu pour vaincre l'effort par dégrés.

IV. EXPERIENCE.

Préparation.

On se sert pour cette expérience de la même machine qui a servi pour la précédente, & qui est représentée par la *Figure* 11. Au lieu de la cuvette pleine de terre molle, on y place une tablette de marbre noir bien polie, & enduite d'une très-légère couche d'huile ; & la balle qu'on fait tomber par le petit canon de cuivre, est d'ivoire.

Effets.

Quand on laiſſe tomber la balle d'ivoire perpendiculairement ſur le marbre, après avoir touché le plan, elle remonte par la même ligne qu'elle a ſuivie en tombant, mais moins haut que le lieu d'où elle eſt deſcendue, & l'on remarque ſur la tablette une tache ronde qui a environ une ligne de diamétre.

Explications.

Ce que l'on a dit ci-deſſus en établiſſant la queſtion du mouvement réfléchi, ſuffit pour expliquer le fait que nous venons de rapporter; la tache qu'on trouve ſur le marbre, prouve bien que dans le choc il y a eu compreſſion de parties dans l'un des deux corps, & vraiſemblablement dans tous les deux, comme on l'a fait voir en parlant du reſſort : * & comme après l'expérience on retrouve les ſurfaces dans le même état où elles étoient avant le contact, il eſt indubitable qu'elles ſe ſont rétablies, & nous avons fait voir que ce rétabliſſement, s'il étoit parfait, ſe-

* *Pag.* 127.

Cc ij

roit fuffifant pour rendre au mobile
dans un fens contraire, tout le mouvement qu'il avoit confumé en fuivant fa première direction. Si cet effet
n'a pas lieu, c'eft que la réfiftance de
l'air s'y oppofe d'une part, & qu'on
a raifon de croire que l'ivoire & le
marbre ne fe rétabliffent pas avec la
même vîteffe avec laquelle on peut les
comprimer.

APPLICATIONS.

Un corps à reffort que l'on a comprimé, & qui a la liberté de fe remettre, ne revient à fon premier état
qu'après un certain nombre de balancemens, qu'on nomme *vibrations*, &
qu'il eft facile d'appercevoir dans une
lame d'acier, dans une corde de cla-
veffin, dans une branche d'arbre,
&c. que l'on a pliée & qu'on abandonne à elle-même. Ce mouvement
qui raméne le corps élaftique au-delà
du lieu de fon repos, vient de ce que
la partie comprimée en fe rétabliffant
reprend le même dégré de vîteffe
qu'elle a reçu au premier inftant du
choc, & dans un fens contraire,
comme nous l'avons expliqué page

294. Prenons pour exemple une corde de viole ou de claveſſin, *Fig.* 14.
tendue entre deux points fixes G, H,
& contre laquelle on fait heurter un
corps ſolide avec une quantité de
mouvement ſuffiſante pour la mener
du point I au point K. Cette percuſſion allonge la corde ; car il eſt évident que la ſomme des deux longueurs GK & HK, eſt plus grande
que GH. Si elle eſt libre de ſe remettre, ſon reſſort raménera le point K
en I, & alors elle aura dans la direction IL une vîteſſe égale à celle que
lui avoit fait prendre la percuſſion
pour aller en K. Cette vîteſſe doit
avoir ſon effet ; elle doit tranſporter
le point I vers L, juſqu'à ce que des
réſiſtances ſuffiſantes l'ayent fait ceſſer. Mais ſi le milieu de la corde ſe
meut ainſi, les parties qui la compoſent de part & d'autre doivent s'al-
longer, & leur réſiſtance affoiblira
de plus en plus ce mouvement ; il fi-
nira enfin, quand toute la vîteſſe de
la réaction ſera conſumée, & l'on
voit que ſi la corde en revenant de K
en I, ſe trouve avoir le même dégré
de vîteſſe qu'elle avoit reçu par le

choc pour defcendre en *K*, la ligne *IL* doit devenir égale à *IK*. Si les reſſorts étoient parfaits, & que leurs vibrations ſe fiſſent dans un milieu non réſiſtant, ces ſortes de mouvemens ſeroient perpétuels. Car lorſque la corde, en vertu de ſa réaction, eſt parvenue en *L*, elle a le même dégré de tenſion qu'elle avoit, lorſqu'elle étoit comprimée au point *K*; & par conſéquent elle auroit la force néceſſaire pour y retourner à la ſeconde vibration. On en pourroit dire autant de la troiſiéme, & d'une infinité d'autres; mais la réaction n'étant jamais complette par les raiſons que nous avons dites, la ſeconde vibration a moins d'étendue que la premiére, & la troiſiéme moins encore que la ſeconde, & ces diminutions enfin laiſſent reprendre à la corde ſon premier état.

J'ai pris une corde pour exemple, afin de rendre cette explication plus ſenſible; mais on doit concevoir que la même choſe arrive à tous les corps élaſtiques, à la différence près du plus au moins, ſelon la figure & la roideur de leurs parties. Ainſi la peau

d'un tambour devient alternativement concave & convexe ; & la
bille d'ivoire qui eſt tombée ſur un
marbre, ne reprend ſa figure ſphéri-
que, qu'après avoir été quelque tems
un ellipſoïde, dont le grand diamétre eſt de deux fois une, horizontal
& vertical. *Fig.* 15.

IV.
Leçon.

C'eſt une choſe remarquable, que
le même reſſort fait toutes ſes vibrations iſochrones, c'eſt-à-dire, dans
des tems égaux, ſoit qu'elles ſoient
petites ou grandes : & l'on a occaſion
d'en voir la preuve, lorſqu'on met en
jeu la machine, * avec laquelle nous
avons meſuré les frottemens. Car en
comparant les vibrations du reſſort
ſpiral avec les oſcillations d'un pendule à ſecondes, on remarquera très-
facilement que la premiére & la tren-
tiéme ſe font dans des tems ſenſiblement égaux.

* IIIe. Leçon.
Fig. 9.

Il faut remarquer encore que les
reſſorts tendus ſe rétabliſſent avec
d'autant plus de vîteſſe, qu'il a fallu
plus de force pour les tendre ; ainſi
quand deux lames ſeroient également
élaſtiques, ſi l'une des deux eſt moins
flexible que l'autre, elle fera des vi-

brations qui auront moins d'étendue,
mais qui seront plus fréquentes, comme nous le ferons voir en parlant des
sons.

III. EXPERIENCE.

PREPARATION.

On emploie pour cette expérience
la machine qui a servi dans la précédente, *Figure* 11. mais au lieu de laisser la tablette de marbre dans sa situation horizontale, on l'incline comme
la ligne *AD*, & l'on avance le petit
canon *C* dans sa coulisse, de façon
qu'il réponde directement au point *E*.

EFFETS.

Si la balle d'ivoire tombe sur la
tablette de marbre par la ligne *NE*,
elle va par *EF* se loger dans une ouverture pratiquée à la piéce *G*, &
dont la largeur est égale à son diamétre ; & l'on peut remarquer à la surface du marbre une tache qui n'est
point parfaitement ronde, comme
dans l'expérience précédente, mais un
peu oblongue, & située de maniére
que son grand diamétre se trouve
dans le plan de réflection.

EXPLICATIONS.

Explications.

Nous avons suffisamment expliqué les causes du mouvement réfléchi; & l'expérience fait voir que l'angle de réflection *A E F*, est presqu'égal à celui d'incidence *H E D*. Je dois donc moins m'arrêter à établir l'égalité de ces angles, qu'à faire connoître pourquoi celui de réflection n'est pas rigoureusement semblable à l'autre dans le fait. Trois causes concourent à le rendre plus petit: 1°. La balle qui choque, & le plan qui la renvoie, n'ont point un ressort parfait; la réaction n'est donc pas complette. 2°. L'air qu'il faut diviser pour passer d'*E* en *F*, retarde un peu la vîtesse du mobile; il est donc plus long-tems en chemin qu'il n'y devroit être, & ce retardement donne lieu au progrès d'une troisiéme cause. Car 3°. la pesanteur agit sur la boule d'ivoire, tant qu'elle parcourt *E F*, & la rappelle de haut en bas. C'est pourquoi au lieu de décrire une droite rigoureuse, elle parvient en *G* par une courbe dont l'extrémité est un

Tome I.   D d

peu plus bas que la direction de son mouvement réfléchi.

Mais si l'égalité des angles n'a jamais lieu dans l'état naturel, n'entrevoit-on pas à travers ces obstacles, qu'elle n'est pas moins une régle établie dans la nature, & fondée sur des loix généralement reconnues?

La petite tache oblongue que l'on voit sur le marbre après le contact, est une preuve que la boule qui choque obliquement un obstacle, s'y enfonce par une ligne courbe, comme nous l'avons dit à la page 296, & qu'elle sort de cet enfoncement par une pareille ligne; ainsi le grand diamétre de la tache oblongue est représenté par la ligne *p i*. Fig. 10.

APPLICATIONS.

Le jeu de billard, & celui de la paume, sont presqu'entiérement fondés sur la régle que nous venons d'établir & de prouver: dans l'un c'est un mobile sphérique, que l'on pousse le plus souvent contre un plan, suivant une direction oblique ou perpendiculaire; dans l'autre, c'est le plan même qu'on présente au mobi-

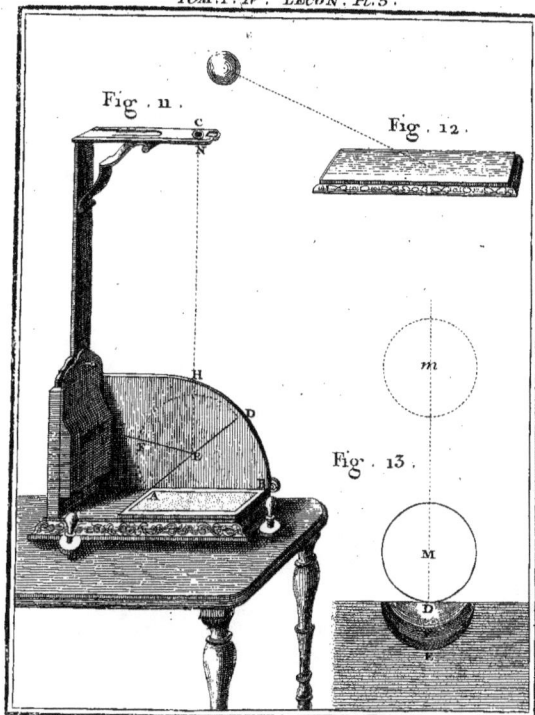

Fig. 11.

Fig. 12.

Fig. 13.

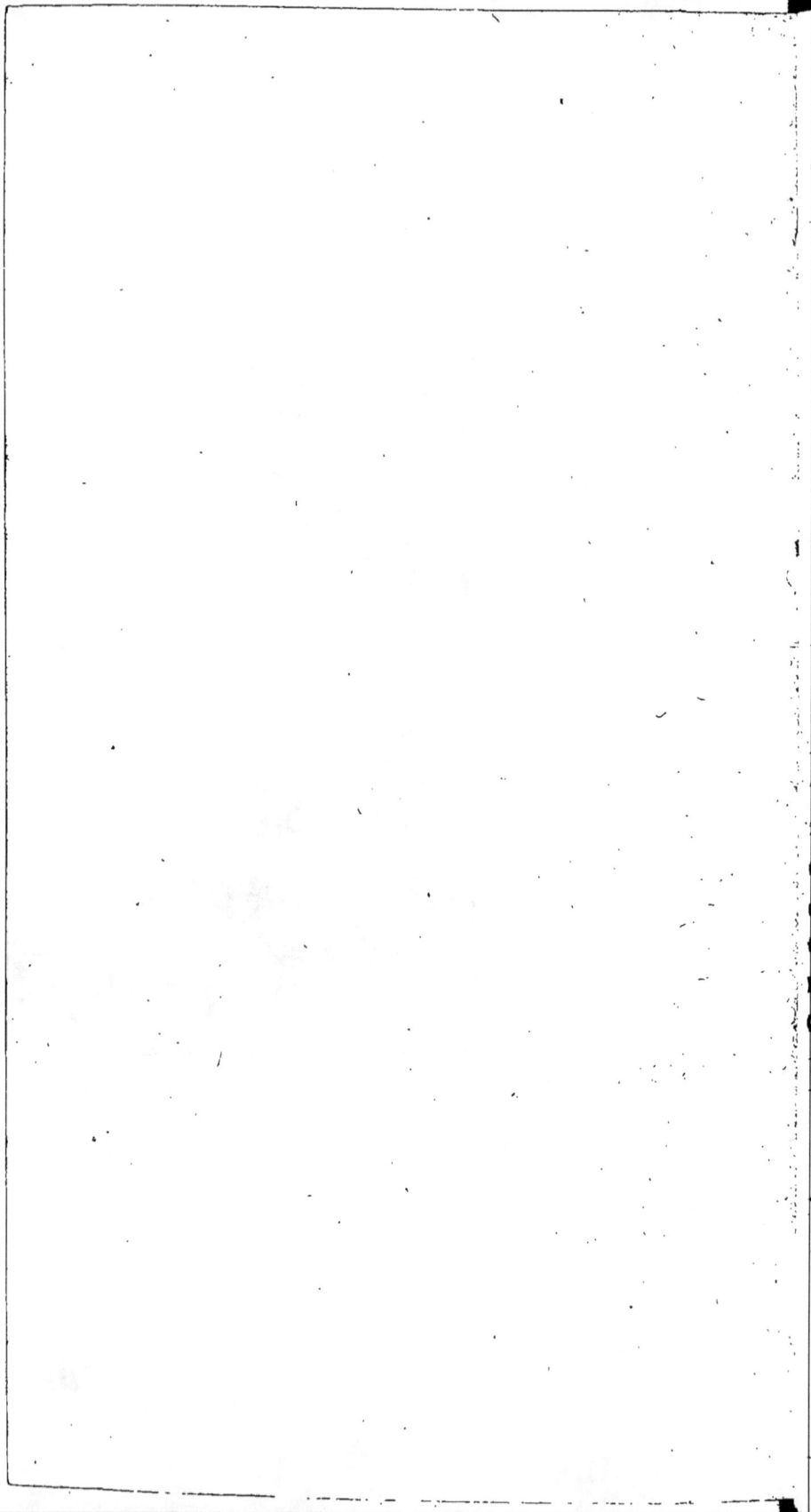

le, sous différens dégrés d'inclinai-
son; & la principale chose consiste à
bien estimer le mouvement réfléchi,
par l'angle d'incidence.

Lorsqu'un boulet de canon tiré horizontalement vient à toucher terre, il rebondit à plusieurs reprises, &
l'on remarque sur le terrein des traces
beaucoup plus longues que profon-
des. C'est que le boulet s'enfonce &
se reléve comme la bille de notre expérience, en suivant deux courbes
qui se joignent au dernier dégré de
l'enfoncement, où naît la réflection.
Et comme sa vîtesse de haut en bas
est beaucoup moindre que son mouvement horizontal, il parcourt une
très-grande longueur dans le tems
qu'il descend à peu de profondeur;
& de-là vient la grande différence
qu'on remarque dans ces deux dimensions, lorsqu'on examine les traces dont nous parlons.

III. SECTION.

De la Communication du Mouvement dans le Choc des Corps.

QUOIQUE les obstacles solides qui arrêtent ou qui réfléchissent les corps qui se meuvent, n'aient leurs effets qu'en vertu du mouvement qui leur est communiqué par le mobile, & que cette communication se fasse selon les régles que nous avons à établir dans cette section ; cependant nous avons cru devoir traiter séparément de cette action des corps, considérée dans les cas où la masse choquée laisse appercevoir des marques de la percussion qu'elle souffre, par un déplacement sensible de tout son volume ; c'est-à-dire, qu'après avoir enseigné ce qui arrive à un mobile, tant par rapport à sa vîtesse, que par rapport à sa direction, de la part d'un obstacle inébranlable, ou considéré comme tel, nous allons examiner les changemens dont l'une & l'autre

(la vîteffe & la direction) font fufceptibles, quand l'obftacle eft déplacé ou peut l'être par le choc. Et pour
procéder du plus fimple au plus compofé, nous confidérerons premiére-
ment les effets de la percuffion dans
les corps mols, où la réaction n'a pas
lieu, pour paffer enfuite au choc des
corps à reffort.

Nous fuppofons toujours, pour
rendre notre théorie plus fimple &
plus facile à faifir; 1°, Que les corps
qui fe choquent, ont un reffort parfait,
ou qu'ils n'en ont point du tout: 2°.
Que leur mouvement fe fait dans un
milieu fans réfiftance, & fans frottemens; de forte que la doctrine que
nous allons expofer feroit fauffe, fi
les faits qu'elle annoncera, fe trou-
voient exactement repréfentés par
l'expérience, puifque les empêchemens dont nous faifons abftraction,
entrent néceffairement pour quelque
chofe dans les réfultats. Ainfi nos
preuves ne doivent paffer pour juf-
tes, que quand elles paroîtront faire
un peu moins que ce qu'on en aura
attendu. Si, par exemple, le corps
A, venant heurter le corps *B*, *Fig.*

16. faifoit fur lui toute l'impreffion qu'il peut faire, en vertu du mouvement qu'il a en partant du point *a*; il auroit fait plus, puifqu'il auroit encore vaincu les frottemens, la réfiftance du milieu, &c. Il n'exercera donc fur le corps *B*, qui eft fon dernier obftacle, que ce qui lui reftera de force après avoir furmonté les autres; & fi l'on ne tient pas compte de ce qu'il aura perdu pour vaincre ceux-ci, on ne doit pas s'attendre à un effet complet lorfque le choc fe fera en *b*.

Nous ne confidérons ici que le choc direct, c'eft-à-dire, celui de deux corps dont les centres de gravités fe trouvent dans la direction de leurs mouvemens, comme dans la *Fig.* 16. & pour en rendre l'exécution plus facile, nous ferons toutes nos expériences avec des corps fphériques, que nous fufpendrons à des fils fort déliés, *Fig.* 20. afin de diminuer autant qu'il eft poffible les frottemens & la réfiftance de l'air: & comme nous aurons fouvent befoin de connoître le dégré de vîteffe de ces petits globes, nous les tiendrons fufpendus à des points fixes, autour defquels ils pourront décrire des arcs de cercles qui feront mefurés par des graduations. *Fig.* 21. Ce que nous enfeignerons dans la fuite touchant la pefanteur, fera connoître comment on peut par la grandeur de ces arcs régler la vîteffe des corps qui les décrivent. C'eft un procédé qui a été employé avec fuccès par plufieurs habiles Phyficiens, & fur-tout par M. Mariotte. La machine dont je me fers, & qui eft repréfentée par la *Figure* 17. n'eft autre chofe que la fienne, dont j'ai étendu les ufages, & que j'ai rendue plus commode.

Avant que deux corps fe choquent, il y a entre eux un efpace qui doit être parcouru, ou par l'un des deux entiérement, ou en partie par l'un, & en partie par l'autre : autrement il n'y auroit point de choc. Cet efpace ne peut être parcouru que dans un certain tems, & la durée de ce tems mefure la vîteffe *refpective* de ces deux corps ; c'eft-à-dire, la vîteffe avec laquelle la diftance diminue, foit que l'un des deux refte en repos ; foit qu'ils fe meuvent tous

deux dans le même sens, ou en sens
contraires, également, plus ou moins
vîte l'un que l'autre : de sorte que si
deux corps *A*, *B*, *Fig.* 16. distans de 4
pieds, se joignent en une seconde, la
vîtesse respective est la même, soit
que *B* seul parcoure l'espace entier,
soit qu'il rencontre *A* venant à lui au
deuxiéme ou au troisiéme pied, &c.
pourvû que le mouvement qui les approche l'un de l'autre, se passe dans
une seconde. Il ne faut donc pas confondre cette vîtesse *respective* avec la
vîtesse *absolue*, ou propre de chaque
mobile ; car on voit par cet exemple,
que celle-ci peut varier dans des cas
où l'autre ne changeroit point.

La vîtesse respective étant donnée,
il faut encore considérer les masses ;
car le corps choqué oppose son inertie au corps choquant, & nous avons
vu ailleurs que cette espéce de résistance se mesure par la quantité de
matiére contenue & liée sous le même volume. Ainsi l'on doit s'attendre
que dans le choc une grande masse
recevra moins de vîtesse qu'une plus
petite ; & que pour faire prendre plus
de mouvement à un même corps,

il en faudra donner auſſi davantage au mobile qui doit le communiquer, parce que l'inertie réſiſte non-ſeulement au mouvement, mais auſſi à un plus grand mouvement, comme nous l'avons prouvé ailleurs.

Quand nous avons parlé du mouvement en général, nous nous ſommes abſtenus d'examiner la nature de cette eſpéce d'être, ou de modification, parce que ces ſortes de queſtions appartiennent plutôt à la Métaphyſique, qu'à la Phyſique expérimentale. Par la même raiſon nous ne nous arrêterons pas à diſcuter de quelle maniére la vîteſſe paſſe d'un corps à l'autre. Nous nous bornerons aux faits qui peuvent être conſtatés ; & en parcourant les cas les plus généraux, nous établirons par voie d'expérience des propoſitions qu'on pourra regarder comme des principes ou des loix, auſquelles on pourra rapporter d'autres effets plus détaillés, comme autant de conſéquences.

Article Premier.

Du Choc des Corps non Elastiques.

Premiere Proposition.

Quand un corps en repos est choqué par un autre corps, la vîtesse du corps choquant doit se partager entre les deux selon le rapport des masses.

C'est-à-dire, qu'après le choc, les deux corps continueront de se mouvoir selon la direction du corps choquant ; & que la vîtesse de celui-ci ayant été diminuée par la résistance de l'autre, le restant qui sera commun aux deux, doit être d'autant moindre, que le corps choqué aura plus de masse.

Ainsi le corps en repos ayant été choqué par une masse égale à la sienne, la vîtesse après le choc sera réduite à moitié.

Il restera les deux tiers de la vîtesse, si le corps qui choque est double de l'autre.

Si c'est le corps choqué qui est double en masse, la vîtesse après le choc ne fera que le tiers de ce qu'elle étoit auparavant : mettons ces trois cas en expérience.

PREMIERE EXPERIENCE.

PREPARATION.

La machine qui eſt repréſentée par la *Fig.* 17. étant diſpoſée de façon que le fil à plomb ſoit paralléle à la ligne *AB* ; que les deux fils de ſuſpenſion *CD*, *EF*, ſoutiennent dans une mê-me ligne, & à même hauteur, les centres de deux boules de terre mol-le, qui péſent chacune 2 onces, & de maniére qu'étant en repos leurs ſurfaces ſe touchent en un point ; que la premiére graduation de cha-cune des deux régles mobiles *G*, *H*, ſoit vis-à-vis de chacun des fils, & qu'enfin le petit curſeur ou index *L*, ſoit placé un peu avant la troiſiéme graduation de la régle *G*, & l'autre index *M*, vis-à-vis la ſixiéme de l'au-tre régle *H*.

EFFETS.

La boule *F* portée en *M*, & aban-donnée à ſon propre poids, va frap-per l'autre boule *D* ; l'une & l'autre s'applatiſſent également à l'endroit du contact, & après le choc elles ſe meuvent toutes deux du même côté, & le fil qui ſuſpend la boule *D*, va toucher l'index *L*.

Explications.

Quand la boule *F* eſt tombée par un arc de ſix dégrés, ſi elle ne trouvoit point d'obſtacles, elle remonteroit dans la partie oppoſée, par un arc ſemblable. C'eſt une choſe dont on peut s'aſſurer en ôtant de ſon chemin la boule *D*, & nous en dirons la raiſon en expliquant les phénoménes de la peſanteur. Ainſi lorſqu'en venant du point *M*, elle ſe trouve en *F*; ſon mouvement alors eſt tel, qu'il peut élever ſa maſſe de deux onces dans un arc de ſix dégrés. Mais une force qui peut tranſporter une maſſe de deux onces à ſix dégrés de diſtance dans un tems donné, ne peut porter qu'à la moitié de cette diſtance une maſſe double en pareil tems. Or quand la boule *F* rencontre la boule *D*, qui ne lui permet de paſſer outre qu'en l'emportant avec elle; c'eſt une vîteſſe de

6 dégrés appliquée à une maſſe de 4 onces, & l'une & l'autre enſemble doivent ceſſer de ſe mouvoir, après avoir parcouru ſeulement trois dé- grés, comme l'expérience le fait voir.

Il ſe fait dans le tems du choc un applatiſſement aux deux boules, & dans le cas préſent cet applatiſſement eſt égal de part & d'autre; ces deux faits méritent d'être obſervés & ex- pliqués.

Nous avons déja dit que rien ne ſe fait avec préciſion, & par ſaut, dans la nature; & que les effets les plus prompts, & qui paroiſſent inſtanta- nés à nos ſens, ne ſont jamais pro- duits que dans un tems fini, c'eſt-à- dire, dans un tems dont la durée n'eſt pas la plus courte qu'on puiſſe imaginer. Lorſque les deux boules commencent à ſe toucher, les parties les plus avancées de la boule cho- quante ont déja perdu une partie de leur vîteſſe, pendant que le centre & les parties les plus reculées ont encore toute la leur; ce n'eſt donc qu'après quelques inſtans (fort courts à la vérité) que cette maſſe rallentie prend une vîteſſe également retardée dans toutes ſes parties. Mais ſi les parties d'un corps ſe meuvent plus vîte les unes que les autres, leur poſition relative, ou (ce qui eſt la même choſe) la figure du corps doit être changée. L'applatiſſement de la boule *F* eſt donc un effet & une preuve de ſa vîteſſe retardée ſucceſſivement en pluſieurs tems.

On doit dire la même choſe de la boule choquée : elle ne paſſe pas toute en un même inſtant de ſon état de repos à trois dégrés de vîteſſe ; les parties immédiatement expoſées au choc, ſe meuvent & plutôt & plus vîte que le centre & l'hémiſphère qui eſt audelà ; & ces déplacemens ſucceſſifs occaſionnent une introceſſion de matiére qui change la figure.

Mais ces applatiſſemens dans l'une & dans l'autre boule, ſont cauſés par l'inertie qui s'oppoſe au changement d'état de chacune d'elles ; & cette inertie eſt égale à la maſſe : ainſi dans le choc de deux corps, dont les poids ſont égaux & de même matiére, les applatiſſemens doivent auſſi ſe faire également de part & d'autre.

Fig. 14.
L
G
I
H
K
Fig. 15.
Fig. 16.
A
B
Fig. 18.
B
A
Fig. 19.
8 7 6 5 4 3 2
1

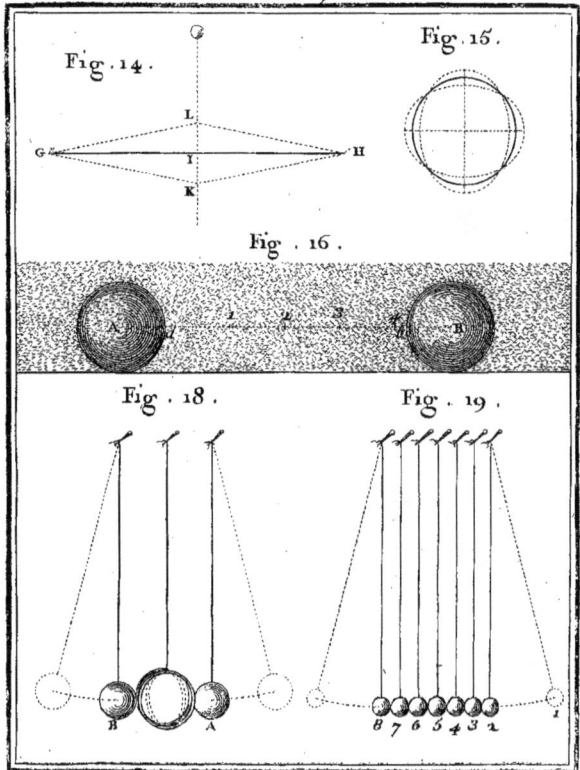

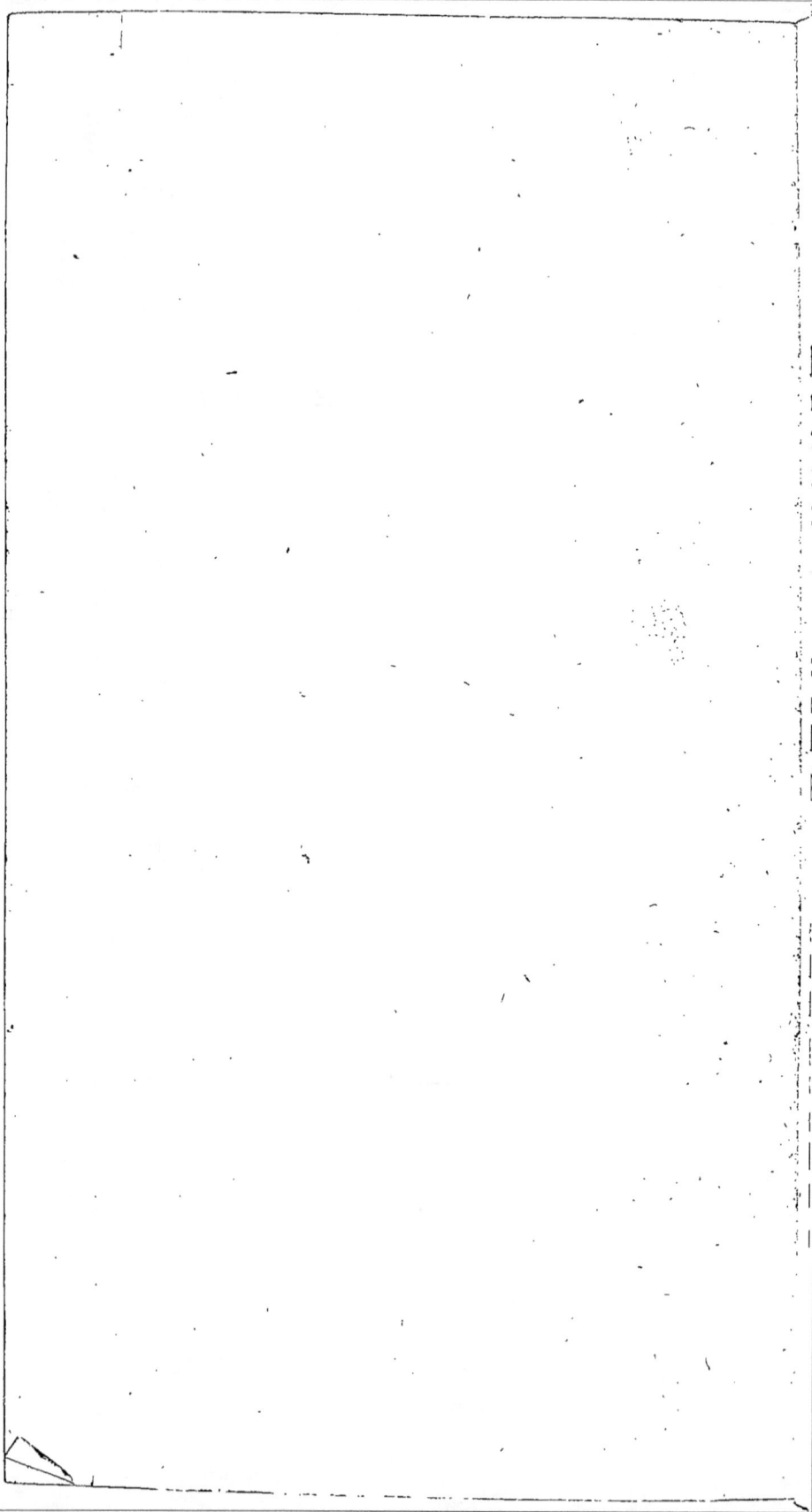

II. EXPERIENCE.

PRÉPARATION.

On fait la boule *D* de 4 onces, la boule *F* de 2 onces : on laisse la premiére en repos, & l'on donne à l'autre 6 dégrés de vîtesse, le reste étant disposé comme dans l'expérience précédente.

EFFETS.

Après le choc, les deux boules continuant de se toucher parcourent ensemble deux espaces de l'échelle, & l'applatissement de part & d'autre est plus grand que dans le cas précédent.

EXPLICATIONS.

La boule *F* en descendant de 6 espaces reçoit 6 dégrés de vîtesse, c'est-à-dire, qu'elle peut porter son propre poids l'espace de 6 dégrés vers la partie opposée. Mais ce poids étant augmenté de deux tiers en sus par la rencontre de la boule *D*, qu'elle emporte avec elle, sa force ne suffit plus que pour un tiers de l'espace qu'elle auroit parcouru si rien ne s'étoit opposé à son passage.

Quant à l'applatissement, il doit être d'autant plus grand, que le corps choqué a résisté plus long-tems à son déplacement ; puisque, comme nous l'avons dit, c'est cette résistance qui interrompt l'uniformité de vîtesse dans les parties de chaque boule : or dans le cas présent, la boule *D* résiste une fois plus que n'auroit fait une boule de deux onces. Il y a donc eu lieu à l'enfoncement d'un plus grand nombre de parties.

III. EXPERIENCE.

PREPARATION.

Dans cette expérience on procéde comme dans les deux autres ; excepté seulement qu'on donne à la boule *D*, qui est en repos, deux onces de masse, & quatre onces à la boule *F* que l'on fait mouvoir avec 6 dégrés de vîtesse.

EFFETS.

Les deux boules unies après le choc parcourent quatre espaces ; & les applatissemens font moins forts que dans les deux cas précédens.

EXPLICATIONS.

EXPLICATIONS.

Ce que nous avons dit pour expliquer les deux expériences précédentes, suffit pour rendre raison de celle-ci. Il faut toujours considérer les deux boules après le choc, comme ne faisant qu'une même masse ; & l'on doit faire attention aussi, que 6 dégrés de force qui pouvoient porter une masse de 4 onces dans un espace de 6 dégrés, n'en peuvent pas transporter une de 6 aussi loin. Si la résistance de 4 onces devoit consumer toute la force après cet espace parcouru, un tiers d'augmentation au poids doit aussi diminuer le tiers de l'espace, & par conséquent au lieu de 6 dégrés qu'auroit parcourus la boule *F* toute seule & sans obstacle, étant jointe à la boule *D* qu'elle a mise en mouvement, elle n'en peut plus parcourir que 4.

Mais comme la boule *D*, qui ne pèse que deux onces, a moins résisté que lorsqu'elle en pesoit quatre ou trois ; elle a moins donné lieu à l'enfoncement de ses parties, & réciproquement elle a moins retardé les parties antérieures de la boule *F*. Car on conçoit aifément que fi elle prenoit tout d'un coup, & dans un inftant indivifible, toute la vîteffe qui lui doit être communiquée, il n'y auroit aucun applatiffement de part ni d'autre, puifqu'elle fuiroit devant la boule *F* dès l'inftant du contact, avec une vîteffe égale à celle du corps choquant, ce qui la feroit échapper à fon action.

APPLICATIONS.

Puifque dans le choc où l'un des deux corps eft en repos, la vîteffe du corps choquant diminue à proportion de la maffe du corps choqué, on doit en tirer cette conféquence, que le mouvement doit être infenfible après le choc, fi celui qui eft en repos, eft infiniment plus grand que celui qui vient le frapper; & c'eft par cette raifon, fans doute, qu'un boulet de canon paroît avoir perdu tout fon mouvement, quand on l'a tiré contre un rempart ou contre une groffe tour; car la vîteffe qui lui refte après le coup eft à celle qu'il a communiquée, comme fa maffe eft à cel-

le de l'obstacle qu'il a frappé , c'est-
à-dire , comme une quantité infiniment petite à une quantité infiniment
grande.

C'est aussi en conséquence de ce
principe, que l'on dit, que la plus
grosse masse est toujours déplacée ,
(quoiqu'infiniment peu) par la percussion du plus petit corps. Mais je
ne vois pas qu'on soit obligé d'admettre cette proposition comme une
suite nécessaire de la loi que nous venons d'établir , à moins qu'on ne suppose le corps choqué absolument inflexible; autrement, s'il est aussi grand
qu'on peut l'imaginer , sa résistance
sera assez durable pour consumer
toute la vîtesse sensible du mobile par
l'introcession des parties occasion-
née par le choc.

Les expériences que nous venons
de rapporter , nous apprennent aussi
pourquoi en général tous les corps
se rompent, ou perdent plutôt leur
figure en heurtant contre des obstacles inébranlables , que lorsqu'ils en
rencontrent de mobiles. Une chaloupe se brise contre un rocher , & elle
ne périt point par le choc d'une au-

E e ij

tre chaloupe qu'elle rencontree n repos. C'eſt que le rocher ne cédant que peu ou point au mouvement de la chaloupe, les parties de celle-ci qui commencent le choc, ont déja perdu toute leur vîteſſe, pendant que les autres ont encore toute la leur. Il ſe fait donc un changement de figure, les piéces ſont contraintes & ſe rompent, ſi le choc eſt aſſez violent; au lieu que ſi le bateau rencontre un corps flottant qui obéiſſe à ſon impulſion, les parties expoſées au choc ne ſont point entiérement arrêtées, & les autres ſont peu-à-peu retardées comme elles.

Les ouvriers qui travaillent du marteau diſent, que le coup porte à faux, quand la matiére qu'ils travaillent lui échappe, ſoit parce qu'elle n'eſt pas ſuffiſamment ſoutenue, ſoit parce que l'inſtrument eſt mal dirigé : & le forgeron ſe plaint avec raiſon d'une enclume trop légère, ou qui eſt placée ſur un plancher peu ſolide; car alors le fer qu'il travaille, cédant avec ſon point d'appui, le coup n'a point tout ſon effet, comme il l'auroit ſi l'enclume

plus ferme tenoit dans un parfait
repos le côté du fer qui la touche,
pendant que le marteau frappe fur
l'autre.

Le jeu du mail a tant de rapport
à notre premiére propofition fur le
choc des corps, & aux expériences
que nous avons employées pour la
prouver, qu'il eft prefqu'inutile d'en
faire ici l'application. Pour peu qu'on
y faffe attention, on verra bien-tôt
fur quoi font fondées les proportions
qu'il faut mettre entre la maffe du
mail & la boule ; comment l'un au
moyen d'un long manche, reçoit du
joueur une très-grande vîteffe ; pourquoi, & dans quel rapport, une partie
de cette vîteffe eft communiquée à
l'autre, &c.

II. PROPOSITION.

*Quand deux corps qui fe meuvent du
même fens avec des vîteffes inégales,
viennent à fe heurter, foit que leurs maffes foient égales, ou non, ils continuent
de fe mouvoir enfemble & dans leur premiére direction, avec une vîteffe commune, moins grande que celle du corps cho-*

*quant, mais plus grande que celle du corps
choqué, avant la percuffion.*

Dès qu'on fuppofe que les deux
corps fe meuvent dans le même fens,
il faut néceffairement que celui qui
précéde aille moins vîte que l'autre
pour être choqué : car s'ils alloient
tous deux avec des vîteffes égales,
il eft évident qu'ils ne s'approche-
roient point, & par conféquent il
n'y auroit point de choc. Quand le
corps qui a le plus de vîteffe rencontre celui qui en a moins, la lenteur
de l'un fait obftacle à l'autre ; mais
cet obftacle eft mobile, & il doit partager l'excès de vîteffe du corps choquant, à raifon de fa maffe, comme
on l'a fait voir ci-deffus. Les expériences qui fuivent, feront connoître
dans quel rapport la vîteffe eft retardée dans l'un & accélérée dans l'autre.

PREMIERE EXPERIENCE.

PREPARATION.

Il faut faire les boules *D* & *F* du
poids de 2 onces chacune, & les laiffer tomber en même tems, l'une par

un arc de 3 dégrés, & l'autre par un
arc de 6, pris du même côté.

Effets.

Ces deux boules se joignent à l'endroit où leurs fils de suspension se trouvent perpendiculaires à l'horizon : il se fait à l'une & à l'autre un petit applatissement, après quoi elles continuent de se mouvoir ensemble du même côté, & remontent un arc de 4 dégrés $\frac{1}{2}$.

Explications.

La boule *F* ayant 6 dégrés de vîtesse propre contre 3, s'est approchée de la boule *D* avec une vîtesse respective, qui étoit 3 excès de 6 sur 3. Nous dirons ailleurs pourquoi lorsque leur mouvement se fait dans des arcs du même cercle, quoiqu'inégaux, les deux boules se choquent précisément à l'endroit le plus bas de leur chûte.

Quant aux enfoncemens des parties qui se touchent dans le choc, ils doivent être proportionnels à la vîtesse respective, qui est moindre que la vîtesse absolue ou propre de la boule choquante, dans le cas préſent, où la boule choquée qui ſe meut du même ſens, échappe en partie à ſon effort.

Enfin les deux boules remontent enſemble un arc de 4 dégrés $\frac{1}{2}$; c'eſt-à-dire, que leur vîteſſe commune comparée à celle de la boule *F* avant le choc, ſe trouve diminuée d'un quart ; & c'eſt à quoi l'on devoit s'attendre : car le corps choquant ayant 6 dégrés de vîteſſe, & rencontrant un autre corps d'une maſſe égale à la ſienne qui n'en a que 3 , doit en perdre autant qu'il faut qu'il en communique à l'autre pour le mettre en état d'aller auſſi vîte que lui : or l'égalité des maſſes exige qu'il lui en donne 1 & $\frac{1}{2}$, qui eſt la moitié de 3 , différence des deux vîteſſes avant le choc : & 1 & $\frac{1}{2}$ ôté de 6 & ajouté à 3 , fait qu'il ſe trouve 4 & $\frac{1}{2}$ dans l'un, & autant dans l'autre.

II. EXPERIENCE.

PRÉPARATION.

Cette expérience ſe fait comme la premiére, avec cette différence que

que la boule *D* pése 4 onces, & la
boule *F*, 2 onces : les vîteffes reftant
dans le rapport de 3 à 6.

E F F E T S.

Après le choc les deux boules continuent de fe mouvoir enfemble : les
applatiffemens font plus grands que
dans l'expérience précédente, & l'arc
qu'elles parcourent eft de 4 dégrés.

E X P L I C A T I O N S.

Tout ce que nous avons dit pour
expliquer la premiére expérience, fuffit pour faire entendre celle-ci, il ne
s'agit que d'appliquer les mêmes raifons en gardant les proportions. L'excès de vîteffe dans la boule *F* avant
le choc étoit 3, qui a dû diminuer
des deux tiers par la réfiftance de la
boule *D*, dont la maffe eft double :
ainfi après le choc il a dû fe trouver
4 dégrés de vîteffe, puifque de 6 qui
étoient dans le corps choquant, il ne
s'en eft perdu que 2, par l'action qui
a rendu la vîteffe uniforme dans les
deux boules.

Les applatiffemens ont été plus

Tome I. F f

grands que dans la premiére expérience ; parce que la réſiſtance du
corps choqué a été plus forte ; c'eſt
ce que l'on reconnoîtra d'abord , ſi
l'on fait attention que la boule *D*
étant de 4 onces , a conſumé un
tiers de la vîteſſe du corps choquant,
au lieu qu'étant ſeulement de 2 onces dans le cas précédent , elle n'en
a conſumé que le quart.

III. EXPERIENCE.

Préparation.

On donne à la boule *D* 2 onces
de maſſe , à la boule *F* 4 onces , &
l'on met les vîteſſes dans le rapport
de 6 à 3.

Effets.

La boule *D*, après le choc, eſt em-
portée par la boule *F*, de ſorte qu'elles parcourent enſemble un arc de 5
graduations;& les applatiſſemens ſont
moindres que dans les deux expériences précédentes.

Explications.

La boule *F* partageant ſon excès

de vîteſſe qui eſt 3 , avec une maſſe
qui eſt moitié moins grande que la
ſienne , en retient les deux tiers ; les
deux maſſes jointes enſemble après
le choc , doivent donc repréſenter 6
dégrés de vîteſſe , moins un , que la
réſiſtance du corps choqué a retran-
ché , avant que de prendre un mouvement uniforme à celui du corps
choquant.

Les applatiſſemens ont été moins
grands que dans les cas précédens ,
parce que la réſiſtance a été moins
forte de la part du corps choqué ; car
2 onces de maſſe réſiſtent moins à
4 onces, que 4 à 2 , ou 2 à 2 ; les
vîteſſes étant toujours en même rapport.

APPLICATIONS.

Il eſt aiſé de voir par les expériences de la ſeconde propoſition , qu'a-
près le choc de deux corps , dont
l'un va plus vîte que l'autre dans la
même direction, les vîteſſes propres ,
pour devenir uniformes , changent,
dans l'un de plus en moins , & dans
l'autre de moins en plus ; puiſque celle du corps D a toujours été augmen-

F f ij

tée , & que celle du corps *F* au contraire a toujours souffert quelque diminution. C'est ainsi qu'un bateau qui obéit à l'impulsion des rames , reçoit un accroissement de vîtesse, en retardant celle d'un volume d'air agité , dans la direction duquel on le méne ; il va moins vîte que le vent, mais son mouvement est toujours plus prompt que s'il n'alloit qu'à force de bras.

Le vol le plus rapide, la course la plus légére , n'empêche pas que le plomb du chasseur ne frappe la piéce de gibier qui fuit devant lui ; mais à égale distance le coup est moins sûr que si l'animal étoit posé, ou qu'il vînt en sens contraire : & l'on sçait qu'un liévre, un chevreuil , &c. tiré en flanc, est plus facilement arrêté, que quand il fuit devant le coup. Une des raisons qu'on en peut donner, c'est qu'alors la vîtesse respective du plomb est plus grande , parce que l'animal se meut dans une direction qui ne l'éloigne que peu ou point du chasseur, & qu'à cet égard il est comme fixe. Nous avons vû par les expériences de la premiére proposition

qu'en pareil cas , le choc est plus
grand.

III. Proposition.

Si les deux corps qui doivent se cho-
quer , se meuvent en sens directement con-
traires , le mouvement périra dans l'un
& dans l'autre, ou au moins dans l'un
des deux : s'il en reste après le choc, les
deux corps iront du même sens ; & la
quantité de leur commun mouvement sera
égale à l'excès de l'un des deux avant le
choc.

C'est-à-dire , que dans le cas où
les deux mouvemens seroient égaux
avant le choc, les deux mobiles seroient réduits au repos. Et si l'un des
deux avant le contact en avoit davantage, il ne resteroit après la percussion que la quantité excédente , qui
seroit le mouvement commun des
deux corps. Deux expériences met-
tront ceci en évidence.

PREMIERE EXPERIENCE.

Preparation.

La boule *D* pesant 2 onces, & la
boule *F* autant , on éléve l'une par

un arc de 6 dégrés d'une part, & l'autre par un arc semblable du côté opposé ; & on les laisse tomber en même tems.

E F F E T S.

Ces deux corps se rencontrent au lieu le plus bas de leur chûte où ils demeurent en repos ; & leurs applatissemens font plus grands que dans les cas où la boule *F* est tombée par un arc semblable contre *D* en repos, ou qui fuyoit devant elle.

E X P L I C A T I O N S.

Dans cette expérience la quantité du mouvement est égale de part & d'autre ; car dans l'une & dans l'autre boule avant le choc, on compte 6 dégrés de vîtesse multipliés par 2 onces de masse. Deux corps qui se rencontrent allant en sens contraires, se font réciproquement résistance ; ici de part & d'autre la force ou la puissance est retenue en équilibre par une résistance égale, & cet équilibre fait naître le repos dans les deux mobiles.

Les applatissemens font plus grands qu'ils n'ont été dans les expériences

des deux premiéres propofitions ; où
nous avons toujours donné 6 dégrés
de vîteffe au corps choquant ; mais
il faut faire attention que dans celle-
ci la vîteffe refpective d'où dépend
la force du choc, eft doublée ou plus
que doublée. Car lorfque la boule *D*
étoit en repos avant le choc, la vîteffe refpective de *F* n'étoit autre
chofe que fa vîteffe propre, c'eft-à-
dire, 6 ; ou moins que 6, lorfque la
boule *D* fuyoit devant elle : ici les
deux boules ayant chacune 6 dégrés
de vîteffe propre en allant l'une vers
l'autre, la vîteffe refpective eft 12 ;
c'eft-à-dire, que l'efpace qui les fépare avant le choc, eft parcouru en
une fois moins de tems.

II. EXPERIENCE.

PRÉPARATION.

On fait mouvoir les deux boules
D & *F* l'une vers l'autre, comme dans
l'expérience précédente, & l'on met
leurs quantités de mouvement dans
le rapport de 12 à 24, en doublant
la maffe ou la vîteffe de *F*.

EFFETS.

Les deux boules, après le choc, continuent de se mouvoir dans la direction d'*F* avec 2 dégrés de vîtesse, si l'on a doublé le mouvement par la masse, ou avec 3, si c'est par la vîtesse.

EXPLICATIONS.

Si les 24 dégrés de mouvement de la boule *F* lui viennent de 4 onces de masse & de 6 dégrés de vîtesse : lorsqu'elle rencontre la boule *D* venant contre elle avec 12 dégrés de mouvement, produit de 2 onces par 6 de vîtesse, elle oppose sa double masse & la moitié de sa vîtesse pour l'arrêter, & cela suffit ; car 3 de vîtesse multipliant 4 de masse, égale tout le mouvement de la boule *D* qui est 12 ; il reste donc à la boule *F* 3 dégrés de vîtesse, avec lesquels elle continue d'agir sur *D*, qu'on doit considérer comme en repos immédiatement après le contact. Mais elle ne peut mouvoir un corps en repos qu'en lui communiquant de la vîtesse aux dépens de la sienne, & nous

avons vû que cette communication
se fait en raison des masses ; comme la
boule D n'a que 2 onces de masse ,
contre 4 , la boule F ne perd qu'un
tiers de la vîtesse qui lui reste ; ainsi
la vîtesse commune après le choc est
2 pour deux masses, qui prises ensemble égalent 6 onces.

On voit donc , 1°. que le mouvement qui reste après le choc , est égal
à la différence des deux quantités
avant le choc ; car 12 est l'excès de
24 sur 12 : 2°. que cette différence
divisée par la somme des masses, donne la vîtesse commune après le choc ;
car 12 divisé par 6, somme de 2 &
de 4 onces , donne 2 de vîtesse ,
comme l'expérience l'a représenté.

On trouveroit la même chose, si
l'on avoit doublé le mouvement de
la boule F , en doublant sa vîtesse
propre. Car alors pour arrêter la boule D qu'on suppose avoir 12 dégrés
de mouvement, & égale en masse ,
elle perdroit 6 dégrés de vîtesse; &
pour l'emporter avec elle , il faudroit
qu'elle lui en communiquât encore 3,
de 6 qui lui restent. Après le choc ,
il resteroit donc 3 dégrés de vîtesse

commune à 4 onces de masse, somme des deux boules, & par conséquent la quantité de mouvement seroit toujours 12, différence de 24 à 12.

APPLICATIONS.

Ces derniéres expériences font connoître en général, pourquoi il faut employer plus de force pour repousser un mobile dans un sens contraire à son mouvement, que pour l'arrêter simplement : car non-seulement il faut employer une force équivalente à la sienne, pour vaincre son premier mouvement ; mais il faut encore ajouter toute celle qui est nécessaire, pour lui en faire reprendre un autre. C'est pourquoi l'on fait plus d'effort pour faire rétrograder une boule qui roule sur un plan, que pour la fixer en s'opposant à son passage. Mais nous avons vû en même tems, que l'effort d'un mobile qui vient contre un autre, peut croître, & par la vîtesse, & par la masse. On ne doit donc pas être surpris que les joueurs de paume trouvent quelquefois le battoir ou la raquette trop lé-

gere ; puifqu'en fuppofant le coup
frappé avec la même vîteffe , fon effet
doit être moins grand, fi la maffe avec
laquelle il eft porté , eft plus foible.

COROLLAIRE.

Il fuit des deux premiéres propofitions & des expériences qu'on a employées pour les prouver : 1°. Que
quand les mouvemens ne font point
réciproquement oppofés , les deux
maffes réunies après le choc repréfentent la même quantité de mouvement qui fubfiftoit dans l'une d'elles,
ou dans toutes les deux avant le contact. Prenons la premiére expérience
de la premiére propofition pour
exemple.

Avant le choc , tout le mouvement réfidoit dans la boule F , &
fa quantité étoit 12 , produit de 6
dégrés de vîteffe par 2 onces de
maffe. Après le choc, la quantité du
mouvement dans les deux boules
réunies eft encore 12 , produit de 4
onces de maffe par 3 de vîteffe commune. On peut aifément appliquer
ce calcul aux autres expériences , &
l'on trouvera toujours la même chofe.

De cette premiére conséquence ,
il en naît une autre ; c'est que si l'on
connoît la vîtesse commune après le
choc , on peut connoître quelle est
la somme des masses ; & réciproquement la somme des masses fera connoître la vîtesse commune. Prenons
pour exemple la premiére expérience
de la seconde proposition.

La somme des mouvemens avant
le choc, étoit 18, sçavoir 12, produit
de 2 onces par 6 de vîtesse ; & 6
produit de 2 onces par 3 de vîtesse.
Selon la premiére conséquence, a-
près le choc, les deux masses doivent
représenter ensemble une quantité de
mouvement qui égale 18. Je sçais
que la masse totale est 4 onces ; je
divise 18 , quantité du mouvement,
par 4, somme des masses, & j'ai $4\frac{1}{2}$
pour la vîtesse commune.

De même je sçais que la vîtesse commune est $4\frac{1}{2}$; je connois que la somme des masses est 4, en divisant 18
par $4\frac{1}{2}$.

Enfin l'on voit par la troisiéme proposition , 1°. que quand les corps se
heurtent en sens contraires, il périt
une partie du mouvement ; 2°. que

l'on peut juger, comme dans les autres cas, par la vîteffe commune après
le choc, & par le rapport des maffes,
quelles ont été les vîteffes propres
avant le choc ; ou bien, quel eft le
rapport des maffes, par la comparaifon de la vîteffe commune, avec les
vîteffes propres.

Article II.

Du Choc des Corps à reffort.

Dans toutes les expériences qui
ont fervi de preuves aux propofitions
énoncées fur le choc des corps non
élaftiques, nous avons toujours ob-
fervé deux effets principaux, fçavoir
une communication de mouvement
du corps choquant au corps choqué,
& un changement de figure ou applatiffement à l'un & à l'autre à l'endroit du contact. Ces deux effets
ont une caufe commune, qui eft la
percuffion ; c'eft par cette action que
la vîteffe fe tranfmet, & fe diftribue
uniformément entre les deux maffes : mais pendant que cette répar-
tition fe fait entre les deux corps,
leurs figures changent, & l'applatif-

fement qui en réfulte, dépend particuliérement de la réfiftance plus ou
moins longue du corps choqué : c'eft
pourquoi, quand bien même la vîteffe
refpective feroit toujours la même,
la grandeur des applatiffemens va-
rieroit toujours, fuivant le rapport
des maffes qui fe choquent, comme
on a pu le remarquer par les expériences précédentes.

Dans le choc des corps à reffort,
la nature fuit toujours les mêmes
loix qu'elle s'eft prefcrites, & que
nous avons reconnues dans la percuffion des corps non élaftiques : mais
comme les parties enfoncées par le
choc fe rétabliffent avec la même vîteffe qu'elles ont été déplacées, ce
dernier effet qui fe mêle à celui du
mouvement communiqué par le choc,
apporte beaucoup de changement
aux réfultats.

Il faudra donc foigneufement diftinguer deux fortes de mouvemens
dans la percuffion des corps élaftiques, l'un qui eft indépendant du
reffort, & que nous nommerons *mouvement primitif*; l'autre qui naît de la
réaction des corps applatis ou com-

primés dans le choc, & que nous appellerons *mouvement de reſſort, mouve-*
ment réfléchi, ou ſimplement *réaction.*

PREMIERE PROPOSITION.

Quand un corps à reſſort va frapper
un autre corps à reſſort qui eſt en repos,
ou qui ſe meut du même ſens que lui ; ce-
lui-ci après le choc ſe meut dans la direc-
tion du corps qui l'a frappé, & avec une
vîteſſe compoſée de celle qui lui a été don-
née immédiatement, ou par communica-
tion, & de celle qu'il acquiert par ſa
réaction après le choc ; & le corps cho-
quant dont le reſſort agit en ſens contrai-
re, perd en tout ou en partie ce qu'il
avoit gardé de ſa vîteſſe premiere : & ſi
ſon mouvement réfléchi excéde le reſtant
de ſa vîteſſe premiére, il rétrograde ſui-
vant la valeur de cet excès.

Ces expreſſions générales s'enten-
dront mieux, ſi nous en faiſons des
applications. Suppoſons donc que
les maſſes ſoient égales ; en conſéquence de cette premiére propoſition, je dis qu'après le choc, celui
des deux corps qui étoit en repos,
recevra tant par communication que
par ſa réaction, une quantité de mou-

vement égale à celle qu'avoit l'autre corps avant la percuſſion ; & que celui-ci ſera réduit au repos par ſon reſſort, qui détruira le reſte de ſa vîteſſe primitive.

Si l'on ſuppoſe les maſſes inégales, & que le corps choqué ſoit le plus petit, tous deux après le choc iront dans la direction du corps choquant ; mais celui-ci aura moins de vîteſſe que l'autre.

Enfin ſi le corps choqué a plus de maſſe que l'autre, il ira ſeul dans la direction du corps choquant, & celui-ci retournera en arriére.

Réaliſons ces trois ſuppoſitions par autant d'expériences qui ſerviront de preuves à notre premiére propoſition, & aux conſéquences que nous en tirerons. Nous employons des boules d'ivoire bien rondes, que l'on ſuſpend à des fils comme celles de terre molle, & avec la même machine.

PREMIERE EXPERIENCE.

PREPARATION.

La boule *D* en repos, péſe 2 onces;

ces ; la boule *F* qui eſt égale, deſcend
par un arc de 6 dégrés.

EFFETS.

Après le choc, la boule *F* demeure
en repos à l'endroit du contact, & la
boule *D* parcourt un arc de 6 dégrés
dans la partie oppoſée ; ce qui fait
voir que le corps choqué a reçu une
vîteſſe égale à celle du corps choquant.

EXPLICATIONS.

La boule *F* ayant rencontré la boule *D* en repos, lui a communiqué la
moitié de ſa vîteſſe, à cauſe de l'égalité des maſſes ; & elle en a gardé 3
par la même raiſon, pour continuer
de ſe mouvoir dans la même direction. Tel ſeroit l'effet total de cette
percuſſion, ſi les boules n'avoient
point de reſſort, comme on l'a vû
par la première expérience de l'article premier. Mais à cauſe de l'élaſticité, la boule *D* comprimée ou applatie, ſe rétablit en s'appuyant contre la boule *F* ; ce qui fait que cette
réaction la porte en avant, avec autant de vîteſſe qu'elle a été compri-

mée. Or cette vîteſſe eſt la moitié de celle qui a fait rencontrer les deux boules, c'eſt-à-dire, 3 dégrés. Ainſi après le choc la boule *D* ſe meut avec 6 dégrés de vîteſſe, ſçavoir 3 qu'elle a reçus par communication, & 3 qui lui viennent de ſa réaction.

La boule *F* a gardé 3 dégrés de ſa vîteſſe primitive ; mais ſa réaction qui eſt égale ſe fait en ſens contraire, & la réduit au repos.

II. EXPERIENCE.

PRÉPARATION.

La boule *D* étant de 2 onces, & la boule *F* de 4 onces, on donne à celle-ci 6 dégrés de vîteſſe, l'autre étant en repos.

EFFETS.

Après le choc, la boule *D* parcourt 8 eſpaces dans la direction de la boule *F*, & celle-ci continue de ſe mouvoir du même côté, & parcourt 2 eſpaces.

EXPLICATIONS.

Il faut conſidérer d'abord le mou-

vement communiqué en raison des
maſſes indépendamment du reſſort ;
& voir enſuite ce que la réaction
ajoute à ce premier effet, ou ce qu'elle
en diminue.

Si les boules n'étoient point élaſtiques , F de 4 onces rencontrant D
de 2 onces en repos, ne perdroit que
2 dégrés de vîteſſe des 6 qu'elle a ,
& les deux maſſes s'en iroient du
même côté avec un mouvement commun, dont la vîteſſe feroit 4, comme nous l'avons vû ci-deſſus. * Mais
après le choc, il y a réaction réciproque entre les deux boules à cauſe
de leur élaſticité ; & cette réaction
eſt égale à 4 dégrés de vîteſſe communiquée , qui ont cauſé la compreſſion. Il faut donc regarder cette
réaction , comme une force qui ſe
déploie entre les deux boules pour
les repouſſer de part & d'autre ; elle
concourt avec le mouvement communiqué à la boule D , & elle l'augmente de moitié. Elle tend au contraire à détruire celui qui reſte à la
boule F ; mais il faut faire attention
que cette derniére maſſe eſt de 4
onces, double de l'autre , & que la

* I. Prép.
III. Exp.

réaction qui peut faire avancer deux onces de 4 efpaces, n'en peut faire rétrograder que 2 à un poids qui eft double : ainfi la boule *F* malgré fa réaction, avance encore 2 graduations après le choc, en vertu de fon mouvement primitif.

III. EXPERIENCE.

PREPARATION.

La boule *F* de 2 onces va frapper avec 6 dégrés de vîteffe, la boule *D* en repos qui péfe 4 onces.

EFFETS.

Après le choc, la boule *D* parcourt 4 efpaces dans la direction de la boule *F*, & celle-ci retourne de deux efpaces en arriére.

EXPLICATIONS.

La réfiftance de la boule *D* contre la boule *F*, a réduit la vîteffe premiére de 6 à deux, en vertu de fa double maffe ; mais les deux dégrés de vîteffe qu'elle a reçus par communication, ont occafionné une réaction de même valeur ; ce qui fait qu'elle par-

court 4 efpaces en avant. La même
réaction agiffant fur *F*, qui ne péfe
que 2 onces, a dû produire un effet
double, c'eft-à-dire, qu'en vertu de
fon reffort, elle parcouroit 4 efpaces
en arriére; mais elle a gardé 2 dégrés
de fa premiére vîteffe : cet effet fe réduit donc à moitié, elle n'en parcourt
que 2.

APPLICATIONS.

On a pû remarquer par les réfultats
des trois expériences que nous venons de rapporter en preuves de
notre premiere propofition, que le
mouvement de réaction double toujours celui que le corps choqué acquiert par communication. Car lorfque la boule *D* en vertu du mouvement primitif de *F*, n'auroit dû avoir
que 2, 3, ou 4 dégrés de vîteffe ; on
a vu qu'elle en avoit 4, 6, ou 8.

On a dû obferver encore que cette
même réaction qui double le mouvement du corps choqué pour aller
en avant, tend avec autant de force
à repouffer le corps choquant en arriére ; mais que ce dernier effet diminue comme la maffe augmente. Car,

par exemple, lorfqu'en vertu de cette
force la boule *D* de 2 onces recevoit
4 dégrés de vîteffe en avant, la boule
F de 4 onces n'en recevoit que 2 en
arriére.

Ces deux obfervations feront comprendre la raifon de plufieurs effets
qu'on a tous les jours fous les yeux,
& qu'on auroit peine à expliquer, fi
l'on ignoroit ces principes.

Tous les Artiftes qui travaillent
en chambre fur des enclumaux, ou
fur des tas d'acier, comme les Pla-
neurs, Orfévres, Horlogers, &c. ne
manquent pas d'amortir les coups par
un rouleau de nattes, ou chofes équi-
valentes, fur quoi ils établiffent le bil-
lot qui porte l'inftrument. Sans cette
précaution, une grande partie de la
force imprimée par le marteau, feroit
tranfmife au plancher, & cauferoir
des ébranlemens préjudiciables à la
charpente.

C'eft par de femblables raifons,
que l'on conftruit de briques les rem-
parts des places fortifiées : fi on les
faifoit de grais ou de quelqu'autre
pierre dure, les coups de canon venant à frapper ces corps élaftiques,

tranſmettroient leur mouvement à une plus grande profondeur, & cauſeroient plus de dommage.

Les effets qui réſultent de la réaction réciproque de deux corps élaſtiques qui ſont comprimés par le choc, ſeroient les mêmes, ſi ces deux corps, abſtraction faite de leur reſſort, avoient preſſé entre eux une troiſiéme matiére capable de ſe rétablir ; comme ſi, par exemple, un anneau d'acier *Fig.* 18. étoit frappé de part & d'autre, en même tems par deux boules *A* & *B*, ſuſpendues à des fils ; cet anneau comprimé par le double choc, repouſſeroit en ſe rétabliſſant, les deux corps qui l'auroient choqué à des diſtances proportionnelles à leurs maſſes ; c'eſt-à-dire, également loin, s'ils étoient égaux, ou plus loin celui des deux qui ſeroit le moins peſant.

On doit encore attendre la même choſe d'un corps dont le reſſort antérieurement tendu viendroit à ſe débander entre deux mobiles ; comme ſi l'anneau d'acier dont nous venons de parler, comprimé par un fil diamétral, venoit à ſe détendre contre les deux corps *A* & *B* : ils feroient tous les deux repouffés en fens contraires, & à des diftances qui feroient en raifon réciproque des poids.

Ces effets, qui font des conféquences de notre premiere propofition, doivent fervir à expliquer le recul des armes à feu, celui des fufées, &c. Car on doit regarder la poudre qui s'allume entre la culaffe, & la balle ou le boulet, comme un reffort qui fe déploie de part & d'autre ; fon action produit dans les deux mobiles une vîteffe qui eft d'autant plus grande dans l'un des deux, que fa maffe eft plus petite relativement à l'autre. Ainfi comme le canon, le moufquet, &c. (fur-tout, fi l'on fait attention aux obftacles qui les retiennent,) font beaucoup plus difficiles à mouvoir que le boulet ou la balle qui fait la charge ; on conçoit aifément pourquoi ce dernier mobile reçoit de la poudre enflammée une vîteffe incomparablement plus grande.

Une autre raifon contribue encore à augmenter la vîteffe de la balle, c'eft une certaine longueur au canon, qui donne le tems à la poudre de s'al-

lumer

lumer, & de déployer toute son action; s'il est trop court, le plomb est
déja sorti avant que l'explosion soit
entiérement faite : c'est une des raisons pour lesquelles les pistolets ne
portent jamais aussi loin que les fu-
sils ; & l'on fait le canon de ceux-ci
plus long qu'à l'ordinaire, quand on
les destine à tirer de fort loin. Mais
cette longueur a ses bornes, & quand
on les excéde, au lieu de procurer à
la balle une plus grande vîtesse, on
lui fait perdre au contraire, par un
frottement inutile, une partie de celle
qu'elle auroit, si le canon avoit une
meilleure proportion.

Quant au recul, on peut dire en
général, qu'en supposant la quantité
& la qualité de la poudre égale ; un
fusil repousse d'autant plus, que la
charge de plomb fait plus de résistance, soit par son poids, soit par la
bourre qui le retient.

Une fusée s'éléve, parce que sa
partie inférieure qui s'enflamme, fait
l'office d'un ressort qui agit d'une
part contre le corps de la fusée, &
de l'autre contre un volume d'air qui
ne céde pas aussi vîte qu'il est frap-

pé ; & comme ce reſſort ſe renouvelle continuellement, par l'inflammation ſucceſſive de toutes les parties
de la fuſée, il en accélère le mouvement par deux raiſons : 1°. parce
que réſidant dans le mobile même,
il ajoûte toujours à ſa vîteſſe ; 2°.
parce que le poids ou la réſiſtance
de ce mobile diminue à chaque inſtant, par la diſſipation des parties qui
brûlent.

On pourroit demander ici, pourquoi ſur le tapis d'un billard, lorſqu'une bille eſt pouſſée contre une
autre en repos, il n'arrive pas la même choſe que dans la première expérience, qui paroît être le même
cas ? Pourquoi, les billes étant égales ,
celle qui choque continue-t-elle preſque toujours de ſe mouvoir ? ne de-
vroit-elle pas reſter ſans mouvement
après le choc, comme il arrive à la
boule *F*, lorſqu'elle rencontre *D* en
repos ?

Quoique ces deux cas paroiſſent
ſemblables, ils différent cependant
entr'eux, en ce que la boule *F* de
notre première expérience n'a qu'un
mouvement ſimple & direct, au lieu

que la bille qu'on lui compare en a
deux : car non-feulement fon centre
eft porté en ligne droite, mais en
même tems elle roule fur le plan, &
toutes les parties de fa furface décrivent des cercles parralléles autour de
fon axe. Lorfqu'elle rencontre une
bille en repos, le mouvement direct
de fa maffe totale eft arrêté, par les
raifons que nous avons rapportées ;
mais celui de fes parties autour de
l'axe commun fubfifte ; de forte que
dans l'inftant du choc, fi le plan s'é-
vanouiffoit, & qu'elle fût foutenue
par fes pôles, on la verroit tourner
fans avancer ni reculer ; mais fi ce
mouvement de rotation fe fait fur un
plan, il faut de néceffité qu'il porte
la bille en avant ; c'eft une chofe qui
fe conçoit aifément.

II. PROPOSITION.

Si deux corps élaftiques égaux ou iné-
gaux en maffe, viennent fe heurter avec
des vîteffes propres qui foient égales ou
inégales, après le choc ils fe féparent,
& leur vîteffe refpective eft la même qu'a-
vant le choc.

Car fi ces deux corps étoient fans
Hh ij

reſſort, ou ils s'arrêteroient réciproquement, ou l'un des deux emporteroit l'autre, comme on l'a vû par les expériences du premier article. S'ils ſe ſéparent, c'eſt donc uniquement en vertu de leur réaction ; mais nous avons vu auſſi que cette réaction eſt égale à la compreſſion, qui eſt comme la vîteſſe reſpective avant le choc : celle qui en réſulte après le choc doit donc être ſemblable, & c'eſt ce que l'expérience confirme.

PREMIERE EXPERIENCE.

PREPARATION.

La boule *D* peſant 2 onces, & la boule *F* autant, on les fait tomber l'une contre l'autre par des arcs de 6 dégrés chacun. C'eſt le cas où les maſſes & les vîteſſes propres ſont égales.

EFFETS.

Après le choc, les deux boules ſe ſéparent, & remontent chacune de ſon côté un arc de 6 graduations ; ainſi les vîteſſes propres ſont de 6 de- ~ ͂s, & la vîteſſe reſpective de 12, ne avant le choc.

EXPLICATIONS.

Les deux boules en s'entrecho-
quant à forces égales, ont perdu
tout leur mouvement primitif; mais
la réaction égale à la force avec laquelle elles se font comprimées, ou
(ce qui est la même chose) à leur
vîtesse respective, les a remises en
état de remonter les 6 espaces
qu'elles avoient parcourus en descendant.

II. EXPERIENCE.

PREPARATION.

Il faut donner à la boule *D*, 4 onces de masse, & à la boule *F*, 2 onces, & les faire tomber l'une contre
l'autre; la premiere par un arc de
4 dégrés, & la seconde par un arc
de 8; c'est un des cas où il y a inégalité de masses, & de vîtesses propres,
quoique la vîtesse respective soit encore 12.

EFFETS.

Les deux boules après s'être heur-
tées, retournent à l'endroit d'où elles

H h iij

font parties avant le choc, ce qui fait voir que la vîteffe refpective eft la même que devant.

EXPLICATIONS.

Si les boules D & F, de cette ex-périence, n'avoient point de reffort, elles s'arrêteroient réciproquement, parce que leurs forces font égales; car 4 onces de maffe multipliées par 4 degrés de vîteffe, donnent 16 pour la quantité du mouvement, ce qui eft égal à 8 dégrés de vîteffe, multi-pliés par 2 onces de maffe. Mais ces deux boules font élaftiques, & leur compreffion eft l'effet d'une vîteffe refpective de 12 dégrés; la réaction eft donc une pareille vîteffe appli-quée d'une part à une boule de 2 on-ces, & de l'autre à une boule de 4 onces; mais la force qui peut tranf-porter 2 onces au 8ᵉ dégré, n'en peut faire parcourir que 4 à une maffe de 4 onces, pendant le même tems. Ainfi les deux boules après le choc ont dû revenir aux endroits d'où elles étoient parties, comme l'expérience l'a repréfenté.

APPLICATIONS.

Ce que nous avons enseigné touchant le choc de deux corps à ressort, a lieu aussi, quoiqu'il y en ait un plus grand nombre contigus les uns aux autres, & ces effets s'éxécutent avec une promptitude admirable. Si l'on suspend, par exemple, 7 ou 8 boules d'ivoire, de maniére qu'elles ayent leurs centres dans une même ligne, comme le représente la *Fig.* 19, & que l'on fasse tomber la premiére par un arc de cercle contre la seconde, la huitiéme se séparera des autres avec une vîtesse semblable à celle qu'auroit eu la seconde après le choc, si rien ne s'étoit opposé à son passage; & si l'on en fait tomber deux ensemble contre la troisiéme, les deux derniéres se sépareront des autres qui demeureront toutes en repos.

De même aussi, que l'on fasse tomber la huitiéme contre la septiéme d'une part, & de l'autre la premiére contre la seconde; ces deux boules choquantes, remonteront après le choc par les mêmes arcs qu'elles auront parcourus en descendant, comme si leur percussion avoit été immédiate.

Pour expliquer ces effets, il faut se souvenir de ce que nous avons dit à la page 311, qu'une boule à ressort dans l'instant du choc, prend une figure ovale, par laquelle non-seulement la partie choquée est rapprochée du centre, mais encore celle qui lui est diamétralement opposée. Ces deux parties se rétablissent aussitôt, & avec des vîtesses égales à celle avec laquelle s'est faite leur compression. On conçoit donc que la seconde boule frappée par la premiére, se sépare d'abord un peu de la troisiéme, & qu'ayant pris, tant par communication que par réaction, une vîtesse égale à celle du corps qui l'a heurtée, comme nous l'avons expliqué dans la premiére expérience de la premiére proposition ; elle fait sur la boule suivante ce que la premiére a fait sur elle. La même chose se fait de la troisiéme à la quatriéme, & ainsi de suite jusqu'à la derniére, qui n'étant retenue par rien, obéit à l'impulsion qu'elle reçoit, & décrit un arc qui exprime une vîtesse semblable à celle du premier corps choquant.

Ces exemples de mouvemens communiqués par des corps élaſtiques & contigus, pourront nous ſervir dans la ſuite, pour appuyer quelques opinions, (vraiſemblables d'ailleurs) touchant certains phénoménes ſur l'explication deſquels les Phyſiciens ſont encore partagés. Nous nous contentons pour le préſent d'établir ces principes d'expériences, que nous rappellerons, & dont nous ferons uſage à meſure que l'ordre des matiéres le permettra.

COROLLAIRE.

On a pû remarquer par les expériences que nous venons de rapporter, que quand les corps à reſſort ſe choquent de maniére qu'ils aillent dans la même direction, ou que l'un des deux reſte en repos après le choc, la ſomme des mouvemens eſt la même après comme avant la percuſſion; car immédiatement avant le choc de la première expérience, tout le mouvement réſide dans la boule F, & ſa quantité eſt 12, ſçavoir 6 de vîteſſe multiplié par 2 de maſſe; & après le choc pareille quantité se retrouve dans la boule D qui se meut seule.

Mais si l'un des deux retourne en arriére, la quantité du mouvement se trouve plus grande après qu'avant le choc, comme il paroît par le résultat de la troisiéme expérience; car avant que la boule F rencontre la boule D en repos, sa quantité de mouvement est 12: sçavoir 6 de vîtesse multipliée par 2 onces. Et après la percussion, la somme des mouvemens est 20; sçavoir dans la boule D, 16, produit de 4 onces par 4 dégrés de vîtesse, & dans la boule F, 4, produit de 2 onces par 2 de vîtesse.

Non-seulement la somme des mouvemens est plus grande après le choc; mais celui du corps choqué excéde même en quantité celui du corps choquant, avant le contact. Car dans la boule F avant le choc, le mouvement étoit 12, & après la percussion, il est 16 dans la boule D, comme nous venons de le remarquer.

Cet excès ou cette différence de mouvement dans le corps choqué, égale précisément la quantité de celui qui rétrograde après le choc; c'est ce

qu'on appercevra d'abord, fi l'on fait
attention que la quantité du mouvement dans la boule *F* qui retourne en
arriére, eft 4, différence de 16 à 12.

Ainfi les maffes étant connues, fi
l'on fçait la vîteffe de celle qui rétrograde après le choc, on peut fçavoir
la quantité du mouvement de l'autre,
& quelle a été la fomme du mouvement primitif.

Nous ne devons pas quitter cette
matiére fans avertir, qu'on ne doit
point eftimer l'impulfion des fluides,
felon les régles que nous avons établies touchant le choc des corps folides; ceux-ci ayant leurs parties liées
agiffent felon toute leur maffe, mais
il n'en eft pas de même de l'action
des autres: à caufe de la mobilité refpective de leurs parties, il n'y a que
ce qui eft immédiatement & directement expofé au choc qui faffe effort;
le refte ne perd point fa vîteffe, &
par conféquent ne contribue point à
l'effort; c'eft pourquoi l'eau & le vent
ne communiquent pas tout d'un coup
leur vîteffe actuelle à un mobile: ce
n'eft qu'après un certain tems, que celui-ci reçoit tout le mouvement qui

**IV.
Leçon.**

peut lui être transmis : c'est une chose dont il est aisé de se convaincre, en observant les aîles d'un moulin à vent, ou la roue d'un moulin à l'eau, quand elles commencent à se mouvoir.

Fin du premier Volume.

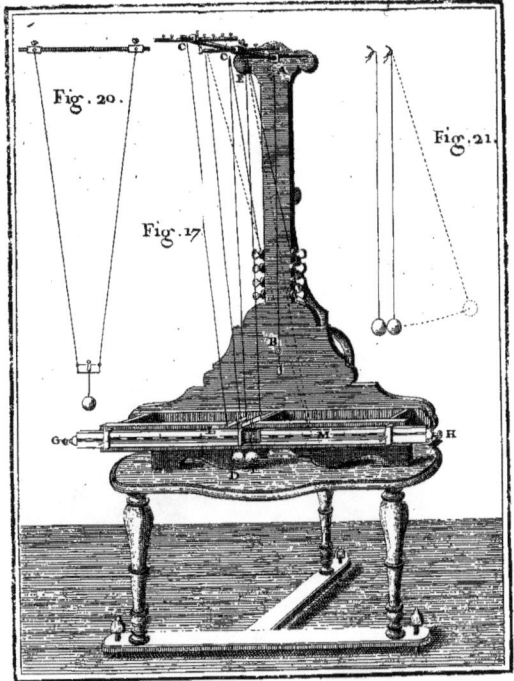

Fig.20.

Fig.21.

Fig.17.

TABLE

DES MATIERES

Contenues dans le premier Volume.

I I. L E Ç O N.

*De la porofité, compreffibilité & élafti-
cité des Corps.*

III. LEÇON.

De la mobilité des Corps.

ressort agit en sens contraire, perd en tout, ou en partie, ce qu'il avoit gardé de sa vitesse premiére : & si son mouvement refléchi excéde le restant de sa vîtesse premiere, il rétrograde suivant la valeur de cet excès. 351.

Fin de la Table des Matiéres.

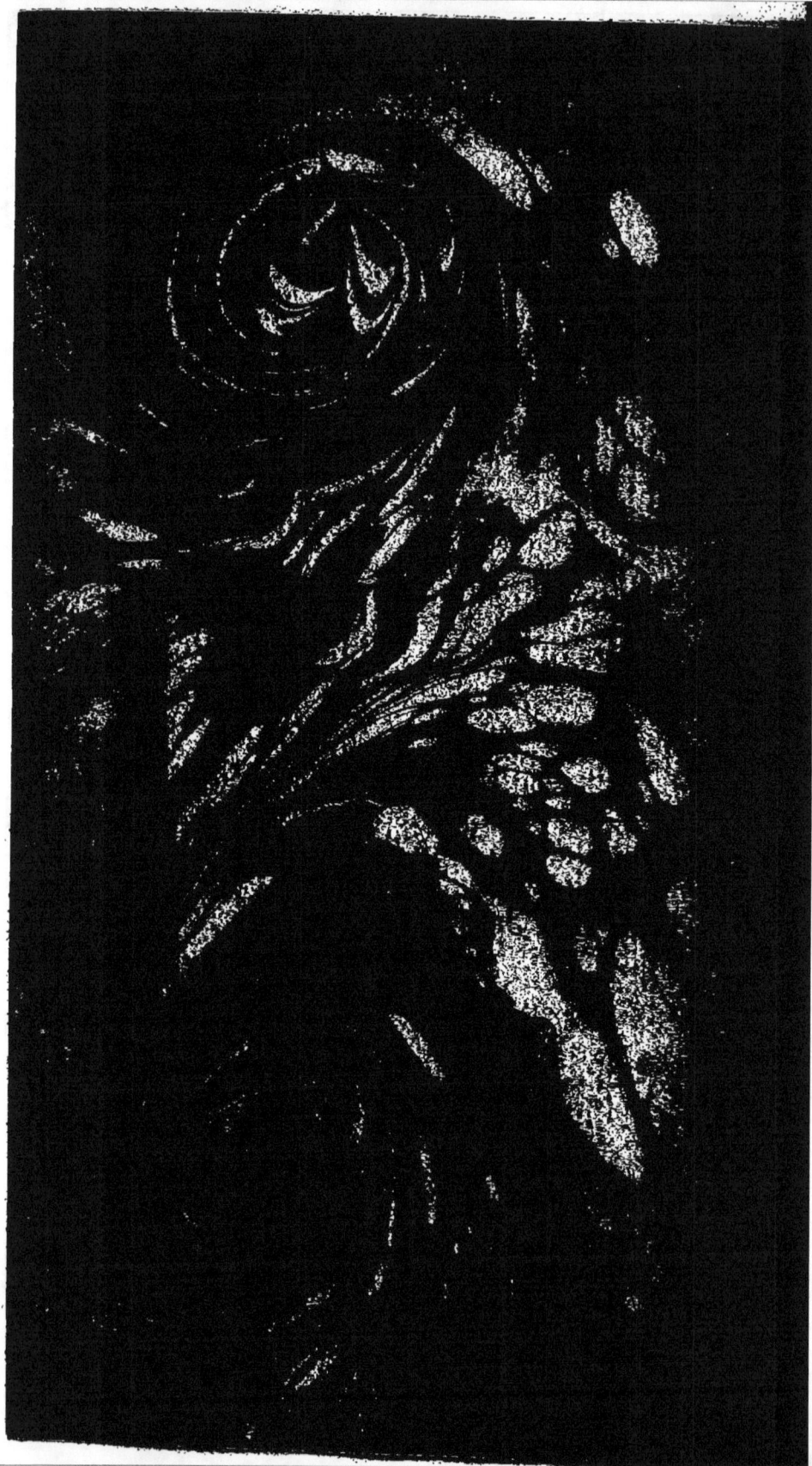